中国科学院近海海洋观测研究网络 黄海站、东海站观测数据图集XI

刘长华　贾思洋　王　旭　王春晓　著

海洋出版社

2024年·北京

图书在版编目（CIP）数据

中国科学院近海海洋观测研究网络黄海站、东海站观测数据图集. XI / 刘长华等著. — 北京 : 海洋出版社, 2024.3

ISBN 978-7-5210-1062-6

Ⅰ. ①中… Ⅱ. ①刘… Ⅲ. ①黄海－海洋站－海洋监测－数据集②东海－海洋站－海洋监测－数据集 Ⅳ. ①P717

中国国家版本馆CIP数据核字(2024)第055337号

中国科学院近海海洋观测研究网络
黄海站、东海站观测数据图集XI
ZHONGGUO KEXUEYUAN JINHAI HAIYANG GUANCE YANJIU WANGLUO
HUANGHAI ZHAN, DONGHAI ZHAN GUANCE SHUJU TUJI XI

责任编辑：赵　娟
责任印制：安　淼

海洋出版社 出版发行
http://www.oceanpress.com.cn
北京市海淀区大慧寺路 8 号　　邮编：100081
鸿博昊天科技有限公司印刷　　新华书店经销
2024年3月第1版　　2024年3月第1次印刷
开本：889mm × 1194mm　1 / 16　印张：11.25
字数：285千字　　定价：135.00元
发行部：010-62100090　总编室：010-62100034

本数据图集出版得到以下项目支持

- 中国科学院野外台站重点基础设施建设任务“三锚式浮标立体智能观测系统”（KFJ-SW-YW047）
- 中国科学院仪器设备功能开发技术创新项目“基于浮标载体的海洋可视化系统研制”（GYH201802）
- 中国科学院科研仪器设备研制项目“原位可视化海洋多参数高精度观测系统”（YJKYYQ20210027）
- 中国科学院网络安全和信息化专项“基于黄海、东海浮标观测数据的‘数字孪生海洋’信息模型应用示范”（CAS-WX2021SF-0503）
- 中国科学院关键技术人才项目

序

约占地球表面积71%的浩瀚海洋，平均水深超3 800 m，是人类生存发展的重要立体空间，但我们对海洋的探索和认知还远远不够，在许多方面相对于我们的认知而言，海洋还是一个“黑洞”，对于海洋的了解远不如对火星的了解。海洋观测是获取海洋信息极为重要的手段，是实现海洋透明和获取数字海洋一张图的关键。数字海洋是通过有效设置在太空、空中、海面、海底、陆上的卫星、飞机、船舶、浮标、潜标以及海岸雷达等立体化、网络化、持续性的智能化传感网络获取巨量数据基础上，整合气象、海洋、海事、渔政、水务等信息系统的多维立体信息，通过超级计算机处理对海洋进行的“现场直播”和“有效预报”，从而为海洋资源环境可持续利用、海洋灾害预报预防、海洋维权、环境保护、救助打捞等提供强大的技术支撑，是近年来国际海洋竞争最为聚焦的前沿领域。因此，海洋观测是关心海洋、认识海洋和经略海洋的基础。无论是《联合国2030年可持续发展议程》、“联合国海洋科学促进可持续发展十年”，还是《中国海洋科学2035发展战略》，都将海洋观测技术的创新开发、海洋观测数据的获取和应用列为优先推进的重点领域。

在特定的关键海域布放海洋观测设施（浮标、潜标等），构建综合立体观测网络是当前进行海洋观测获取海洋信息的一种重要手段。2009年正式投入运行的中国科学院近海观测研究网络黄海海洋观测研究站和东海海洋观测研究站（以下简称“黄海站”和“东海站”）是我国综合立体观测网络的典型代表。黄海站和东海站以海洋观测浮标为主，辅以潜标、气象站等观测系统，重点对东海、黄海海域进行长期定点综合观测，获取黄海、东海海域大量、长时间序列的海洋气象、水文、水质等基础观测资料。黄海站和东海站精细化单点和多站位网络化布局观测具有显著的综合优势，可为深入探析局部海洋环境变化机制、揭示长时间尺度和大空间尺度的海洋科学问题、海洋减灾防灾预测等提供强有力的科学数据支撑。

伴随台站海洋观测的持续稳定运行，海洋观测数据在源源不断地积累，如何发挥这些来之不易的观测数据更大的作用，挖掘其更为深入、系统和丰富的资料价值已然成为一个迫在眉睫的问题。实践证明，黄海站和东海站近几年来将原始数据进行整理、分析和质控，按要素绘制变化图形，以年为单位编辑成册公开出版是一项卓有成效的实践尝试，既实现了国家大力推进的海洋科研数据的开放共享，也为海洋科研和业务化工作者在资料图册基础上更进一步申请和应用台站的精细化观测数据提供了基础。“善始者实繁，克终者善寡”，黄海站和东海站从2017年出版第一册观测数据图集以来，不忘初心使命，克服重重困难在坚持和推进这项工作，并将随着台站的运行发展一直继续下去，实为难能可贵。

此前，黄海站和东海站共出版了 9 册常规观测数据图集（涵盖 2009 年至 2019 年的观测数据）和 1 册台风专题数据图集（涵盖 2010 年至 2018 年获取的台风相关数据），得到了海洋资料需求者的广泛称赞和好评，取得了预期的成效。如今，2020 年的常规观测数据图集业已完成编撰，由于新冠疫情对人们生活产生了多方面的影响，同时也给浮标运维工作带来了巨大挑战，周期维护、应急维护以及系统大修等均无法有效实施，即便如此，因浮标自身具有无人值守、长期稳定、抗极端环境能力强等优势，黄海站和东海站依然难得地获得了多个浮标持续的观测数据，更为宝贵的是部分要素获取了全年完整的有效观测数据，甚是难得。

最后，衷心祝贺这本关于 2020 年黄海站和东海站常规观测数据图集顺利出版，相信结合之前出版的一系列图集会给读者提供延续性参考，对数据资料具体的应用提供更加全面的帮助。同时也期望作者及其团队继续饱含热情，将这项看似平凡、实则伟大的工作坚持做下去，结合各方给予的反馈不断进行优化和完善，为我国海洋事业的发展和强国战略的实现添砖加瓦。

2024 年 1 月 7 日

前 言

受人类活动和自然因素共同影响，近百年来，全球正经历着以变暖为显著特征的变化，海温持续增高、海洋酸化加剧、海平面加速上升、极端海洋气候事件强度加大等，对自然生态环境和人类经济社会发展产生了广泛而深刻的影响，引起当今社会的高度关注。国际组织和各国政府相继发布气候变化评估报告和年度气候状况报告，全面评估气候变化的现状、潜在影响以及适应和减缓的可能对策。2021 年 8 月，由国家海洋信息中心基于海洋观测网及相关数据，编制完成的《中国气候变化海洋蓝皮书（2021）》（以下简称《蓝皮书》）正式发布，公布了截至 2020 年全球、中国近海关键海洋要素的最新监测信息。从百年尺度上来看，在全球海洋气候变化方面，1870—2020 年，全球平均海表温度总体呈显著上升趋势，尤其是过去 10 年（2011—2020 年）平均海表温度高于 1870 年以来的任何一个 10 年。2020 年，全球平均海表温度较 1870—1900 年平均值高 0.67℃。1958—2020 年，全球海洋热含量（储存在全球海洋上层 2 000 m 的热量）呈显著增加趋势，且海洋变暖在 20 世纪 90 年代后显著加速（图 0-1）。1990—2020 年，全球海洋热含量增加速率为 9.6×10^{22} J/(10 a)，是 1958—1989 年增暖速率的 5.6 倍。2020 年，全球海洋热含量为有现代海洋观测以来的最高值。1993—2020 年，全球平均海平面上升速率约为 3.3 mm/a。2020 年，全球平均海平面较 2019 年高 6 mm，处于有卫星观测记录以来的最高位。1985—2019 年，全球海洋表层平均 pH 下降速率约为 0.016/(10 a)。海洋酸化已经由海洋表层扩大到海洋内部，3 000 m 深层水中已经观测到酸化现象。聚焦中国海洋气候变化方面，1980—2020 年，中国沿海海表温度总体呈上升趋势，平均每 10 a 升高 0.27℃，2015—2020 年连续 6 年处于高位，2020 年为 1980 年以来的最暖年份。1980—2020 年，中国沿海海平面上升速率为 3.4 mm/a，1993—2020 年，上升速率为 3.9 mm/a，高于同期全球平均水平。2012—2020 年，中国沿海海平面持续处于近 40 年高位，2020 年为 1980 年以来第三高。中国沿海平均高潮位和平均大的潮差总体均呈上升趋势，其中杭州湾沿海上升速率最大。1963/1964—2020/2021 年，渤海和黄海北部海冰冰期和冰量均呈波动下降趋势。2020/2021 年冬季，渤海冰情较常年偏轻。1979—2020 年，中国近岸海水表层 pH 总体呈波动下降趋势，江苏南部、长江口、杭州湾近岸海域海水表层酸化明显。2020 年夏季，长江口海域出现大面积低氧区。1980—2020 年，中国沿海极值高潮位和最大增水均呈显著上升趋势，上升速率分别为 4.6 mm/a 和 25.1 mm/a。2000—2020 年，中国沿海致灾风暴潮次数呈增加趋势。2020 年，中国沿海共发生风暴潮过程 14 次，其中致灾风暴潮过程 7 次；中国近海出现有效波高 4.0 m（含）以上的灾害性海浪过程 36 次。

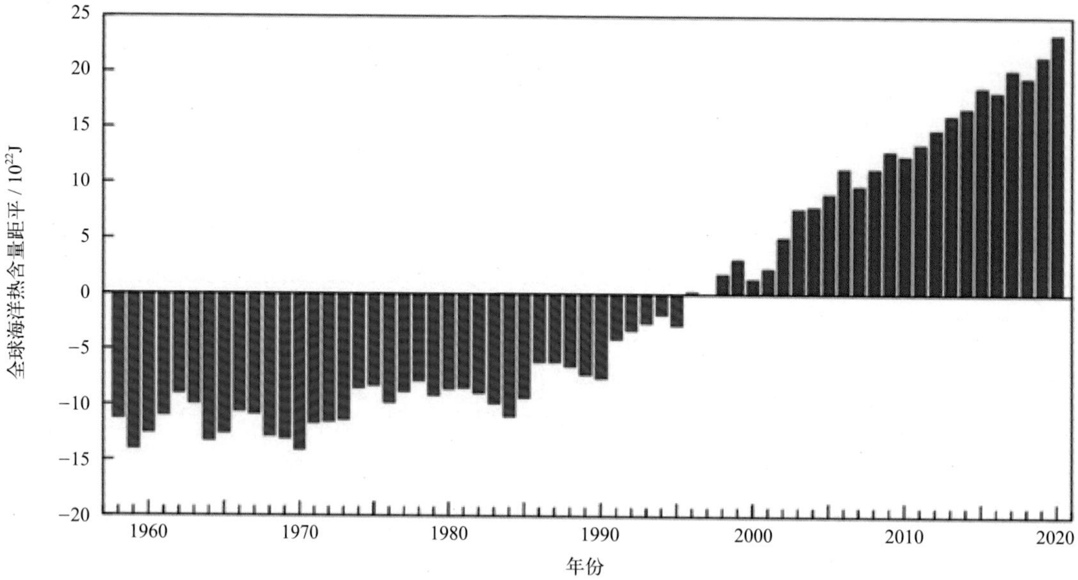

图 0-1　1958—2020 年全球海洋热含量（上层 2 000 m）距平变化

《蓝皮书》还指出，中国近海地处季风最明显的气候带，东亚季风、西北太平洋副热带高压、中—高纬度大气涛动等的变化，对中国近海海洋环境要素等产生重要影响。海洋异常变化及其与大气间的能量传输和物质交换也是影响中国近海海洋气候变化的重要因素。中国沿海地区经济发达、人口密集、生态环境脆弱，是受气候变化影响的敏感区域。

为研究海洋环境变化对我国的影响，我国涉海机构长期致力于海洋观测网络的建设，以便对关键海洋参数进行实时、连续、长期、立体、稳定的监测，获取的观测数据可为准确把握海洋气候变化规律、减轻海洋灾害风险、保护海洋生态环境、合理开发和利用海洋资源，以及促进沿海社会经济发展等领域提供科学支撑和决策参考。自 2007 年以来，我国主要建设了西太平洋深海科学观测网、南海潜标观测网和中国科学院近海观测研究网络三大观测网络体系，三大网络的构建和完善，全面、系统地提升了我国在海洋观测网建设、海洋观测技术研发等方面的能力和水平。其中，针对中国近海渤海、黄海、东海范围观测的，隶属于中国科学院近海观测研究网络的黄海海洋观测研究站和东海海洋观测研究站（以下简称“黄海站”和“东海站”），是极具代表性的海洋观测网络台站，两个野外台站以各类海洋观测浮标为主体开展针对中国近海海域的定点联网观测。其观测范围北起北黄海长山群岛海域，西至渤海秦皇岛外海海域，南至东海舟山群岛海域，东至 124°E 中韩中间线附近，以北黄海的长山群岛附近海域、山东外海海域和东海的长江口及其邻近海域为重点观测范围，建设目标是获取我国近海关键海域长序列、稳定、连续、高质量的海洋气象、水文、水质等数据。黄海站和东海站自 2007 年开始筹建，2009 年正式挂牌并投入运行，长期以来始终保持稳步、健康发展，观测技术手段和能力显著提升。建站初期，仅有 6 套观测浮标系统，发展到 2023 年已经拥有 24 套观测设施，主要包括国内首套三锚式浮标综合观测平台、单锚式浮标、潜标、海岛自动气象站和海洋调查船等，现已形成了观测范围广阔、站位布局合理、技术手段丰富的网络化综合观测体系，可长期、稳定地为我国近海海洋科学研究提供高质量的基础观测数据支撑。

本图集是关于黄海站和东海站的观测数据集第十一分册（总第十一卷），起止时间为2020年1月1日至12月31日，为一个年度周期浮标的数据累积成果。综合考虑数据的质量和区域代表性，图集共选取了7套浮标的观测数据，主要观测项目包括海洋气象、水文、水质。各浮标情况介绍以及具体使用的观测设备和获取的观测参数等内容可参见技术说明部分。

特别要提的是，2020年台站浮标数据接收岸站系统进行了优化升级，早期的数据库存储由于数据采集器类型不同，采用了三种数据库存储形式，导致数据库结构和数据格式差异较大，多源数据的归一化和质量控制存在诸多困难。为了解决上述问题，同时在不损失原数据库结构和避免丢失数据的基础上，我们采用建立中间库方式，在中间库生成统一格式的数据产品，并编写新的曲线或玫瑰图绘制程序，经过不断调试，本年度投入大量的人力和物力，历时近8个月，最终才完成2020年度的数据处理和图形绘制，该项工作也为后续年度数据的管理、质量控制和开放共享奠定了坚实基础。

本图集选取典型站位浮标的观测数据进行曲线绘制，并针对每个参数全年的变化特征进行简要概括描述和分析，同时就该观测参数所记录的特殊天气现象进行专题描述，如寒潮和台风等。图集正文中以图文并茂的形式展示了黄海站和东海站的数据获取情况、数据质量情况以及数据变化情况，旨在吸引广大海洋科研工作者深入挖掘数据或者是申请我们已经获取的长序列观测数据，以支持其相关研究。因此，该图集的出版核心是宣传和促进数据应用及共享，这一宗旨与国家近几年所大力提倡的开放数据、共享数据的精神是完全符合的。

基于这一新的图集编写目的，所以在观测站点的选择上也就没有必要面面俱到，更不必要对所有获取的原始数据进行处理、质量控制和成图，这些工作让深入研究海洋的各位学者开展，其效果会事半功倍，而且目的性更加明确。我们需要做的仅仅是将我们拥有的观测数据宣传出去，让众多的海洋科研工作者了解我们的资源，通过合作或直接申请的方式大力推进数据共享和应用。

本年度数据获取情况整体评价为良好。2020年，浮标维护工作遇到了前所未有的困难，因而有些浮标无法及时实施相关维护，导致观测数据缺失较严重，不过仍然有个别浮标的部分参数获取了全年的观测数据，例如，位于北黄海长海县海域的05号浮标，获取了全年366天的表层水温、有效波高和有效波周期数据；位于东海海礁附近海域的06号浮标，获取了全年366天的气温和气压、表层水温、有效波高和有效波周期数据，彰显了锚系式浮标观测技术手段的优势。表0–1展示了本图集涉及浮标获取参数的情况，以供参考。

根据本年度观测数据的具体情况可以基本概括出几个观测海域2020年的环境特征。北黄海海域通过05号浮标获取的水温和盐度数据得到年度水温平均值为13.32℃，年度盐度平均值为31.03，年度最高水温和最低水温分别为26.5℃和2.9℃，年度最高盐度和最低盐度分别为33.0和25.8。通过获取的波浪数据，得到年度有效波高平均值为0.65 m，年度有效波周期平均值为4.47 s，年度最大有效波高为3.0 m，对应的有效波周期为7.1 s。

表 0-1　2020 年度黄海站、东海站典型浮标获取主要参数的时长列表

<table>
<tr><th>浮标</th><th>大致位置</th><th>观测参数</th><th>获取时长 / d</th><th>主要时间段</th><th>备注</th></tr>
<tr><td rowspan="3">02</td><td rowspan="3">北黄海
长海县
附近海域</td><td>表层水温</td><td rowspan="2">270</td><td rowspan="2">1 月 1 日至 8 月 26 日
12 月 1 日至 12 月 31 日</td><td rowspan="3">浮标供电系统故障或者传感器故障导致数据缺失</td></tr>
<tr><td>有效波高、有效波周期</td></tr>
<tr><td>表层盐度</td><td>220</td><td>1 月 1 日至 5 月 7 日
6 月 4 日至 8 月 3 日
12 月 1 日至 12 月 31 日</td></tr>
<tr><td rowspan="3">05</td><td rowspan="3">北黄海
长海县
附近海域</td><td>表层水温</td><td rowspan="2">366</td><td rowspan="2">全年</td><td rowspan="3">传感器故障导致数据缺失</td></tr>
<tr><td>有效波高、有效波周期</td></tr>
<tr><td>表层盐度</td><td>210</td><td>6 月 5 日至 12 月 31 日</td></tr>
<tr><td rowspan="5">06</td><td rowspan="5">东海
嵊山岛
海礁附近海域</td><td>气温气压</td><td rowspan="4">366</td><td rowspan="4">全年</td><td rowspan="5">浮标大修导致数据缺失</td></tr>
<tr><td>风速风向</td></tr>
<tr><td>表层水温</td></tr>
<tr><td>有效波高、有效波周期</td></tr>
<tr><td>表层盐度</td><td>330</td><td>1 月 1 日至 10 月 8 日
10 月 26 日至 12 月 12 日</td></tr>
<tr><td rowspan="5">09</td><td rowspan="5">黄海
荣成楮岛附近
海域</td><td>气温气压</td><td rowspan="4">286</td><td rowspan="4">1 月 3 日至 8 月 23 日
11 月 10 日至 12 月 31 日</td><td rowspan="5">浮标大修以及传感器故障导致数据缺失</td></tr>
<tr><td>风速风向</td></tr>
<tr><td>表层水温</td></tr>
<tr><td>有效波高、有效波周期</td></tr>
<tr><td>表层盐度</td><td>270</td><td>1 月 3 日至 8 月 7 日
11 月 10 日至 12 月 31 日</td></tr>
<tr><td rowspan="3">12</td><td rowspan="3">东海
黄泽洋
附近海域</td><td>气温气压</td><td rowspan="3">247</td><td rowspan="3">1 月 1 日至 3 月 2 日
3 月 31 日至 6 月 1 日
6 月 19 日至 8 月 31 日
9 月 14 日至 11 月 10 日</td><td rowspan="3">浮标通信系统不稳定导致数据缺失</td></tr>
<tr><td>风速风向</td></tr>
<tr><td>有效波高、有效波周期</td></tr>
<tr><td rowspan="5">19</td><td rowspan="5">黄海
日照
附近海域</td><td>气温气压</td><td rowspan="4">330</td><td rowspan="4">1 月 1 日至 11 月 25 日</td><td rowspan="5">浮标通信系统故障或传感器故障导致数据缺失</td></tr>
<tr><td>风速风向</td></tr>
<tr><td>表层水温</td></tr>
<tr><td>有效波高、有效波周期</td></tr>
<tr><td>表层盐度</td><td>163</td><td>1 月 1 日至 6 月 11 日</td></tr>
<tr><td rowspan="4">20</td><td rowspan="4">舟山
六横岛
附近海域</td><td>气温</td><td>366</td><td rowspan="3">全年</td><td rowspan="4">传感器故障导致数据缺失</td></tr>
<tr><td>风速风向</td><td rowspan="2">366</td></tr>
<tr><td>有效波高、有效波周期</td></tr>
<tr><td>气压</td><td>348</td><td>1 月 1 日至 10 月 8 日
10 月 27 日至 12 月 31 日</td></tr>
</table>

南黄海海域通过 19 号浮标获取的气温、气压数据得到年度气温平均值为 15.71℃，年度气压平均值为 1 015.86 hPa，得到年度最高气温和最低气温分别为 31.1℃和 −2.7℃，年度最高气压和最低气压分别为 1 036.8 hPa 和 994.4 hPa。通过获取的风速风向数据，可以看出该海域冬季盛行北风或西北风，夏季盛行南风和东南风。通过获取的水温、盐度数据，得到年度水温平均值为 16.65℃，年度盐度平均值为 30.99，年度最高水温和最低水温分别为 29.7℃和 5.1℃，年度最高盐度和最低盐度分别为 31.4 和 30.2。通过获取的波浪数据，得到年度有效波高平均值为 0.41 m，年度有效波周期平均值为 4.65 s，年度最大有效波高为 2.5 m，对应的有效波周期为 6.5 s 或 6.0 s。

东海长江口附近海域通过 06 号浮标获取的气温、气压数据得到年度气温平均值为 15.51℃，年度气压平均值为 1 019.33 hPa，得到年度最高气温和最低气温分别为 30.2℃和 −1.3℃，年度最高气压和最低气压分别为 1 036.1 hPa 和 990.0 hPa。通过获取的风速风向数据，可以看出该海域 6 级以上大风天数较黄海海域明显偏多，全年冬季盛行偏北风，且 6 级以上大风天数较多，夏季盛行东南风，6 级以上大风天数也不少。通过获取的水温、盐度数据，得到年度水温平均值为 17.83℃，年度盐度平均值为 31.22，年度最高水温和最低水温分别为 31.4℃和 10.3℃，年度最高盐度和最低盐度分别为 34.4 和 16.8。通过获取的波浪数据，得到年度有效波高平均值为 1.13 m，年度有效波周期平均值为 6.33 s，年度最大有效波高为 6.5 m，对应的有效波周期为 27.1 s。

基于黄海站和东海站长期获取的观测数据，我们经过整合、处理、计算，最终得到了 2010/2011—2020 年三个代表性海域每个年度的平均气温、水温和盐度，其中北黄海海域主要选取 01 号浮标作为典型代表，南黄海海域主要选取 09 号浮标作为典型代表，东海海域主要选取 06 号浮标作为典型代表。某些年份中，有的浮标某个参数观测数据不全甚至全年无数据，则尽量选取附近浮标或气象站获取的数据进行弥补，各海域的气温、水温、盐度的历年平均值及数据获取情况详见表 0−2 至表 0−4。

表 0−2　2010—2020 年历年北黄海海域气温、水温、盐度平均值及数据获取情况

年份	平均气温 / ℃	平均水温 / ℃	平均盐度	备注
2010	10.00	12.07	31.52	气温数据由 01 号浮标和獐子岛气象站获取，水温和盐度数据由 01 号浮标获取
2011	10.89	12.03	31.11	气温数据由 01 号浮标和獐子岛气象站获取，水温和盐度数据由 01 号浮标获取
2012	10.90	12.34	30.83	气温数据由 01 号浮标和獐子岛气象站获取，水温和盐度数据由 01 号浮标获取
2013	11.67	13.16	30.83	气温数据由 01 号浮标和獐子岛气象站获取，水温和盐度数据由 01 号浮标获取
2014	12.15	13.72	30.98	气温、水温和盐度数据均由 01 号浮标获取
2015	12.24	13.94	31.84	气温数据由 01 号浮标和獐子岛气象站获取，水温和盐度数据由 01 号浮标获取
2016	11.72	13.96	31.76	气温数据由 01 号浮标和獐子岛气象站获取，水温和盐度数据由 01 号浮标获取
2017	11.12	14.25	31.91	气温数据由 01 号浮标和獐子岛气象站获取，水温和盐度数据由 01 号浮标获取

续表

年份	平均气温 / ℃	平均水温 / ℃	平均盐度	备注
2018	11.19	13.77	31.25	气温和水温数据由 01 号浮标获取，盐度数据由 01 号浮标和 05 号浮标获取
2019	11.86	13.84	31.57	气温数据由 01 号浮标和獐子岛气象站获取，水温数据由 01 号浮标和 05 号浮标获取，盐度由 01 号浮标、04 号浮标和 05 号浮标获取
2020	11.37	13.32	31.45	气温数据由獐子岛气象站获取，水温数据由 05 号浮标获取，盐度数据由 02 号浮标和 05 号浮标获取

表 0-3　2011—2020 年历年南黄海海域气温、水温、盐度平均值及数据获取情况

年份	平均气温 / ℃	平均水温 / ℃	平均盐度	备注
2011	12.04	13.94	31.24	气温、水温和盐度数据均由 09 号浮标和 07 号浮标获取
2012	—	—	—	因该年度南黄海海域各浮标运行时间太短，无法进行年平均值的计算
2013	12.99	14.14	30.62	气温、水温和盐度数据均由 09 号浮标获取
2014	13.84	14.92	30.09	气温、水温和盐度数据均由 09 号浮标获取
2015	13.87	15.08	31.21	气温和水温数据由 09 号浮标获取，盐度数据由 09 号浮标和 07 号浮标获取
2016	13.55	15.16	30.95	气温、水温和盐度数据均由 09 号浮标获取
2017	14.19	16.09	31.26	气温和水温数据由 09 号浮标和 18 号浮标获取，盐度数据由 09 号浮标和 07 号浮标获取
2018	13.43	15.16	31.33	气温和水温数据由 09 号浮标获取，盐度数据由 17 号浮标和 18 号浮标获取
2019	14.80	16.20	31.62	气温、水温和盐度数据均由 09 号浮标和 18 号浮标获取
2020	14.01	15.51	31.52	气温、水温和盐度数据均由 09 号浮标、18 号浮标和 19 号浮标获取

表 0-4　2010—2020 年历年东海海域气温、水温、盐度平均值及数据获取情况

年份	平均气温 / ℃	平均水温 / ℃	平均盐度	备注
2010	16.85	18.53	31.04	气温、水温和盐度数据均由 06 号浮标获取
2011	16.48	18.61	31.75	气温、水温和盐度数据均由 06 号浮标获取
2012	15.94	18.78	31.52	气温和水温数据由 14 号浮标获取，盐度数据由 06 号浮标获取
2013	17.34	19.02	31.78	气温数据由花鸟山气象站获取，水温和盐度数据由 06 号浮标获取
2014	16.00	19.11	30.89	气温数据由 06 号浮标和 12 号浮标获取，水温和盐度数据由 06 号浮标获取

续表

年份	平均气温 / ℃	平均水温 / ℃	平均盐度	备注
2015	16.22	19.20	31.18	气温数据由 06 号浮标和 11 号浮标获取，水温和盐度数据由 06 号浮标和 20 号浮标获取
2016	16.88	18.99	31.05	1 月至 4 月的气温、盐度和水温数据均由 11 号浮标获取，5 月至 12 月的气温、盐度和水温数据均由 06 号浮标获取
2017	17.08	20.86	31.22	气温数据由 06 号浮标和 12 号浮标获取，水温和盐度数据由 06 号浮标和 20 号浮标获取
2018	16.87	20.19	31.66	气温数据由 06 号浮标获取，水温和盐度数据由 06 号浮标和 20 号浮标获取
2019	17.80	20.14	31.92	气温数据由 06 号浮标和 12 号浮标获取，水温数据由 06 号浮标和 20 号浮标获取，盐度数据由 06 号浮标获取
2020	18.01	20.15	30.76	气温、水温和盐度数据均由 06 号浮标获取

通过三个代表性海域的数据情况以及变化曲线图（图 0-2）可以看出，我国近海海洋环境在这 11 年（2010—2020 年）来大致的变化情况，各海域的气温和水温总体呈上升的趋势，东海海域气温和水温相差的幅度最大，南黄海海域气温和水温相差的幅度最小；东海海域的盐度变化幅度相对较大，北黄海海域和南黄海海域的盐度变化幅度相对小一些。另外，南黄海海域的盐度总体上也呈上升的趋势，而北黄海海域和东海海域的盐度则呈不规则的波动。

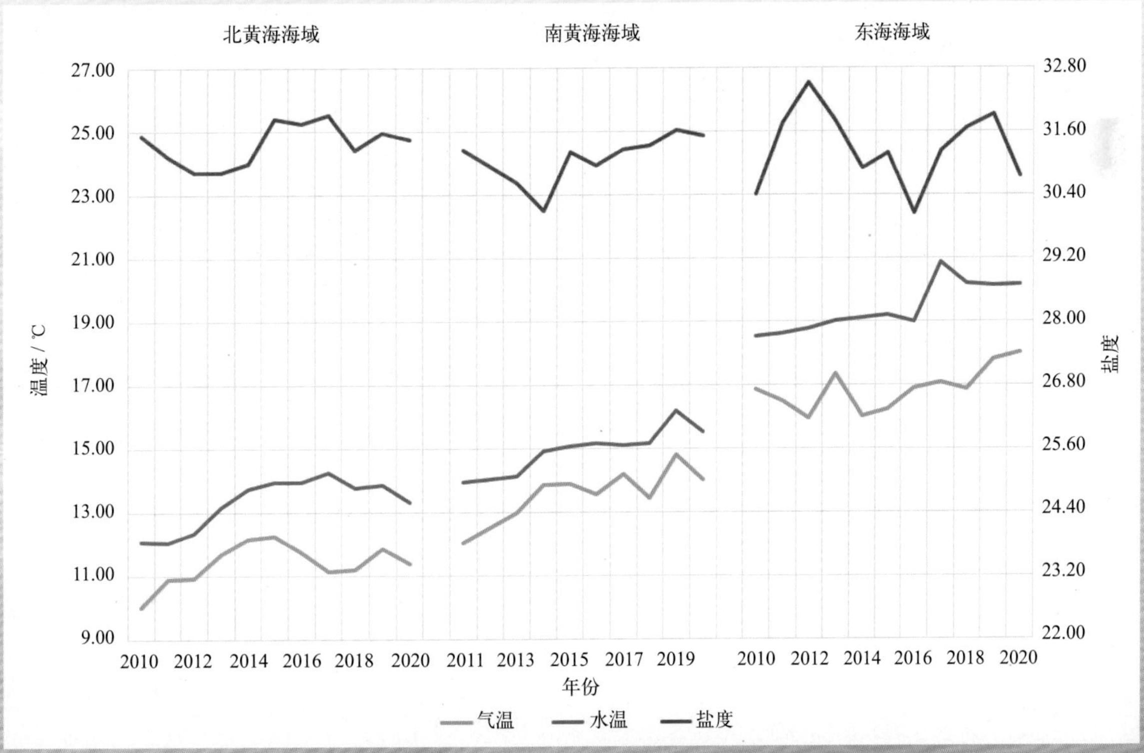

图 0-2　2010/2011—2020 年黄海站和东海站观测海域年度气温、水温和盐度平均值变化

上述内容对2020年度获取数据的情况进行了简单概述，并对截至2020年黄海站和东海站布放海域气温、水温以及盐度的年度变化进行了简单分析，详细信息各位读者可参照系列图集的具体内容，根据需要做深入分析，也可通过海洋大数据中心进行原始数据的申请（网址：http://msdc.qdio.ac.cn/）。

本图集工作是集体劳动成果的结晶。数据部分来自合作共享的观测浮标，主要有青岛市气象局、舟山市气象局和上海市气象局，在此一并表示感谢。黄海站和东海站自2007年开始筹备建设以来，中国科学院科技促进发展局给予了充分支持与指导，杨萍主任长期给予鼎力支持。中国科学院海洋研究所的几十位管理与技术人员付出了艰辛的努力，主要包括孙松、侯一筠、王凡、王辉、任建明、宋金明、于非、于仁成、万世明、孙晓霞等领导，他们都付出了大量精力，先后指导了此项工作的实施；具体实施的技术人员包括刘长华、陈永华、贾思洋、王春晓、王旭、王彦俊、冯立强、张斌、李一凡、杨青军、张钦等。同时，相关兄弟单位的管理和技术人员也给予了无私的帮助和关心，主要有上海海洋气象局的黄宁立、陈智强、费燕军，山东荣成楮岛水产公司的王军威、张义涛、王森林，大连獐子岛渔业集团的臧有才、赵学伟、张晓芳、杨殿群、张永国、杨鑫。是大家的无私奉献成就了此项工作，特此一并向上述领导、专家和具体技术人员表示深深的感谢！

本图集具体由刘长华、贾思洋、王旭和王春晓等撰写完成，刘长华负责图集整体构思、前言部分的撰写和统稿，贾思洋和王春晓负责数据的整理、技术说明的撰写及通稿的审校，王旭和王春晓负责曲线绘制和数据概述的撰写。

中国科学院大学海洋学院副院长、国家杰出青年科学基金获得者、青岛海洋试点国家实验室原副主任宋金明研究员，在百忙之中欣然为本图集作序，这是他为该系列图集撰写的第10个序言，这一点足以证明他多年来对我们这项工作给予的鼓励和充分肯定，而且还时时督促我们要以持之以恒的热情将该工作持续开展下去，对图集板块组成、图件表达样式等都提出了非常宝贵的修改建议，使图集的质量得到了大幅度提升，在此对他表示特别感谢！

本图集虽然在以往出版的图集基础上针对曲线绘制的细节和数据概述的内容等方面做了进一步的优化。但是整体上仍有较大的进步空间，尤其是获取数据的质量和连续性以及采用的数据获取技术方法，均有诸多欠缺和不足，敬请读者不吝赐教，批评指正！

刘长华

2024年1月于青岛栖霞路12号

中国科学院近海海洋观测研究网络
黄海站、东海站观测数据图集XI

技术说明

《中国科学院近海海洋观测研究网络黄海站、东海站观测数据图集XI》根据黄海站和东海站对黄海海域、东海海域长期累积的观测数据编制完成。观测内容包括海洋气象、海洋水文、水质等参数。本图集系 2020 年 1 月至 12 月间月度、年度所积累的观测数据，并选择部分具有代表性海域浮标的气温（10 min 平均）、气压（10 min 平均）、风速（10 min 平均）、风向（10 min 平均）、海表水温、海表盐度、有效波高和有效波周期等要素进行绘图。

黄海站、东海站主要通过布放在海上的锚泊式海洋观测研究浮标系统进行海洋参数的采集。黄海站、东海站长期安全在位运行浮标系统 20 余套，各浮标的位置分布可参考《中国科学院近海海洋观测研究网络黄海站、东海站观测数据图集X》“技术说明”中的浮标分布图。浮标系统主要搭载了风速风向仪、温湿仪、气压仪、能见度仪、声学多普勒流速剖面仪、波浪仪、温盐仪、叶绿素-浊度仪、溶解氧仪等观测设备，浮标的数据采集系统控制上述设备对中国近海海域的海洋气象参数、水文参数和水质参数等进行实时、动态、连续的观测，并通过 CDMA/GPRS 和北斗通信方式将观测数据传输至陆基站接收系统进行分类存储。

海洋观测浮标系统的设计参照海洋行业标准《小型海洋环境监测浮标》（HY/T 143—2011）和《大型海洋环境监测浮标》（HY/T 142—2011）执行；观测仪器的选择参照《海洋水文观测仪器通用技术条件》（GB/T 13972—1992）执行。重要海洋气象、水文、水质等参数的观测工作参照《海洋调查规范》（GB/T 12763—2007）和《海滨观测规范》（GB/T 14914—2006）执行。

一、浮标情况介绍

黄海站、东海站布放的浮标包括多种类型，每一个浮标可观测的参数也有所不同，各浮标具体情况介绍以及获取参数的详细技术指标参见表 0-5 和表 0-6。

表 0-5　黄海站、东海站浮标情况

站位	浮标	开始运行时间	布放位置	观测参数类型	备注
黄海站	01 号	2009 年 6 月	大连獐子岛附近海域	气象、水文、表层水质	直径 3 m 钢制浮标
	02 号	2009 年 6 月	大连獐子岛附近海域	水文、表层水质	直径 2 m 钢制浮标
	03 号	2009 年 6 月	大连獐子岛附近海域	气象（风）、水文、表层水质	直径 2 m 钢制浮标

续表

站位	浮标	开始运行时间	布放位置	观测参数类型	备注
黄海站	04号	2009年6月	大连獐子岛附近海域	水文、表层水质	直径2 m钢制浮标
	05号	2009年6月	大连獐子岛附近海域	水文、表层及剖面水质	直径2 m钢制浮标
	07号	2010年7月	荣成楮岛附近海域	气象、水文、表层水质	直径3 m钢制浮标
	荣成水质	2014年7月	荣成楮岛附近海域	表层水质	直径1 m钢制浮标
	09号	2010年12月	青岛灵山岛附近海域	气象、水文、表层水质	直径3 m EVA浮标
	16号	2018年5月	荣成楮岛附近海域	气象、水文、表层及剖面水质	直径2.3 m EVA浮标
	17号	2014年10月	青岛仰口外海海域	气象、水文、表层水质	直径10 m钢制浮标
	18号	2014年10月	青岛董家口外海海域	气象、水文、表层水质	直径10 m钢制浮标
	19号	2014年8月	日照近海海域	气象、水文、表层水质	直径3 m钢制浮标
	23号	2021年4月	秦皇岛外海海域	气象、水文、表层水质	直径6 m钢制浮标
	24号	2022年6月	秦皇岛近海海域	气象、水文、表层水质	直径3 m EVA浮标
东海站	06号	2009年8月	舟山海礁附近海域	气象、水文、表层水质	直径10 m钢制浮标
	10号	2013年9月	长江口崇明岛附近海域	气象、水文、表层水质	直径3 m钢制浮标
	11号	2010年4月	舟山花鸟岛附近海域	气象、水文、表层水质	直径10 m钢制浮标
	12号	2010年5月	舟山黄泽洋附近海域	气象、水文、表层水质	长度10 m船型浮标
	13号	2010年5月	舟山小洋山附近海域	气象、水文、表层水质	直径3 m钢制浮标
		2018年9月	长江口崇明附近海域		
	14号	2011年3月	舟山长江口外海海域	气象、水文、表层水质	长度10 m船型浮标
	15号	2012年7月	东海124°E附近海域	气象、水文、表层水质	直径10 m钢制浮标
	20号	2012年6月	舟山六横岛附近海域	气象、水文、表层水质	直径10 m钢制浮标
	21号	2020年12月	舟山东半洋礁附近海域	气象、水文、表层水质	直径10 m钢制浮标
	22号	2018年7月	舟山衢山岛附近海域	气象、水文、表层及剖面水质	直径15 m钢制浮标
		2021年1月	舟山浪岗附近海域		

表 0-6　黄海站、东海站浮标观测参数技术指标列表

类型	测量参数	测量范围	测量准确度	分辨率
气象参数	风速	0 ～ 100 m/s	±0.3 m/s 或读数的 1%	0.1 m/s
	风向	0° ～ 360°	±3°	1°
	气温	−50 ～ 50℃	±0.3℃	0.1℃
	气压	500 ～ 1 100 hPa	±0.2 hPa（25℃），±0.3 hPa（−40 ～ 60℃）	0.01 hPa
	相对湿度	0 ～ 100% RH	±2% RH	1% RH
	能见度	10 ～ 20 000 m	±10% ～ ±15%	1 m
水文参数	水温	−3 ～ 45℃	±0.01℃	0.001℃
	电导率	2 ～ 70 mS/cm	±0.01 mS/cm	0.001 mS/cm
	波高	0.2 ～ 25.0 m	±［0.1 m+（5% 或 10%）*H*］，*H* 为实测波高值	0.1 m
	波周期	2 ～ 30 s	±0.25 s	0.1 s
	波向	0° ～ 360°	±5° 或 ±10°	1°
	流速	±5 m/s	±0.5% *V*±0.5 cm/s，*V* 为实测流速值	1 mm/s
	流向	0° ～ 360°	±10°	1°
水质参数	叶绿素浓度	0.1 ～ 400 μg/L	±1%	0.01 μg/L
	浊度	0 ～ 1 000 FTU	±0.2%	0.03 FTU
	溶解氧含量	0 ～ 200%	±2%	0.01%

二、数据采集设备

（一）温湿仪

观测气温使用的设备为美国 RM Young 公司生产的 41382LC 型温湿仪（图 0-3），在浮标上使用时配备多层辐射防护罩可保护温度和相对湿度传感器免受太阳辐射和降水的影响，气温测量采用高精度铂电阻温度传感器，观测范围为 −50 ~ 50℃，观测精度为 ±0.3℃，响应时间为 10 s。

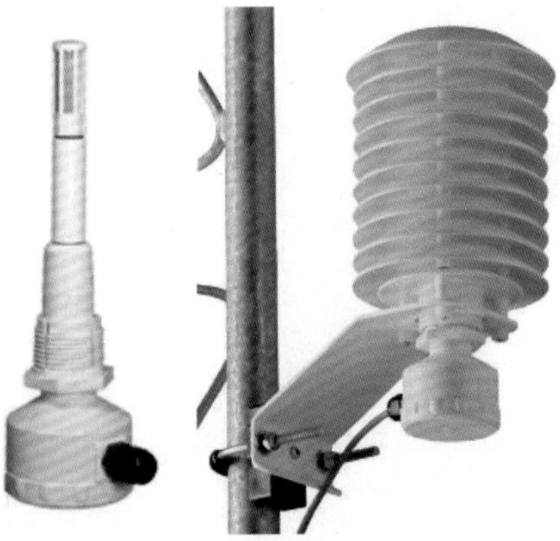

图 0-3　41382LC 型温湿仪及防辐射罩

（二）气压仪

观测气压使用的设备为美国 RM Young 公司生产的 61302V 型气压仪（图 0-4），在浮标上使用时配备防风装置保证数据的稳定可靠，观测范围为 500 ~ 1 100 hPa，观测精度为 ±0.2 hPa（25℃），±0.3 hPa（-40 ~ 60℃）。

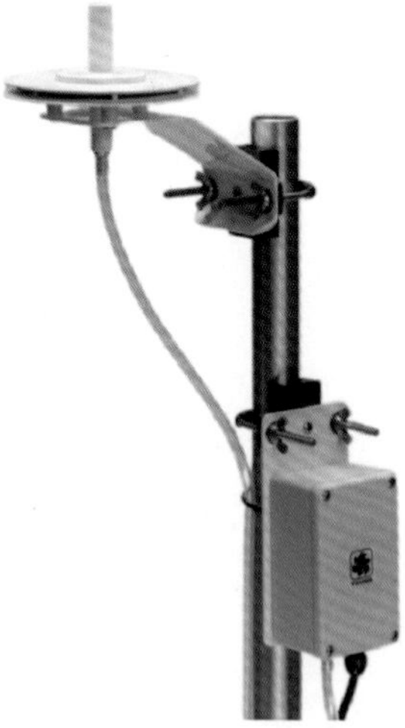

图 0-4　61302V 型气压仪及防风装置

（三）风速风向仪

观测风速风向使用的设备为美国 RM Young 公司生产的 05106 型风速风向仪（图 0-5），是专门为海洋环境设计的增强型风速风向仪，能够适应海洋上高湿度、高盐度、高腐蚀性的环境，具有卓越的性能和优异的环境适应性，能够适应各种复杂的测量环境。同时它对强沙尘环境也拥有良好的适应性，拥有比同类型其他产品更长的使用寿命。该风速风向仪的风速测量范围为 0 ~ 100 m/s，精度为 ±0.3 m/s 或读数的 1%，启动风速为 1.1 m/s；风向测量范围为 0° ~ 360°，精度为 ±3°，启动风速（10° 位移）为 1.1 m/s。

图 0-5　05106 型风速风向仪

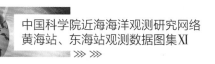

（四）温盐仪

观测表层水温、盐度的设备为日本 JFE 公司生产的 ACTW−CAR 型温盐仪（图 0−6），该设备的电导率测量采用七电极探头并安装有可自动上下移动的防污刷，在每次测量时，活塞式防污刷自动清洁探头内壁，从而有效防止生物附着，保证 2 ~ 3 个月不用维护也能获得稳定的测量数据。该设备水温测量范围为 −3 ~ 45℃，精度为 ±0.01℃；电导率测量范围为 2 ~ 70 mS/cm，精度为 ±0.01 mS/cm。

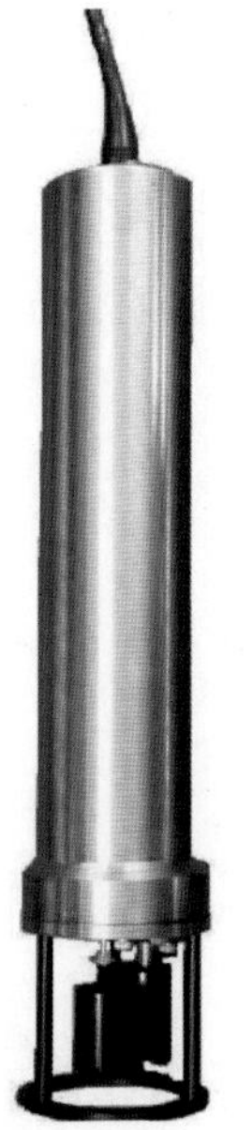

图 0−6　ACTW−CAR 型温盐仪

（五）波浪仪

2012 年 8 月之前，黄海站 01 ~ 05 号浮标使用国产 OSB 型波浪仪，该设备利用重力测波的基本原理进行波高测量，在倾角罗盘的配合下，经过复杂计算，可提供波向数据。该设备波高的测量范围为 0.2 ~ 25.0 m，精度为 ±（0.1 m + 5% H），H 为实测波高值；波周期的测量范围为 2 ~ 30 s，准确度为 ±0.25 s；波向的测量范围为 0° ~ 360°，准确度为 ±5°。

建站之初，黄海站 07 号和 09 号浮标，以及东海站的 06 号浮标上安装的获取波浪相关（波高、波向和波周期）数据的设备为国产 SBY1−1 型波浪仪（图 0−7），采用最先进的三轴加速度计与数字积分算法，具备高可靠性、低功耗和稳定性好等特点。该设备波高的测量范围为 0.2 ~ 25.0 m，精度为 ±（0.1 m + 10% H），H 为实测波高值；波周期的测量范围为 2 ~ 30 s，准确度为 ±0.25 s；波向的测量范围为 0° ~ 360°，准确度为 ±10°。为方便数据处理和保障数据观测的一致性，自 2012 年 8 月开始，黄海站、东海站的全部浮标均统一为国产 SBY1−1 型波浪仪。

浮标在位运行过程中，若遇到风平浪静或波周期极短的情况，实际波高或波周期数据超出设备测量范围时，两种波浪仪均只给出参考值，如波高 0.0 m 或 0.1 m 以及波周期小于 2.0 s 的参考数据。考虑到数据准确性问题，本图集对超出设备测量范围的波高和波周期仅用于曲线绘制，参考值不参与平均值计算。

图 0-7　SBY1-1 型波浪仪

三、数据采集方法及采样周期

常规观测参数采集频率为每 10 min 1 次（波浪参数每 30 min 1 次），数据传输间隔可设置为 10 min、30 min、60 min（可选）。

（一）气象观测

1. 风

采用双传感器工作。每点次进行风速、风向观测，观测参数为：每 1 min 风速和风向、最大风速、最大风速的风向、最大风速出现的时间、极大风速、极大风速的时间、瞬时风速、瞬时风向、10 min 平均风速、10 min 平均风向、2 min 平均风速和 2 min 平均风向。风速单位：m/s。风向单位：（°）。参见表 0-7。

表 0-7　风速和风向采样方式

项　目	采样长度 / min	采样间隔 / s	采样数量 / 次
10 min 平均风速	10	1	600
10 min 平均风向	10	1	600

2. 气温与湿度

每 10 min 观测 1 次。参见表 0-8。

表 0-8　气温和湿度采样方式

项　目	采样长度 / min	采样间隔 / s	采样数量 / 次
气温	4	6	40
湿度	4	6	40

3. 气压与能见度

每 10 min 观测 1 次。参见表 0-9。

表 0-9　气压和能见度采样方式

项　目	采样长度 / min	采样间隔 / s	采样数量 / 次
气压	4	6	40
能见度	4	6	40

（二）水文观测

1. 波浪

波浪仪安装在浮标重心所在位置，每 30 min 观测 1 次，观测内容：有效波高和对应的周期、最大波高和对应的周期、平均波高和对应的周期、1/10 波高和对应的周期及波向（每 10° 区间出现的概率，并确定主要波向）。

2. 剖面流速流向

剖面流速流向的观测采用直读式声学多普勒海流剖面仪，从水深 3 m 开始，每 2 m 水深 1 层，水下每 10 min 观测 1 次，每次 Ping 数 60。

3. 水温、盐度

表层水温、盐度传感器安装于水深 2 m 上下，每 10 min 观测 1 次。

（三）水质观测

表层水质观测包括浊度、叶绿素浓度、溶解氧含量 3 项，传感器安装于水深 2 m 上下，每 10 min 观测 1 次。

四、英文缩写范例

表 0-10　图集涵盖要素英文缩写

气温：AT，Air Temperature	风速：WS，Wind Speed
气压：AP，Air Pressure	风向：WD，Wind Direction
水温：WT，Water Temperature	有效波高：SignWH，Significant Wave Height
盐度：SL，Salinity	有效波周期：SignWP，Significant Wave Period

五、典型浮标海上运行（图 0-8 至图 0-17）

图 0-8　01 号浮标（北黄海海域）

图 0-9　05 号浮标（北黄海海域）

图 0-10　06 号浮标（东海海域）

图 0-11　09 号浮标（南黄海海域）

图 0-12　12 号浮标（东海海域）

图 0-13　19 号浮标（南黄海海域）

图 0-14　21 号浮标（东海海域）

图 0-15　22 号浮标（东海海域）

图 0-16　23 号浮标（渤海海域）

图 0-17　24 号浮标（渤海海域）

中国科学院近海海洋观测研究网络
黄海站、东海站观测数据图集XI

目　录

气象观测

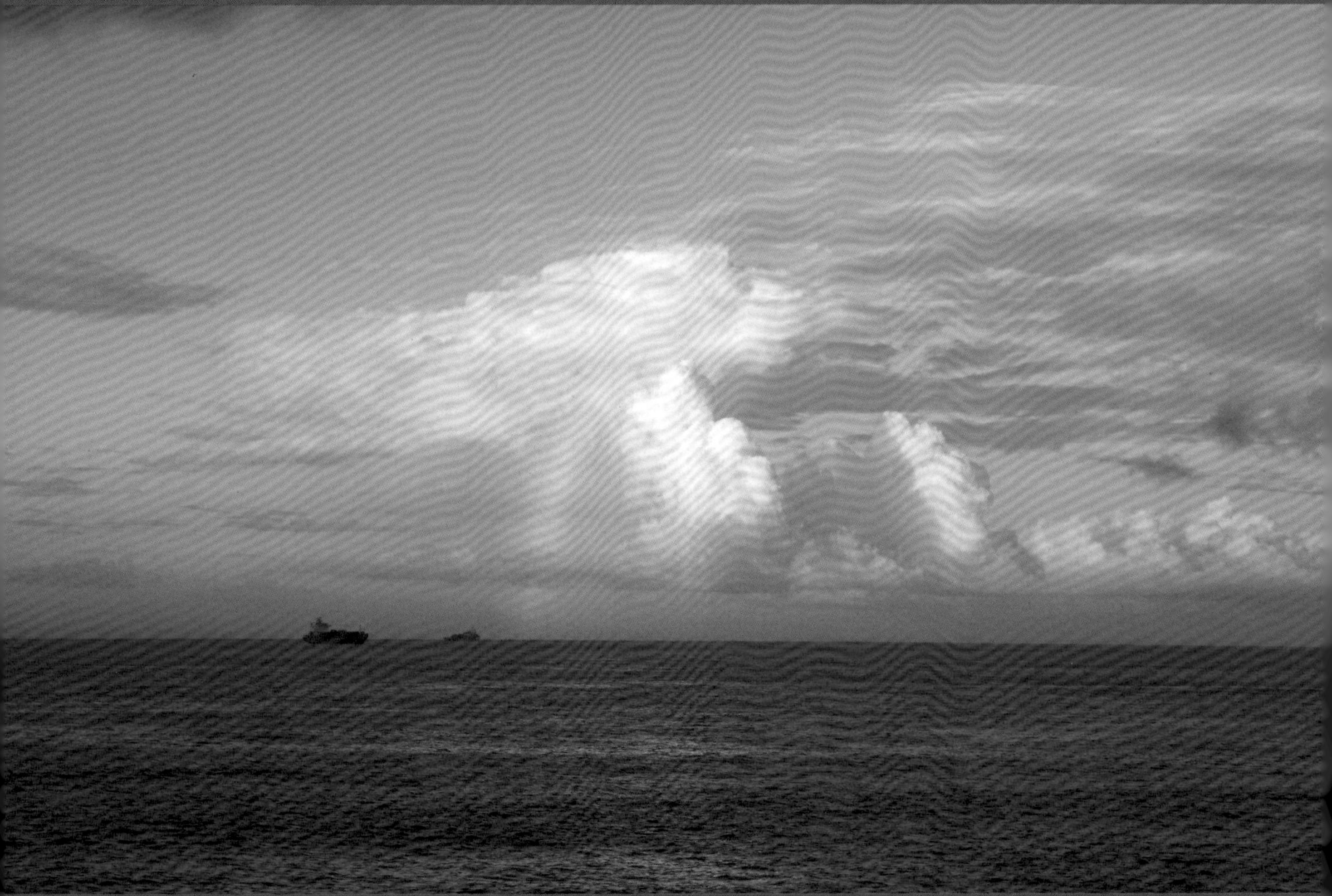

2020 年度 06 号浮标观测数据概述及曲线
(气温和气压)

2020 年，06 号浮标共获取 366 天的气温和气压长序列观测数据。通过对获取数据质量控制和分析，06 号浮标观测海域 2020 年度气温、气压数据和季节数据特征如下。

年度气温平均值为 15.51℃，年度气压平均值为 1 019.33 hPa；测得的年度最高气温和最低气温分别为 30.2℃和 −1.3℃；测得的年度最高气压和最低气压分别为 1 036.1 hPa 和 990.0 hPa。以 2 月为冬季代表月，观测海域冬季的平均气温是 10.02℃，平均气压是 1 026.52 hPa；以 5 月为春季代表月，观测海域春季的平均气温是 19.20℃，平均气压是 1 011.23 hPa；以 8 月为夏季代表月，观测海域夏季的平均气温是 27.52℃，平均气压是 1 008.34 hPa；以 11 月为秋季代表月，观测海域秋季的平均气温是 17.67℃，平均气压是 1 025.49 hPa。

2020 年，06 号浮标观测海域月度气温、气压变化特征与该海域常年季节气候变化特点基本吻合。06 号浮标观测海域气温、气压的月平均值、最高值和最低值数据参见表 1。

2020 年，06 号浮标记录到 1 次寒潮过程和 4 次台风过程。寒潮的具体过程中，12 月 29 日 14:00（17.0℃）至 12 月 30 日 14:00（−0.6℃），24 h 气温下降了 17.6℃，之后最低气温降到 −1.3℃（12 月 30 日 18:30），寒潮期间气压最高值为 1 035.1 hPa（12 月 31 日 09:00）。第一次台风过程，8 月 3—6 日，06 号浮标获取到了第 4 号台风“黑格比”的相关数据，获取到的最低气压为 1 006.0 hPa（8 月 4 日 06:30）。第二次台风过程，8 月 24—27 日，06 号浮标获取到了第 8 号强台风“巴威”的相关数据，获取到的最低气压为 990.0 hPa（8 月 26 日 03:00）。第三次台风过程，9 月 1—3 日，06 号浮标获取到了第 9 号超强台风“美莎克”的相关数据，获取到的最低气压为 998.4 hPa（9 月 2 日 05:30）。第四次台风过程，9 月 6—7 日，06 号浮标获取到了第 10 号超强台风“海神”的相关数据，获取到的最低气压为 1 001.6 hPa（9 月 7 日 01:00）。

表1 06号浮标各月份气温、气压观测数据

月份	气温 / ℃			气压 / hPa			备注
	平均	最高	最低	平均	最高	最低	
1	10.48	18.3	5.0	1 024.56	1 036.1	1 010.9	
2	10.02	15.0	2.8	1 026.52	1 034.8	1 015.5	
3	11.62	16.4	6.9	1 020.04	1 031.0	1 003.5	
4	13.94	18.6	9.0	1 020.40	1 028.4	1 008.9	
5	19.20	22.9	15.6	1 011.23	1 020.2	1 000.0	
6	23.43	26.5	20.2	1 006.90	1 014.4	998.1	
7	25.10	28.9	20.7	1 007.31	1 015.0	999.0	
8	27.52	30.2	25.0	1 008.34	1 014.5	990.0	记录2次台风
9	24.38	27.8	20.2	1 012.34	1 019.8	998.4	记录2次台风
10	20.50	24.7	17.0	1 020.61	1 026.5	1 008.8	
11	17.67	22.4	11.3	1 025.49	1 034.6	1 010.9	
12	11.45	17.1	−1.3	1 027.47	1 035.4	1 015.4	记录1次寒潮

注：全书中各月份数据统计表格中如果某月获取的数据不足15天，则不进行极值统计。

06 号浮标 2020 年气温、气压观测数据曲线
AT and AP of 06 buoy in 2020

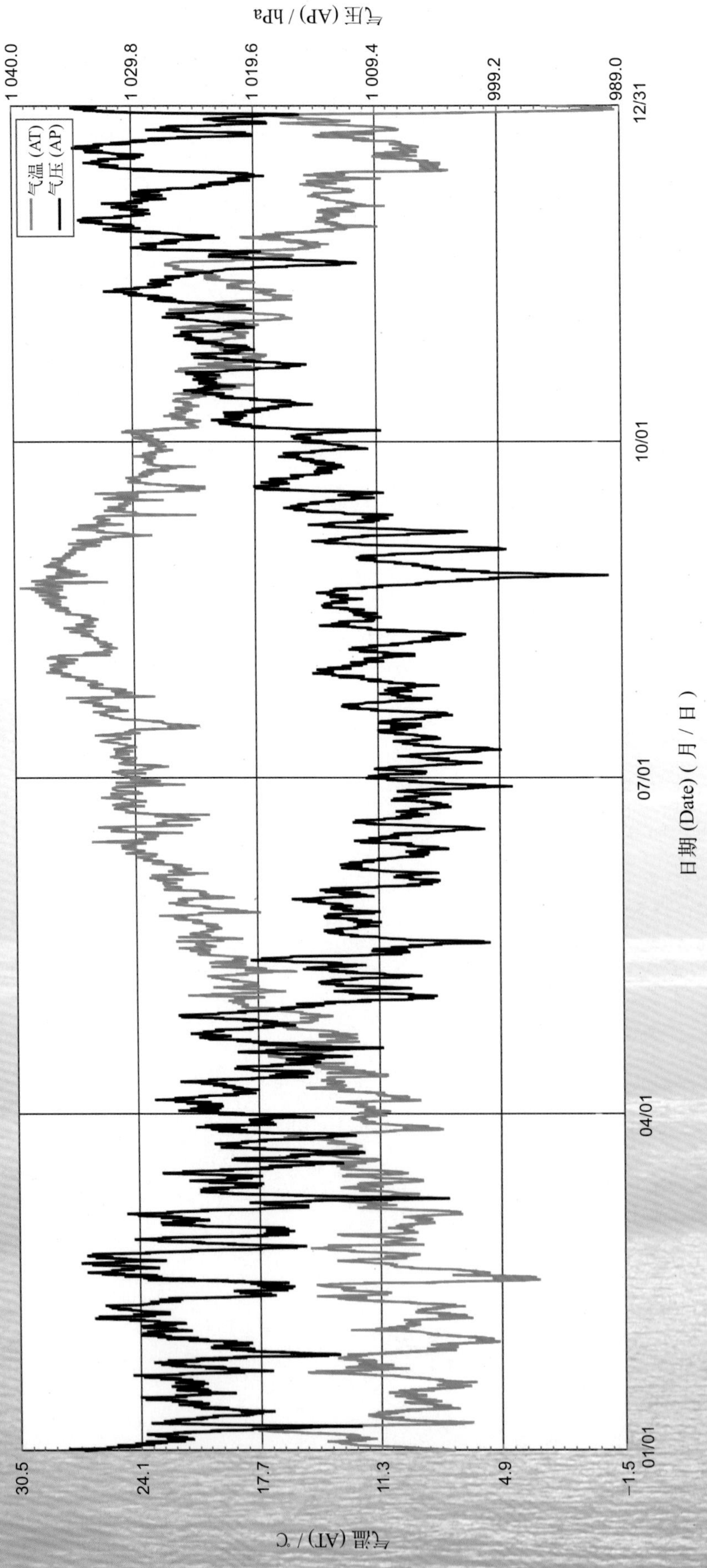

06 号浮标 2020 年 01 月气温、气压观测数据曲线
AT and AP of 06 buoy in Jan. 2020

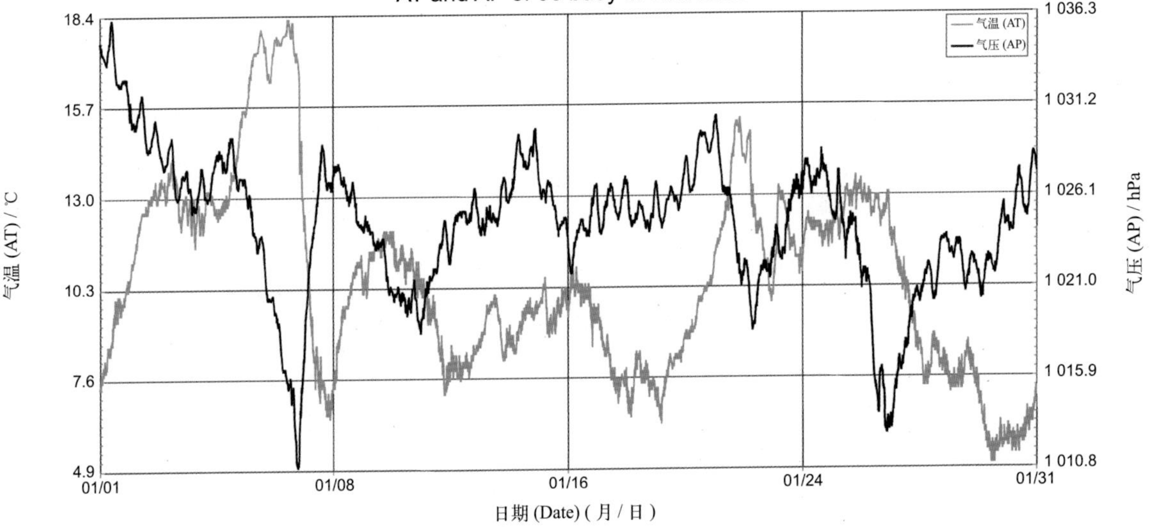

06 号浮标 2020 年 02 月气温、气压观测数据曲线
AT and AP of 06 buoy in Feb. 2020

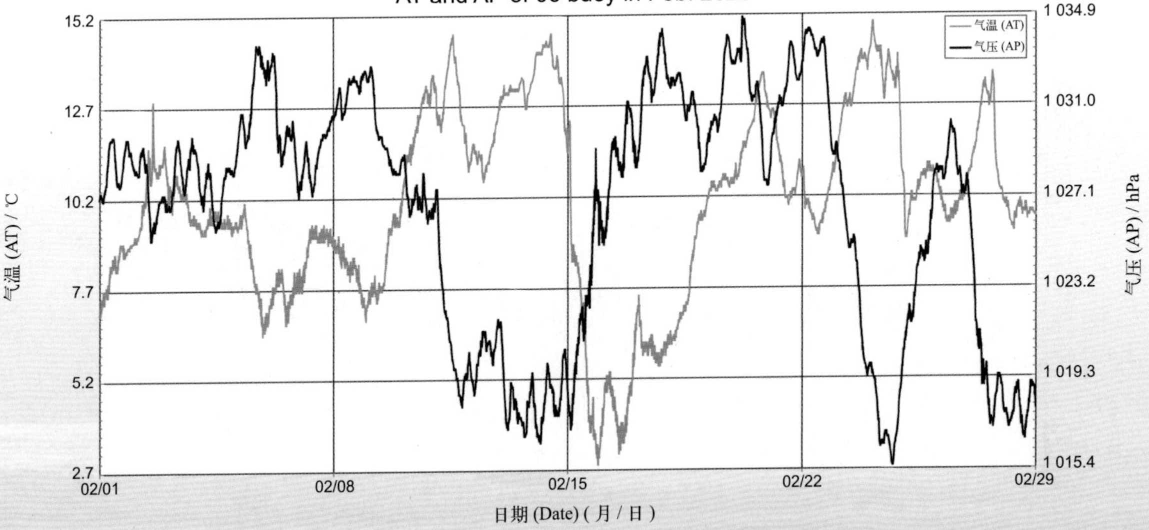

06 号浮标 2020 年 03 月气温、气压观测数据曲线
AT and AP of 06 buoy in Mar. 2020

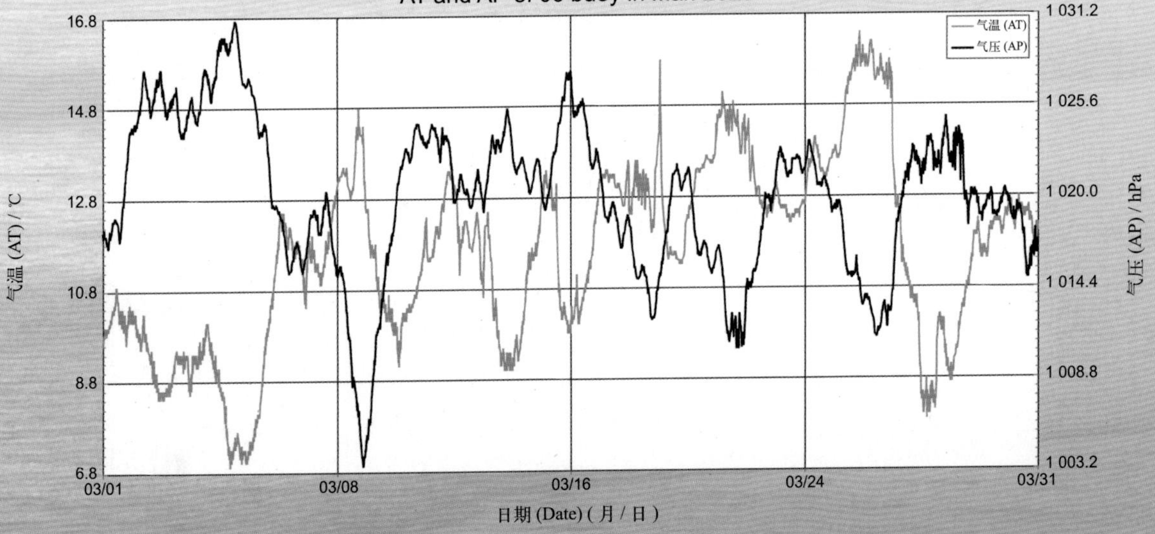

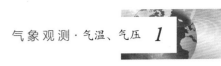

06 号浮标 2020 年 04 月气温、气压观测数据曲线
AT and AP of 06 buoy in Apr. 2020

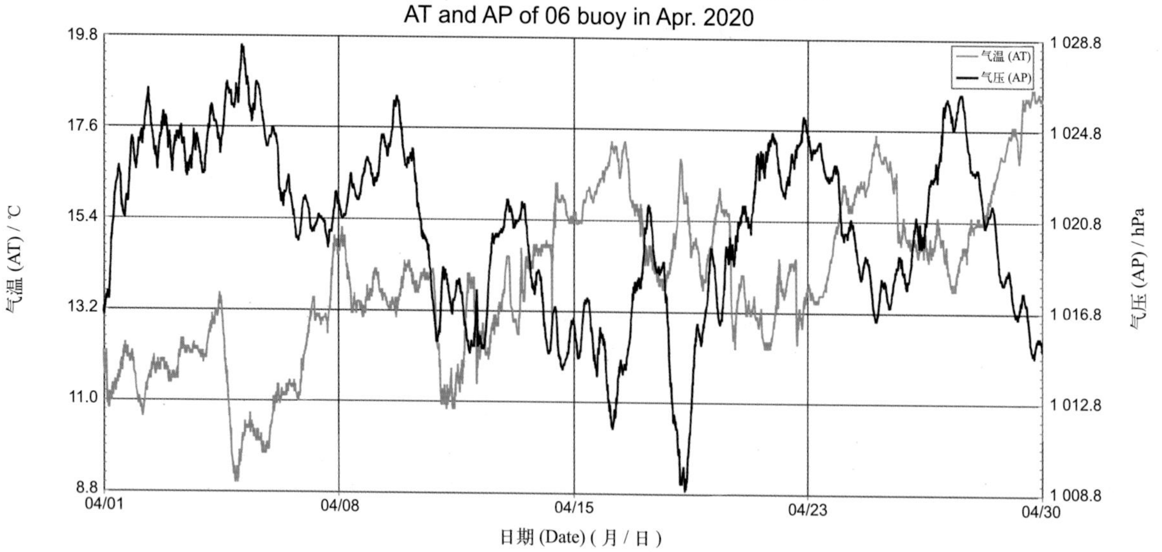

06 号浮标 2020 年 05 月气温、气压观测数据曲线
AT and AP of 06 buoy in May 2020

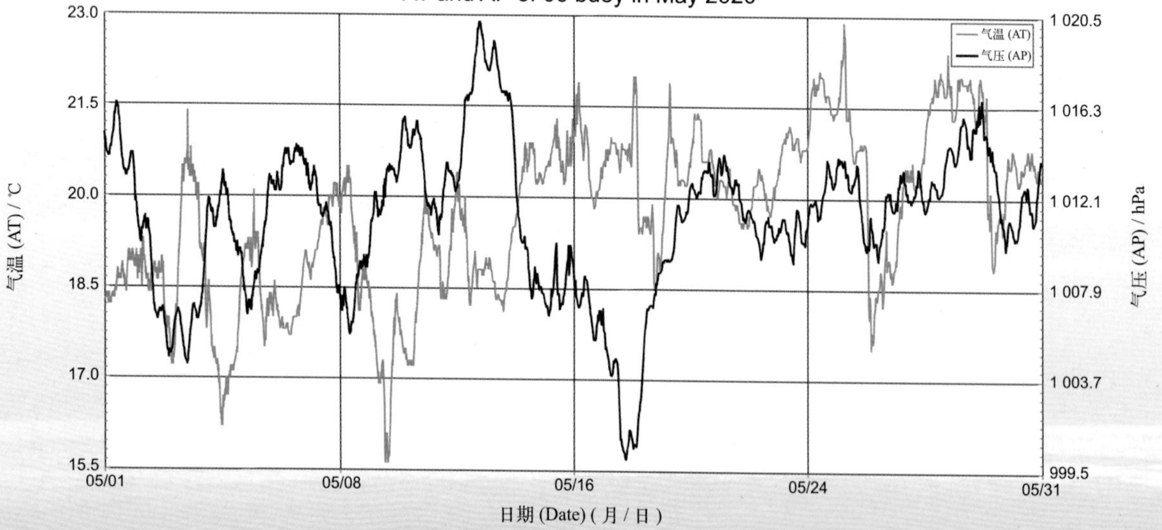

06 号浮标 2020 年 06 月气温、气压观测数据曲线
AT and AP of 06 buoy in Jun. 2020

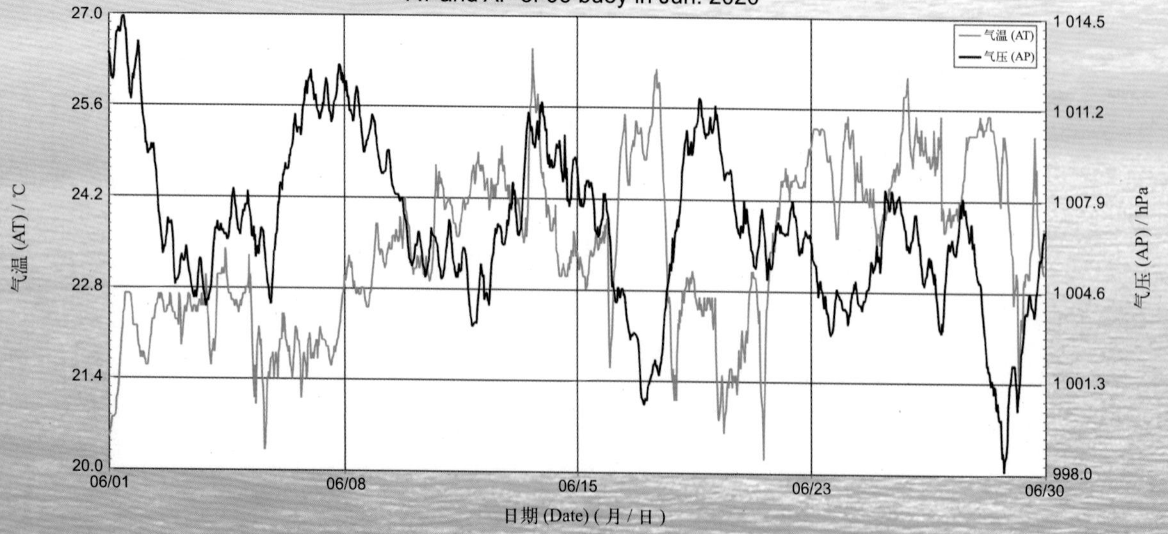

06 号浮标 2020 年 07 月气温、气压观测数据曲线
AT and AP of 06 buoy in Jul. 2020

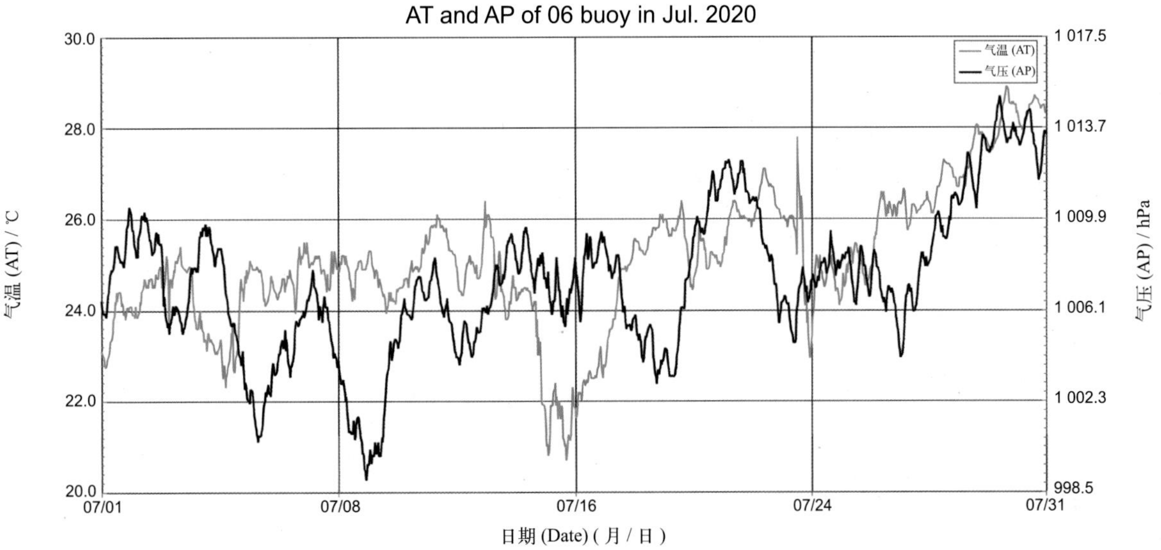

06 号浮标 2020 年 08 月气温、气压观测数据曲线
AT and AP of 06 buoy in Aug. 2020

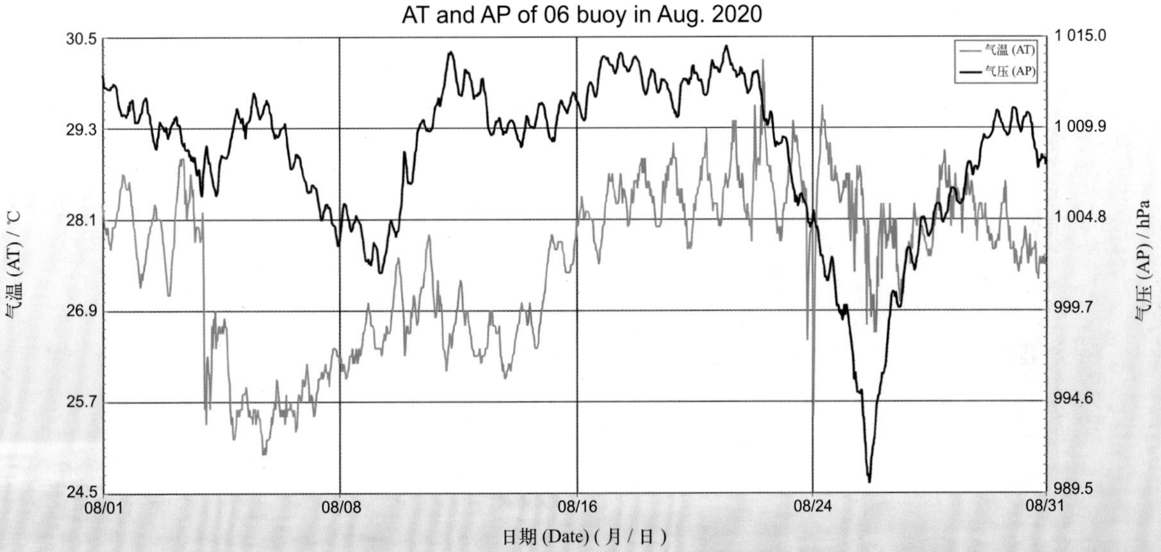

06 号浮标 2020 年 09 月气温、气压观测数据曲线
AT and AP of 06 buoy in Sep. 2020

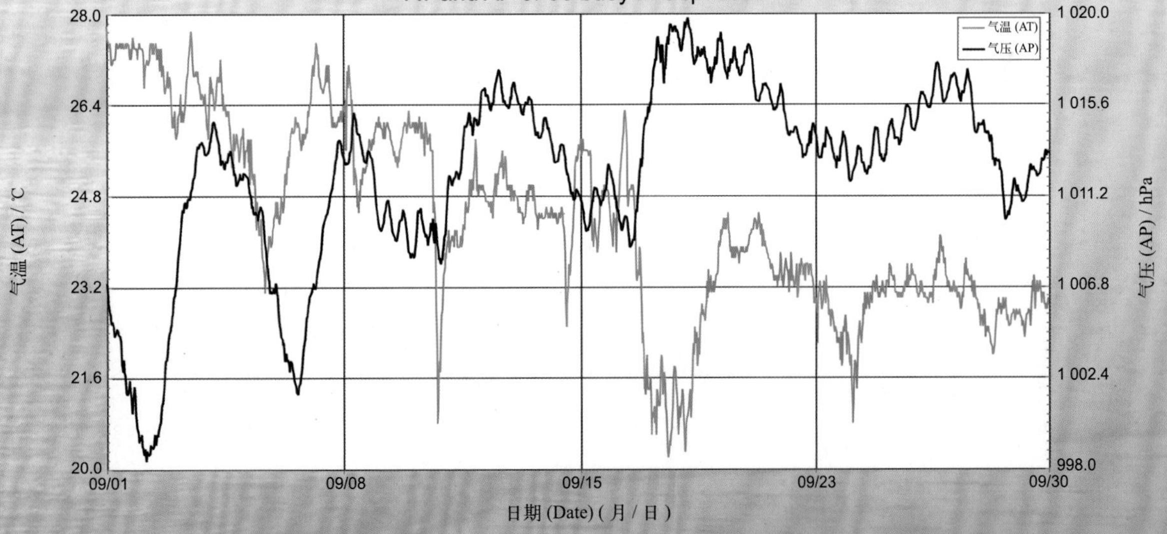

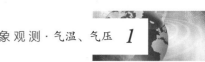

06 号浮标 2020 年 10 月气温、气压观测数据曲线
AT and AP of 06 buoy in Oct. 2020

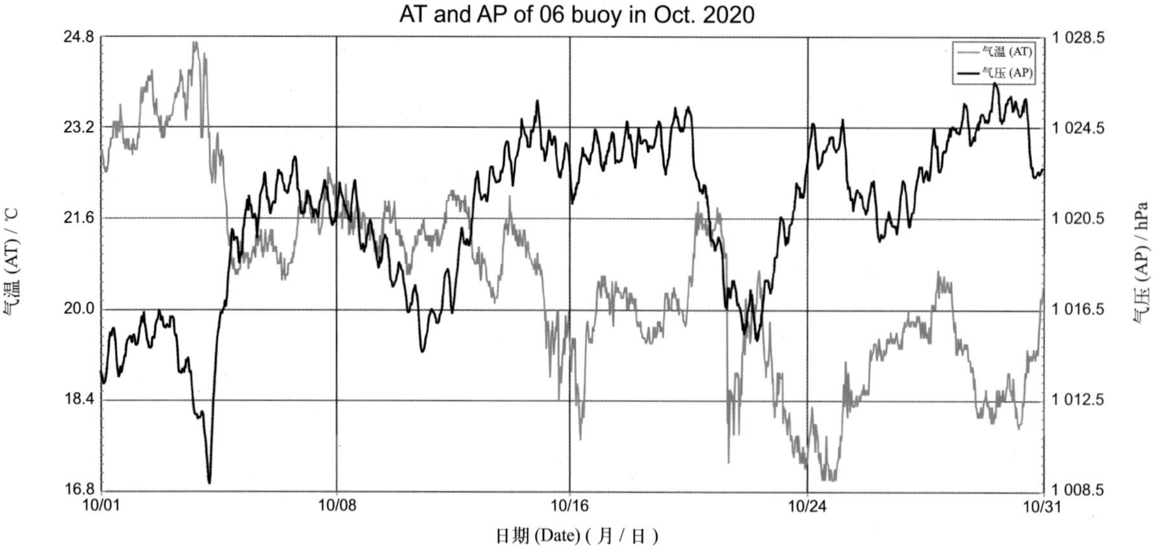

06 号浮标 2020 年 11 月气温、气压观测数据曲线
AT and AP of 06 buoy in Nov. 2020

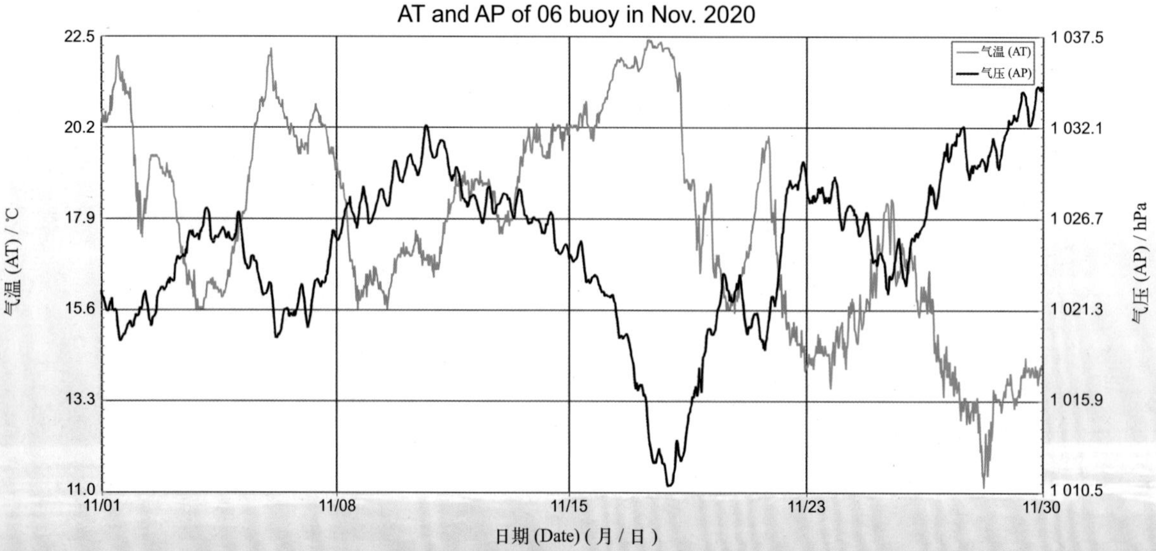

06 号浮标 2020 年 12 月气温、气压观测数据曲线
AT and AP of 06 buoy in Dec. 2020

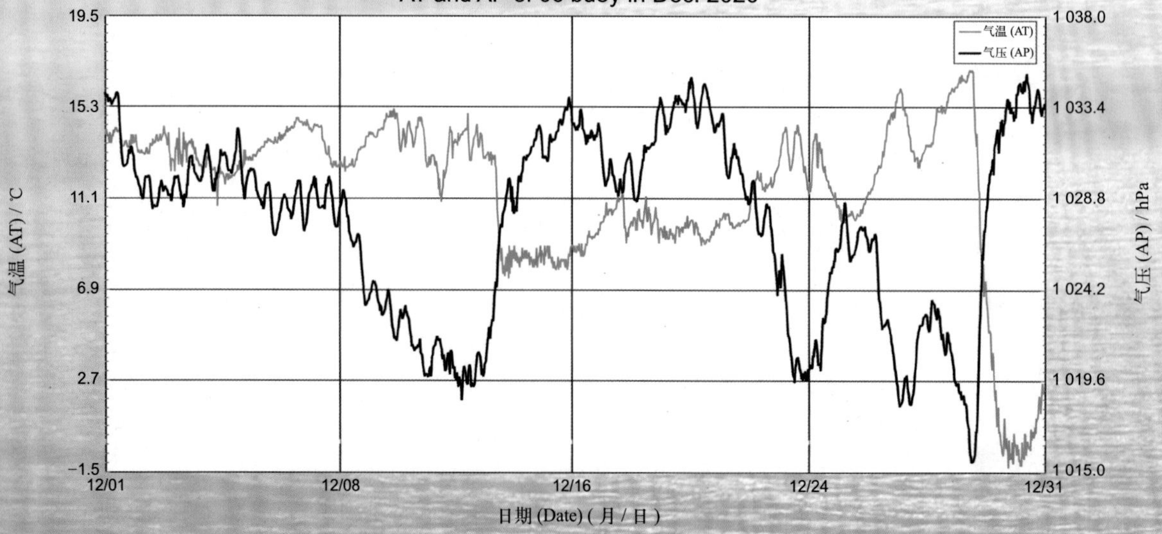

2020 年度 09 号浮标观测数据概述及曲线（气温和气压）

2020 年，09 号浮标共获取 286 天的气温和气压长序列观测数据。获取数据的主要区间共两个时间段，具体为 1 月 3 日 11:40 至 8 月 23 日 13:30 和 11 月 10 日 09:30 至 12 月 31 日 23:30。通过对获取数据质量控制和分析，09 号浮标观测海域 2020 年度气温、气压数据和季节数据特征如下。

年度气温平均值为 12.36℃，年度气压平均值为 1 017.46 hPa；测得的年度最高气温和最低气温分别为 28.9℃和 −8.6℃；测得的年度最高气压和最低气压分别为 1 040.3 hPa 和 994.8 hPa。以 2 月为冬季代表月，观测海域冬季的平均气温是 4.67℃，平均气压是 1 026.26 hPa；以 5 月为春季代表月，观测海域春季的平均气温是 15.70℃，平均气压是 1 008.96 hPa；以 8 月为夏季代表月，观测海域夏季的平均气温是 25.53℃，平均气压是 1 006.49 hPa；以 11 月为秋季代表月，观测海域秋季的平均气温是 9.75℃，平均气压是 1 026.84 hPa。

2020 年，09 号浮标观测海域月度气温、气压变化特征与该海域常年季节气候变化特点基本吻合。09 号浮标观测海域气温、气压的月平均值、最高值和最低值数据参见表 2。

2020 年，09 号浮标记录到 1 次寒潮过程和 1 次台风过程。寒潮的具体过程中，12 月 29 日 14:00（17.0℃）至 12 月 30 日 14:00（−0.6 ℃），24 h 气温下降了 17.6℃，之后最低气温降到 −1.3℃（12 月 30 日 18:30），寒潮期间气压最高值为 1 035.1 hPa（12 月 31 日 09:00）。台风的具体过程中，8 月 3—6 日，09 号浮标获取到了第 4 号台风“黑格比”的相关数据，获取到的最低气压为 1 002.1 hPa（8 月 5 日 15:30）。

表 2　09 号浮标各月份气温、气压观测数据

月份	气温 / ℃			气压 / hPa			备注
	平均	最高	最低	平均	最高	最低	
1	3.56	9.0	3.0	1 026.53	1 036.4	1 013.2	缺测 2 天数据
2	4.67	9.6	−3.1	1 026.26	1 037.5	1 013.0	
3	7.83	15.0	1.1	1 019.62	1032.3	1 003.3	
4	11.10	17.0	6.1	1 019.09	1 030.8	1 005.4	
5	15.70	20.8	10.8	1 008.96	1 016.7	995.1	
6	20.17	24.4	16.5	1 005.81	1 013.7	997.9	
7	22.76	28.2	20.0	1 006.01	1 013.3	994.8	
8	25.53	28.9	21.8	1 006.49	1 015.5	997.6	缺测 8 天数据，记录 1 次台风
9	—	—	—	—	—	—	缺测数据
10	—	—	—	—	—	—	缺测数据
11	9.75	19.7	1.9	1 026.84	1 039.4	1 001.0	缺测 9 天数据
12	4.16	10.0	−8.6	1 030.25	1 040.3	1 017.4	记录 1 次寒潮

09 号浮标 2020 年气温、气压观测数据曲线

AT and AP of 09 buoy in 2020

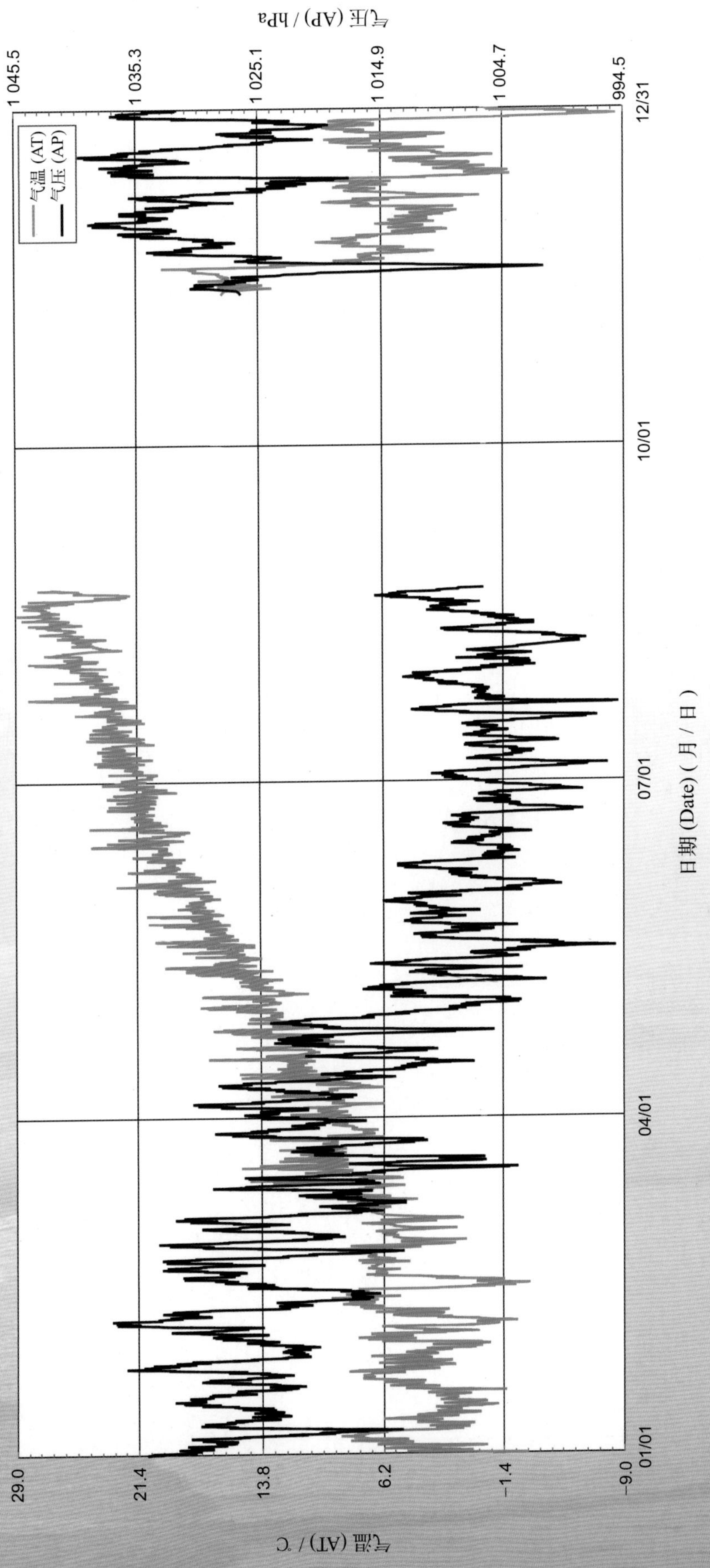

09 号浮标 2020 年 01 月气温、气压观测数据曲线
AT and AP of 09 buoy in Jan. 2020

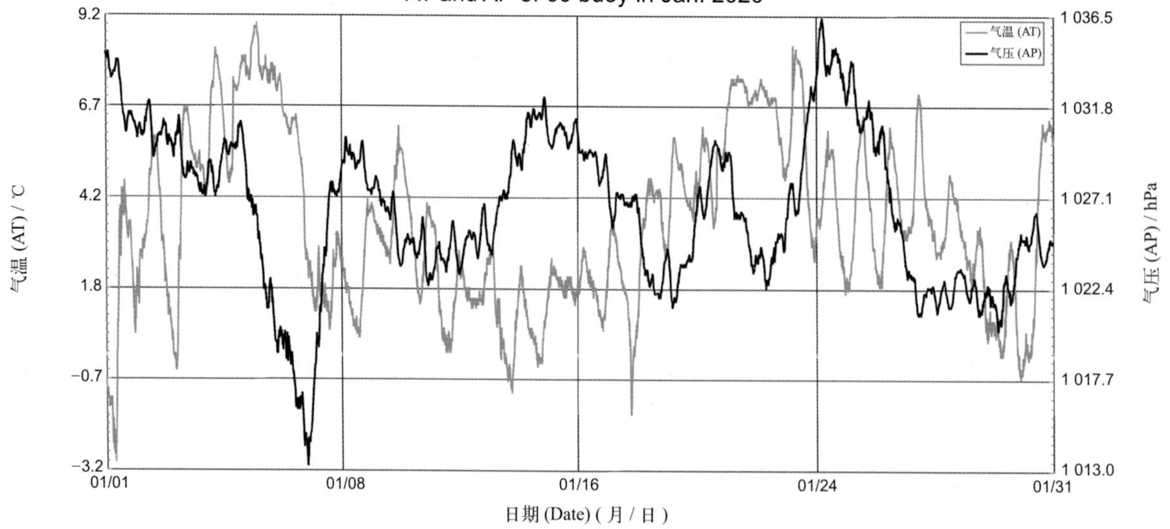

09 号浮标 2020 年 02 月气温、气压观测数据曲线
AT and AP of 09 buoy in Feb. 2020

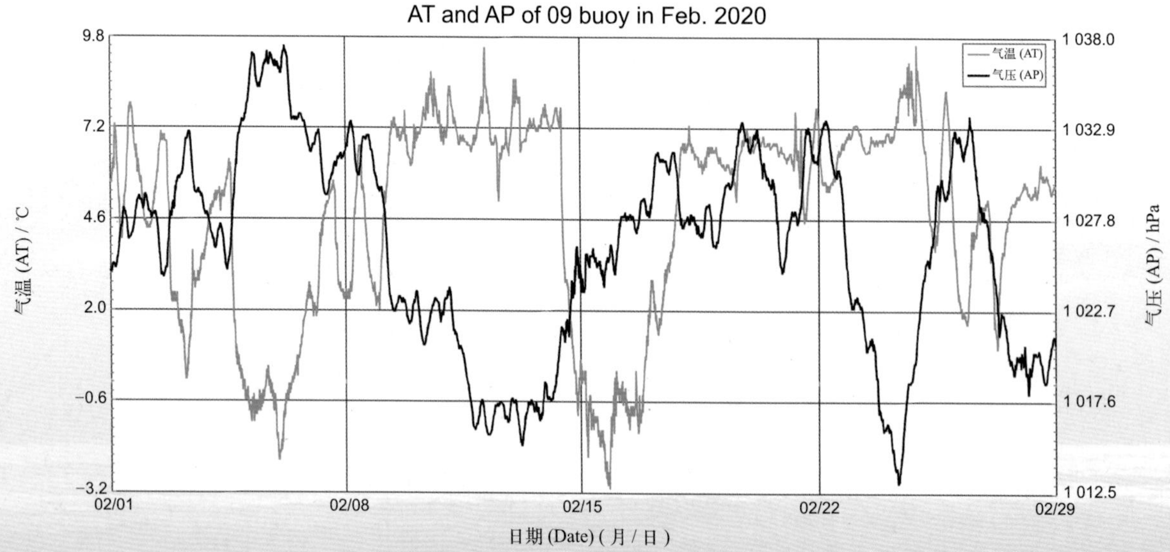

09 号浮标 2020 年 03 月气温、气压观测数据曲线
AT and AP of 09 buoy in Mar. 2020

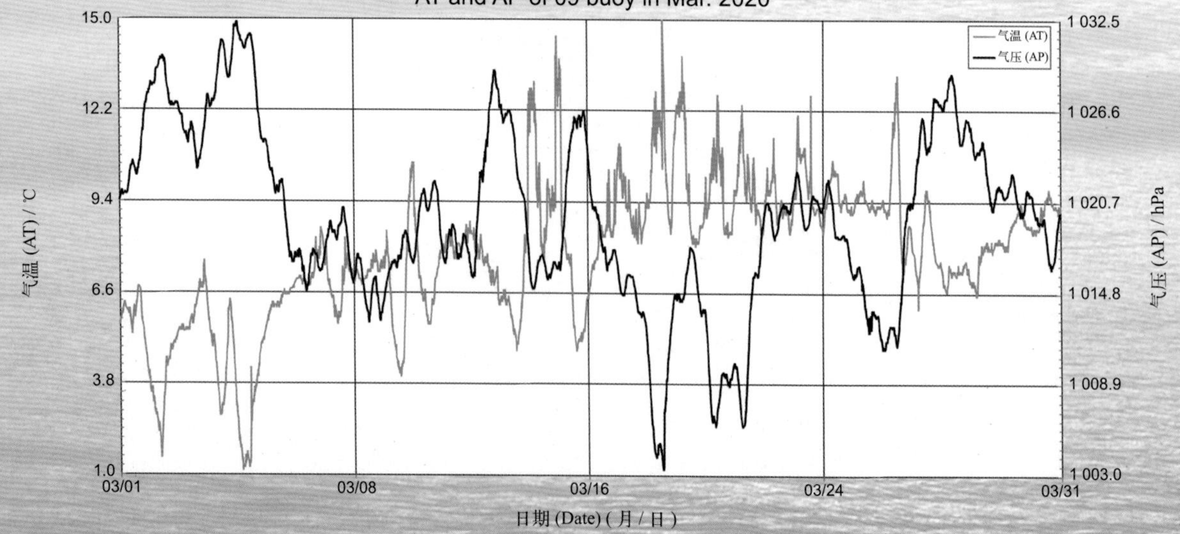

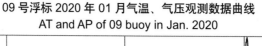

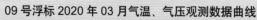

09 号浮标 2020 年 04 月气温、气压观测数据曲线
AT and AP of 09 buoy in Apr. 2020

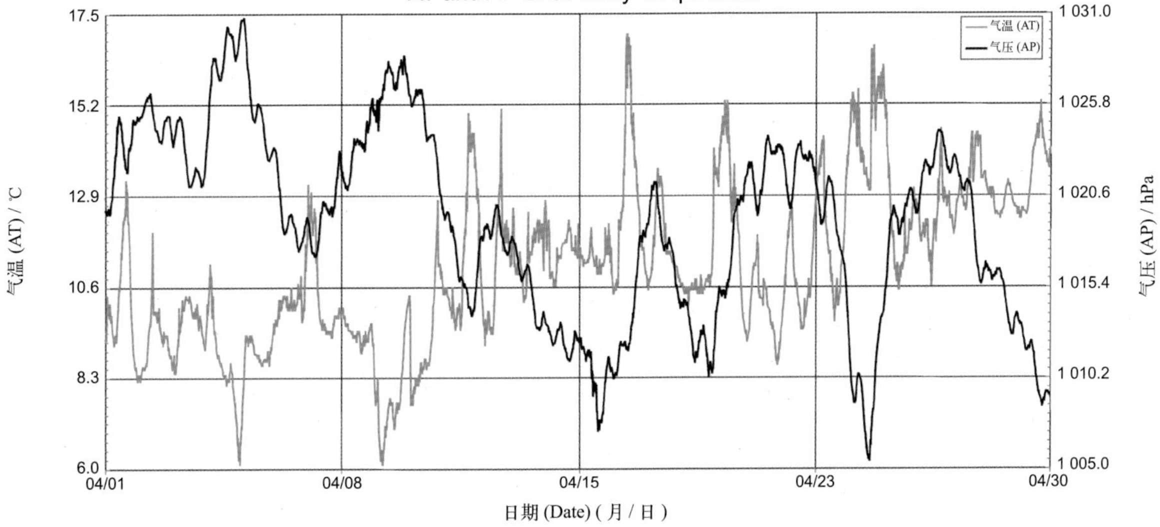

09 号浮标 2020 年 05 月气温、气压观测数据曲线
AT and AP of 09 buoy in May 2020

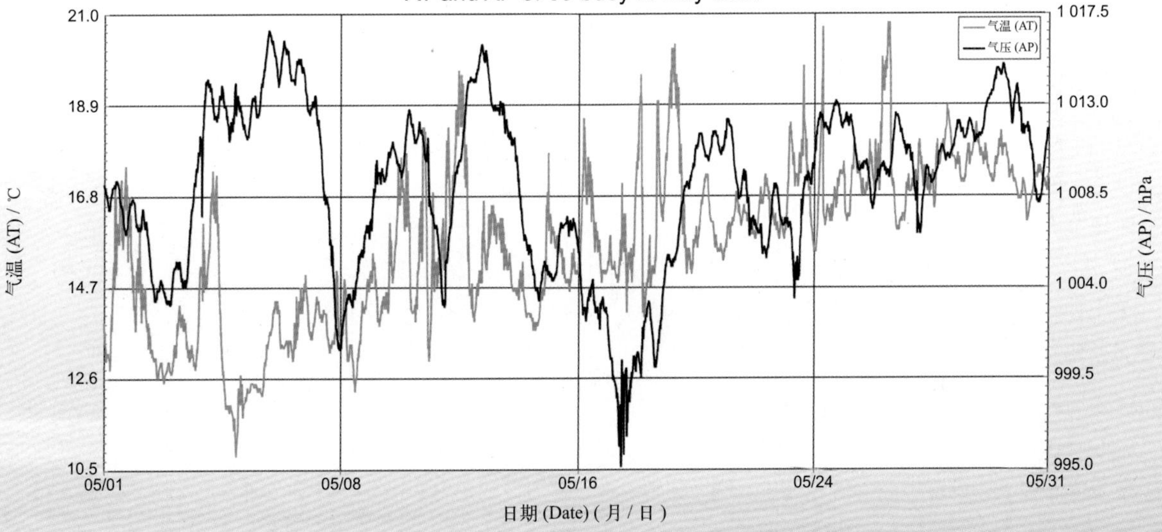

09 号浮标 2020 年 06 月气温、气压观测数据曲线
AT and AP of 09 buoy in Jun. 2020

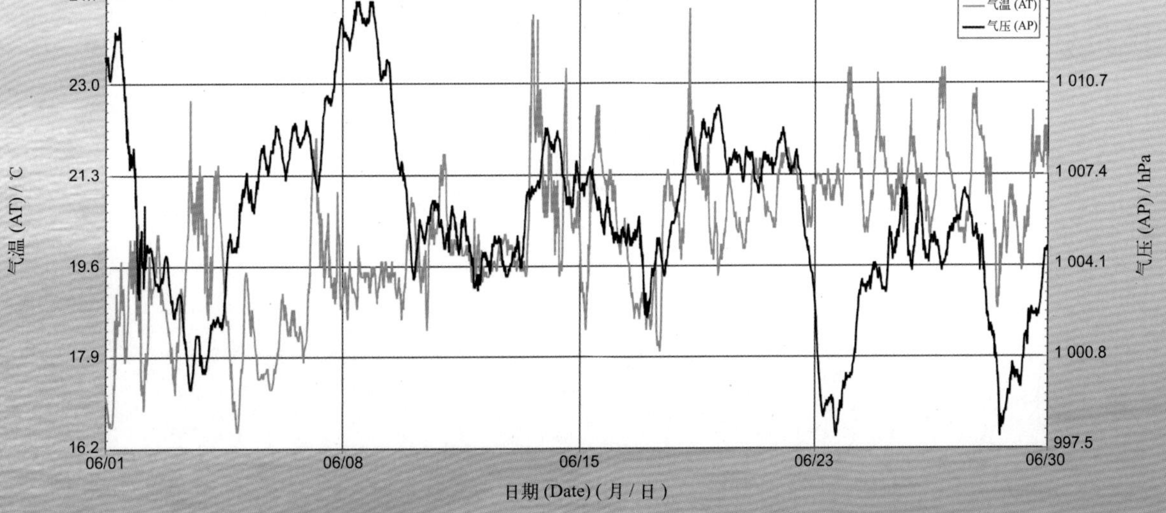

09 号浮标 2020 年 07 月气温、气压观测数据曲线
AT and AP of 09 buoy in Jul. 2020

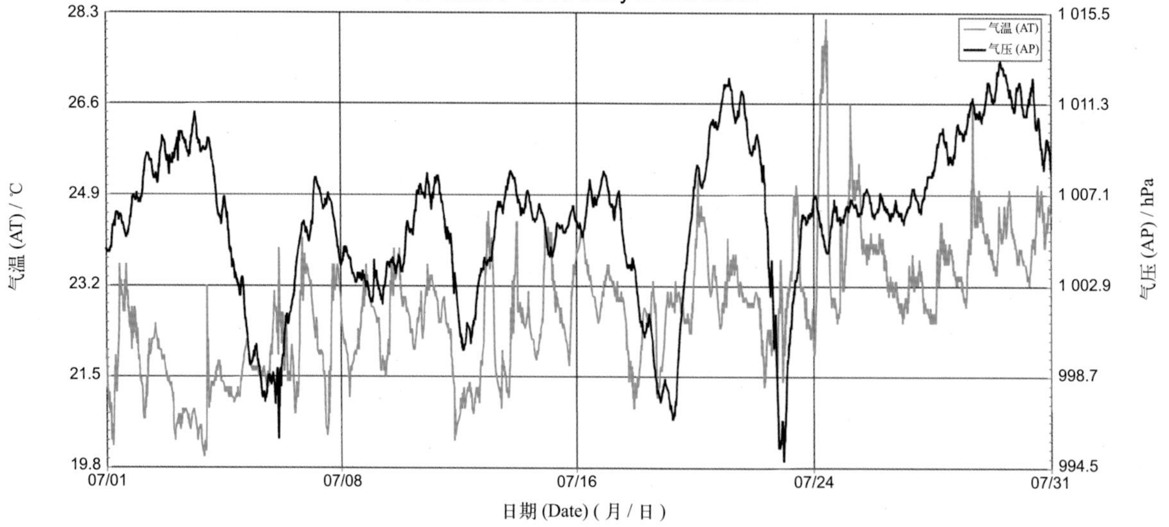

09 号浮标 2020 年 08 月气温、气压观测数据曲线
AT and AP of 09 buoy in Aug. 2020

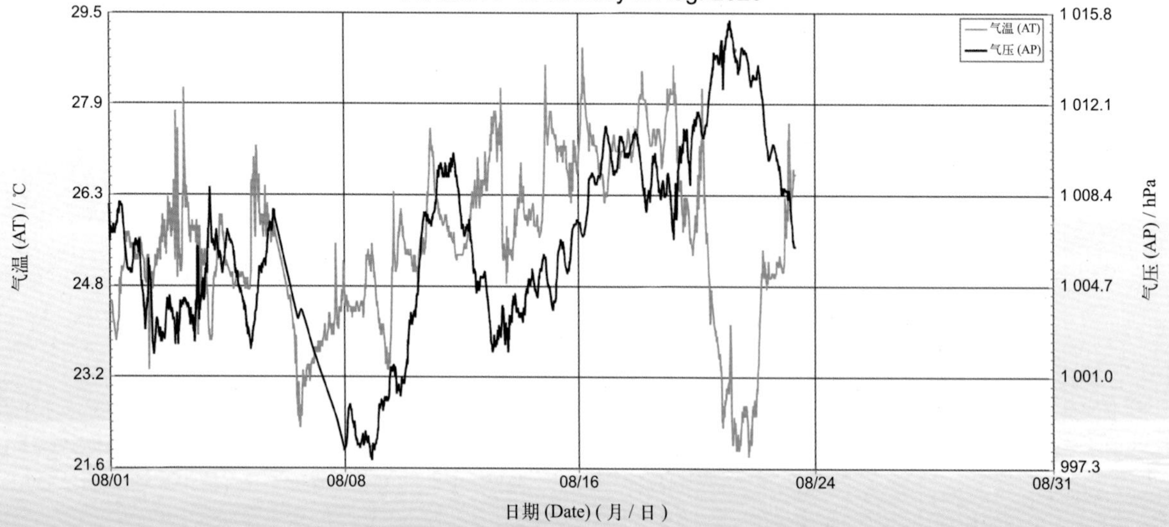

09 号浮标 2020 年 11 月气温、气压观测数据曲线
AT and AP of 09 buoy in Nov. 2020

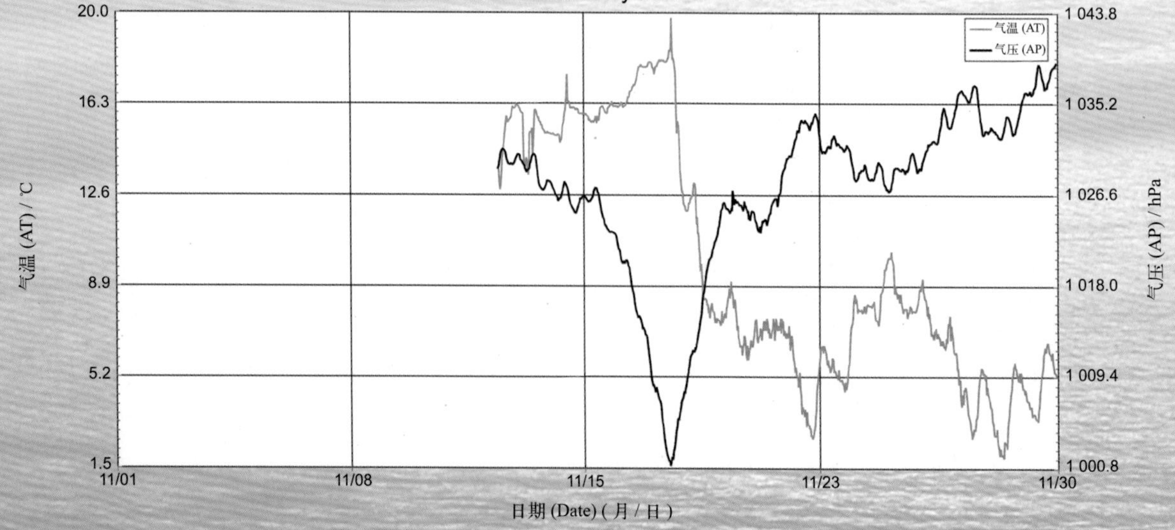

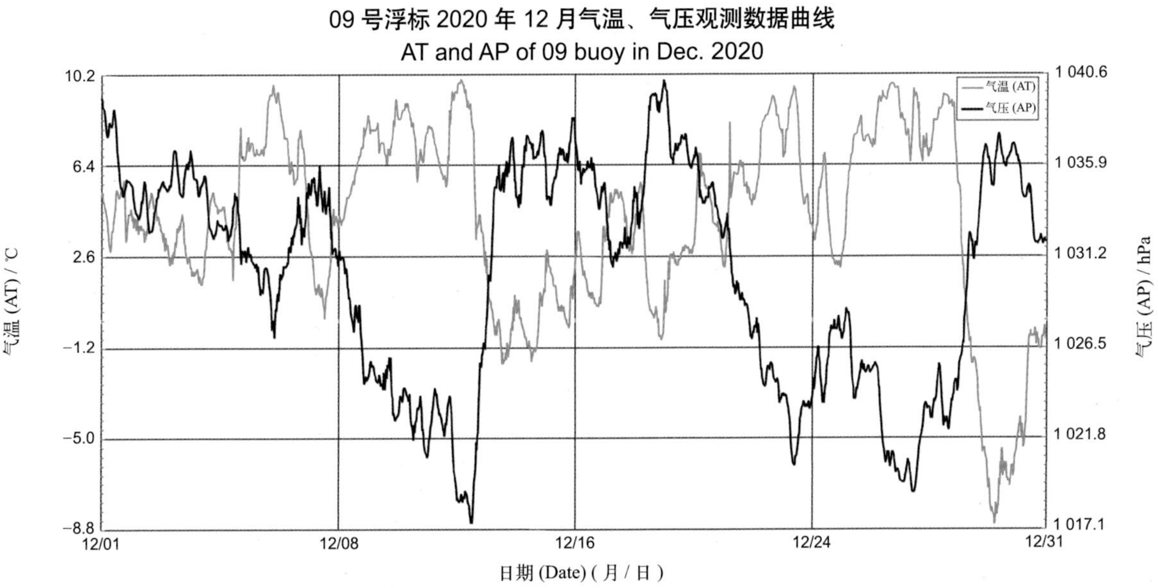
09 号浮标 2020 年 12 月气温、气压观测数据曲线
AT and AP of 09 buoy in Dec. 2020
气温 (AT)
气压 (AP)
10.2
6.4
2.6
−1.2
−5.0
−8.8
1 040.6
1 035.9
1 031.2
1 026.5
1 021.8
1 017.1
12/01
12/08
12/16
12/24
12/31
气温 (AT) / ℃
气压 (AP) / hPa
日期 (Date) (月 / 日)

2020 年度 12 号浮标观测数据概述及曲线
（气温和气压）

2020 年，12 号浮标共获取 247 天的气温和气压长序列观测数据。获取数据的主要区间共四个时间段，具体为 1 月 1 日 15:50 至 3 月 2 日 09:40、3 月 31 日 18:00 至 6 月 1 日 16:00、6 月 19 日 16:30 至 8 月 31 日 10:40、9 月 14 日 15:00 至 11 月 10 日 10:00。通过对获取数据质量控制和分析，12 号浮标观测海域 2020 年度气温、气压数据和季节数据特征如下。

年度气温平均值为 18.04℃，年度气压平均值为 1 012.80 hPa；测得的年度最高气温和最低气温分别为 29.4℃和 2.3℃；测得的年度最高气压和最低气压分别为 1 032.6 hPa 和 988.8 hPa。以 2 月为冬季代表月，观测海域冬季的平均气温是 9.13℃，平均气压是 1 024.17 hPa；以 5 月为春季代表月，观测海域春季的平均气温是 19.38℃，平均气压是 1 007.09 hPa；以 8 月为夏季代表月，观测海域夏季的平均气温是 26.02℃，平均气压是 1 003.00 hPa。

2020 年，12 号浮标布放海域月度气温、气压变化特征与该海域常年季节气候变化特点基本吻合。12 号浮标观测海域气温、气压的月平均值、最高值和最低值数据参见表 3。

2020 年，12 号浮标记录到 2 次台风过程。第一次台风过程，8 月 3—6 日，12 号浮标获取到了第 4 号台风“黑格比”的相关数据，获取到的最低气压为 999.2 hPa（8 月 4 日 17:10）。第二次台风过程，8 月 24—27 日，12 号浮标获取到了第 8 号强台风“巴威”的相关数据，获取到的最低气压为 988.8 hPa（8 月 26 日 04:00）。

表3　12号浮标各月份气温、气压观测数据

月份	气温 / ℃			气压 / hPa			备注
	平均	最高	最低	平均	最高	最低	
1	9.43	16.3	4.3	1 022.28	1 030.1	1 007.1	
2	9.13	17.8	2.3	1 024.17	1 032.6	1 011.8	
3	—	—	—	—	—	—	缺测数据
4	13.96	18.8	9.1	1 017.32	1 026.2	1 006.3	
5	19.38	24.3	15.6	1 007.09	1 016.3	995.8	
6	—	—	—	—	—	—	缺测数据
7	24.29	28.1	20.2	1 002.36	1 009.0	993.9	
8	26.02	29.4	24.2	1 003.00	1 009.6	988.8	记录2次台风
9	22.72	25.3	18.8	1 010.04	1 016.3	1 003.7	缺测13天数据
10	19.92	23.9	15.7	1 016.93	1 023.5	1 006.2	
11	—	—	—	—	—	—	缺测数据
12	—	—	—	—	—	—	缺测数据

12 号浮标 2020 年气温、气压观测数据曲线
AT and AP of 12 buoy in 2020

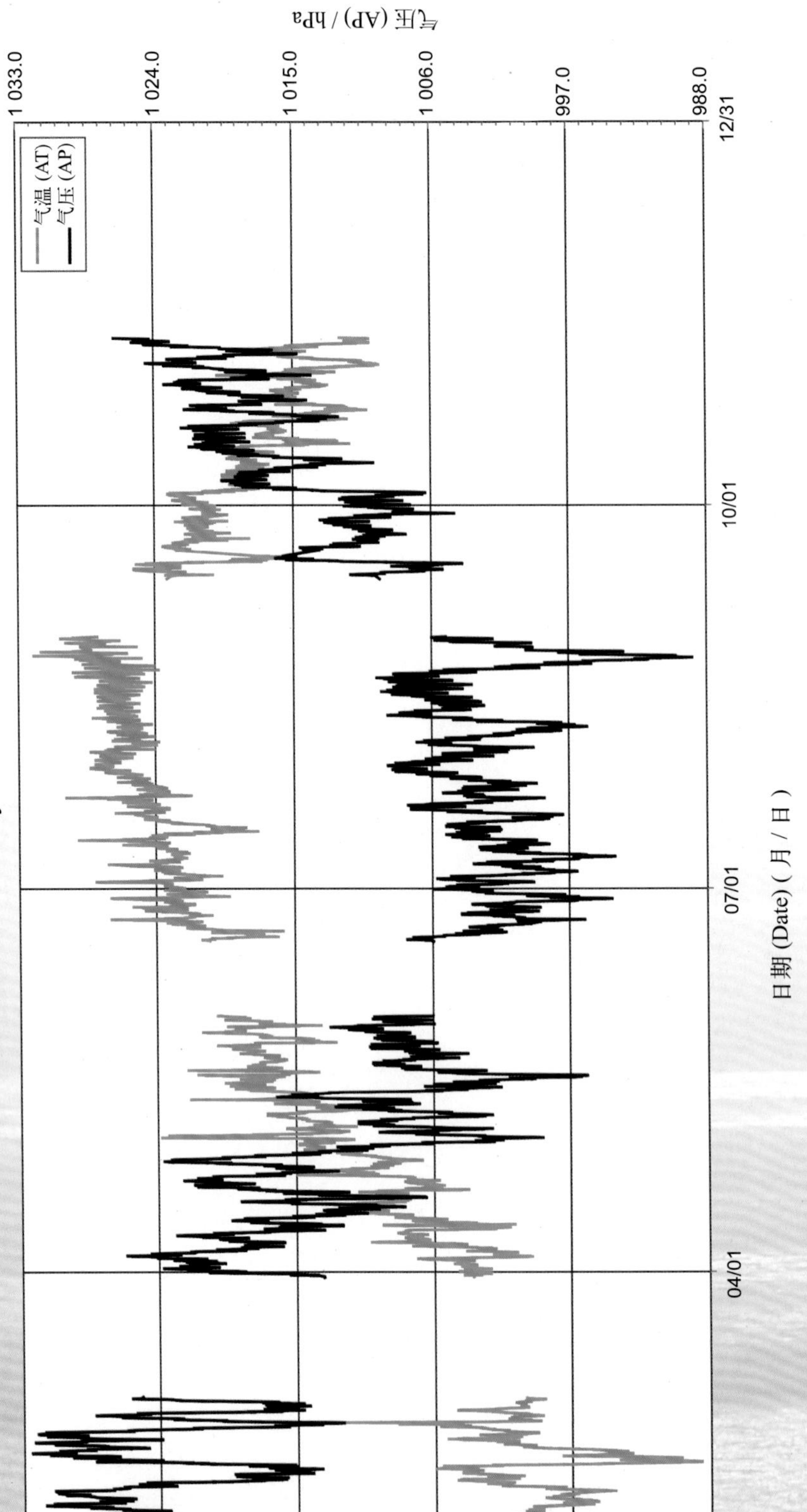

12 号浮标 2020 年 01 月气温、气压观测数据曲线

AT and AP of 12 buoy in Jan. 2020

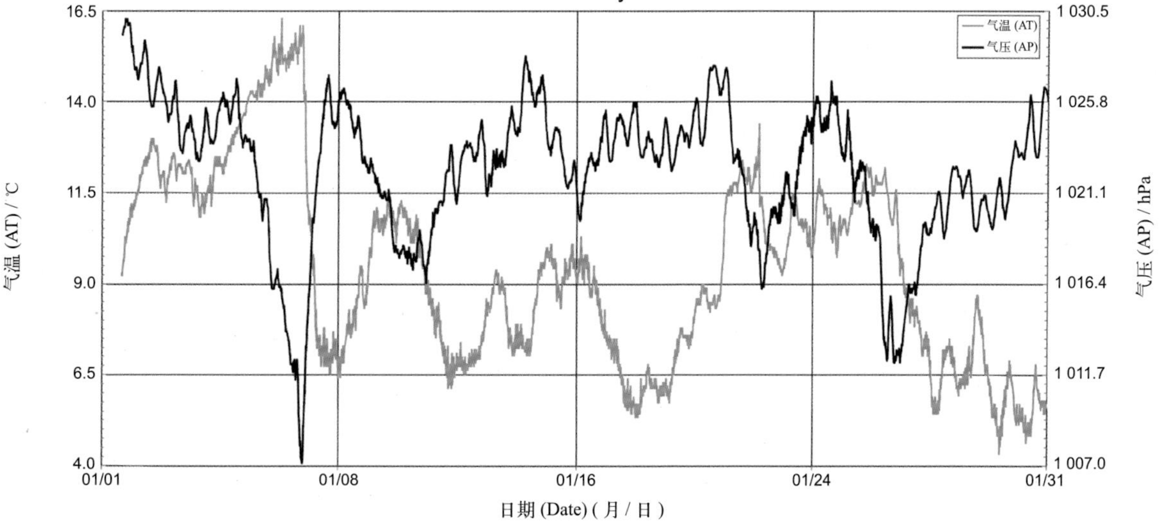

12 号浮标 2020 年 02 月气温、气压观测数据曲线

AT and AP of 12 buoy in Feb. 2020

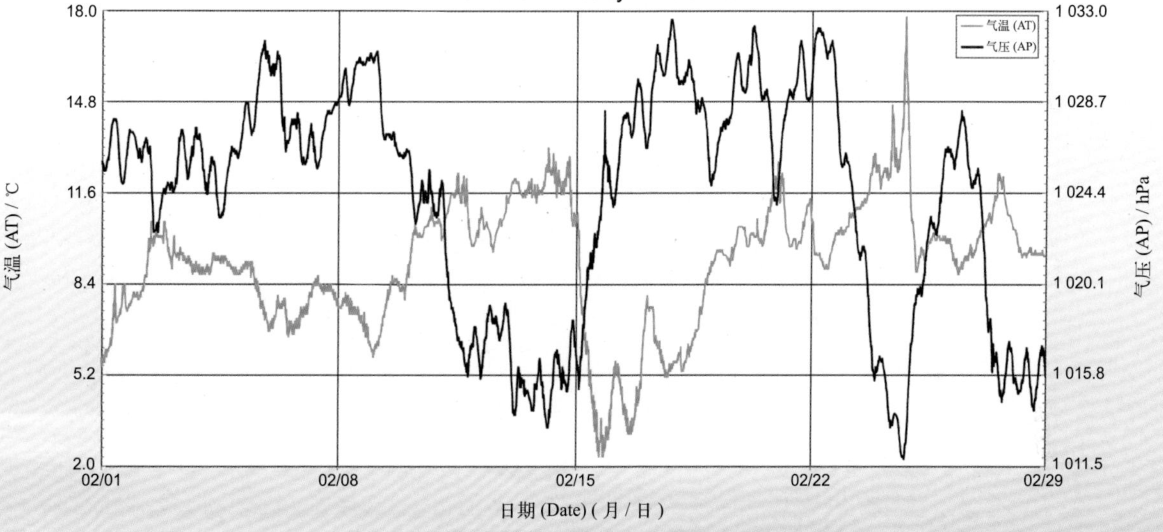

12 号浮标 2020 年 04 月气温、气压观测数据曲线

AT and AP of 12 buoy in Apr. 2020

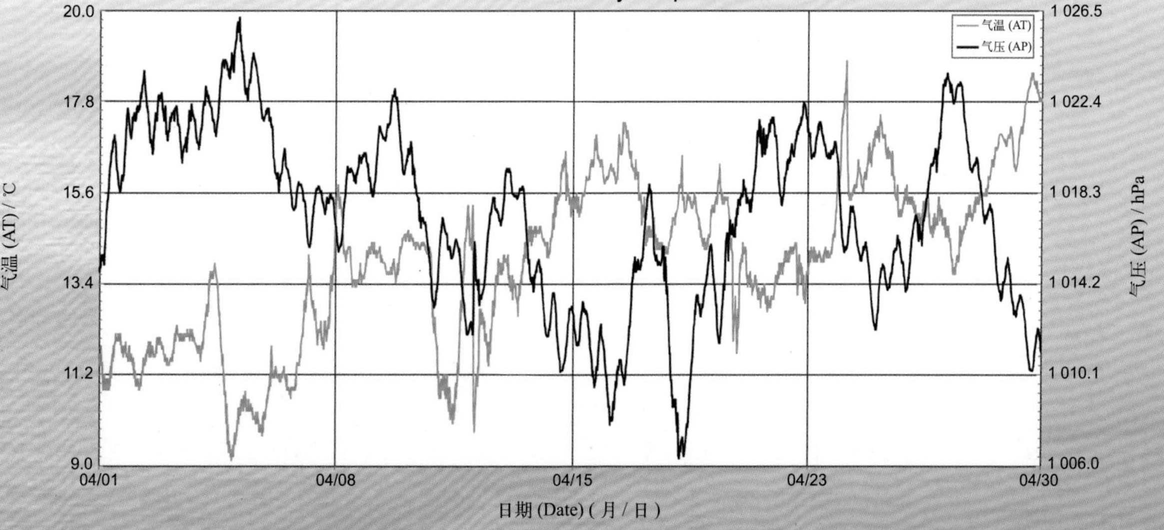

12 号浮标 2020 年 05 月气温、气压观测数据曲线
AT and AP of 12 buoy in May 2020

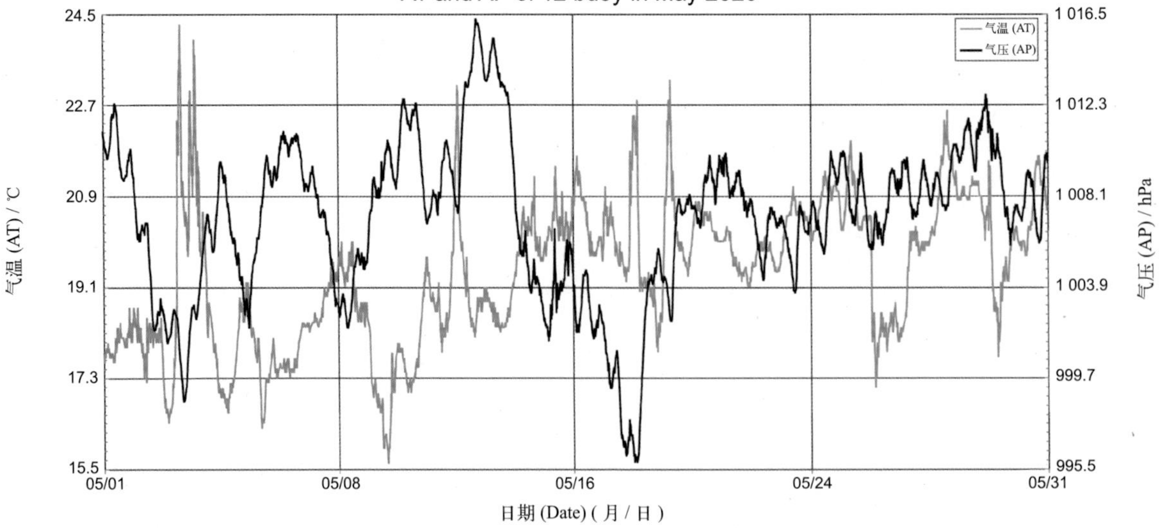

12 号浮标 2020 年 07 月气温、气压观测数据曲线
AT and AP of 12 buoy in Jul. 2020

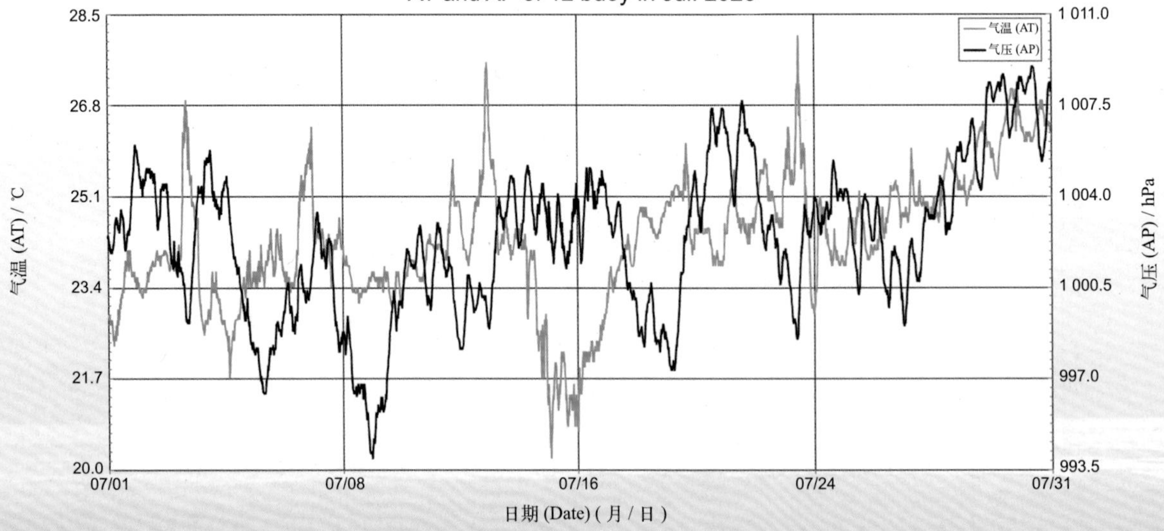

12 号浮标 2020 年 08 月气温、气压观测数据曲线
AT and AP of 12 buoy in Aug. 2020

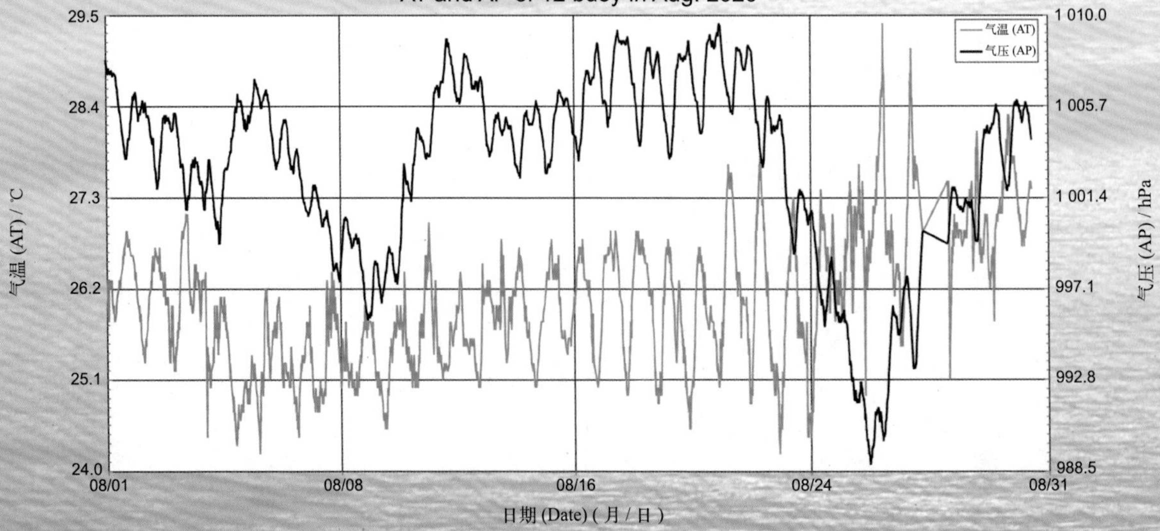

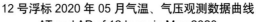

12 号浮标 2020 年 09 月气温、气压观测数据曲线
AT and AP of 12 buoy in Sep. 2020

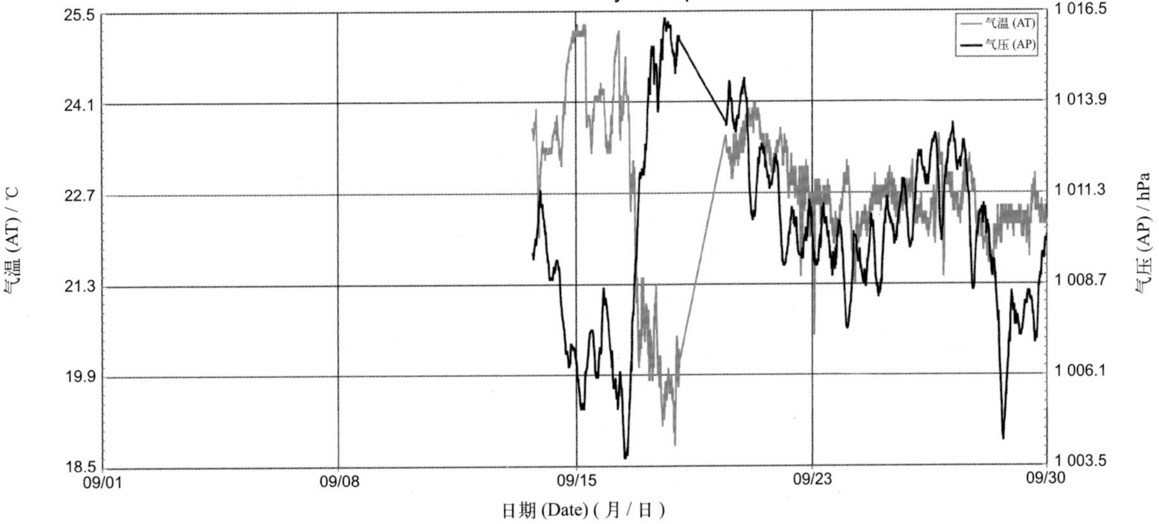

12 号浮标 2020 年 10 月气温、气压观测数据曲线
AT and AP of 12 buoy in Oct. 2020

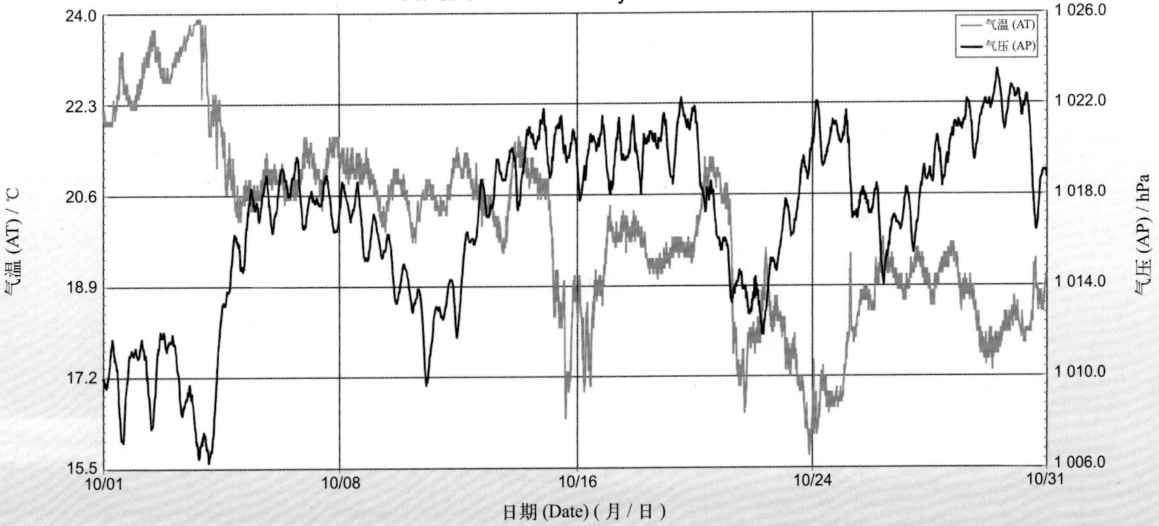

2020 年度 19 号浮标观测数据概述及曲线
（气温和气压）

2020 年，19 号浮标共获取 330 天的气温和气压长序列观测数据。获取数据的主要区间为 1 月 1 日 00:00 至 11 月 25 日 11:20。通过对获取数据质量控制和分析，19 号浮标观测海域 2020 年度气温、气压数据和季节数据特征如下。

年度气温平均值为 15.71℃，年度气压平均值为 1 015.86 hPa；测得的年度最高气温和最低气温分别为 31.1℃和 −2.7℃；测得的年度最高气压和最低气压分别为 1 036.8 hPa 和 994.4 hPa。以 2 月为冬季代表月，观测海域冬季的平均气温是 4.69℃，平均气压是 1 026.15 hPa；以 5 月为春季代表月，观测海域春季的平均气温是 17.30℃，平均气压是 1 008.75 hPa；以 8 月为夏季代表月，观测海域夏季的平均气温是 26.11℃，平均气压是 1 005.48 hPa；以 11 月为秋季代表月，观测海域秋季的平均气温是 13.13℃，平均气压是 1 024.80 hPa。

2020 年，19 号浮标布放海域月度气温、气压变化特征与该海域常年季节气候变化特点基本吻合。19 号浮标观测海域气温、气压的月平均值、最高值和最低值数据参见表 4。

2020 年，19 号浮标记录到 4 次台风过程。第一次台风过程，8 月 3—6 日，19 号浮标获取到了第 4 号台风“黑格比”的相关数据，获取到的最低气压为 1 002.8 hPa（8 月 5 日 14:50）。第二次台风过程，8 月 26—27 日，19 号浮标获取到了第 8 号强台风“巴威”的相关数据，获取到的最低气压为 997.1 hPa（8 月 27 日 03:20）。第三次台风过程，9 月 2—4 日，19 号浮标获取到了第 9 号超强台风“美莎克”的相关数据，获取到的最低气压为 1 004.1 hPa（9 月 2 日 16:00）。第四次台风过程，9 月 6—7 日，19 号浮标获取到了第 10 号超强台风“海神”的相关数据，获取到的最低气压为 1 003.1 hPa（9 月 7 日 14:20）。

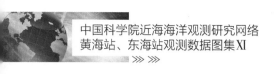

表4　19号浮标各月份气温、气压观测数据

月份	气温 / ℃			气压 / hPa			备注
	平均	最高	最低	平均	最高	最低	
1	3.72	8.3	−2.2	1 026.45	1 036.1	1 013.7	
2	4.69	11.4	−2.7	1 026.15	1 036.8	1 012.9	
3	8.57	19.4	0.7	1 019.50	1 031.9	1 004.6	
4	12.13	21.3	6.5	1 019.09	1 030.9	1 006.4	
5	17.30	24.2	11.8	1 008.75	1 016.7	994.4	
6	21.46	29.0	17.9	1 005.66	1 013.4	998.6	
7	23.76	31.0	19.8	1 005.84	1 013.2	997.2	
8	26.11	30.3	22.2	1 005.48	1 015.4	997.1	记录2次台风
9	23.95	31.1	17.2	1 012.38	1 020.2	1 003.1	记录2次台风
10	17.41	24.0	10.4	1 022.34	1 029.0	1 010.7	
11	13.13	21.0	2.8	1 024.80	1 034.9	1 001.5	缺测5天数据
12	—	—	—	—	—	—	缺测数据

19 号浮标 2020 年气温、气压观测数据曲线
AT and AP of 19 buoy in 2020

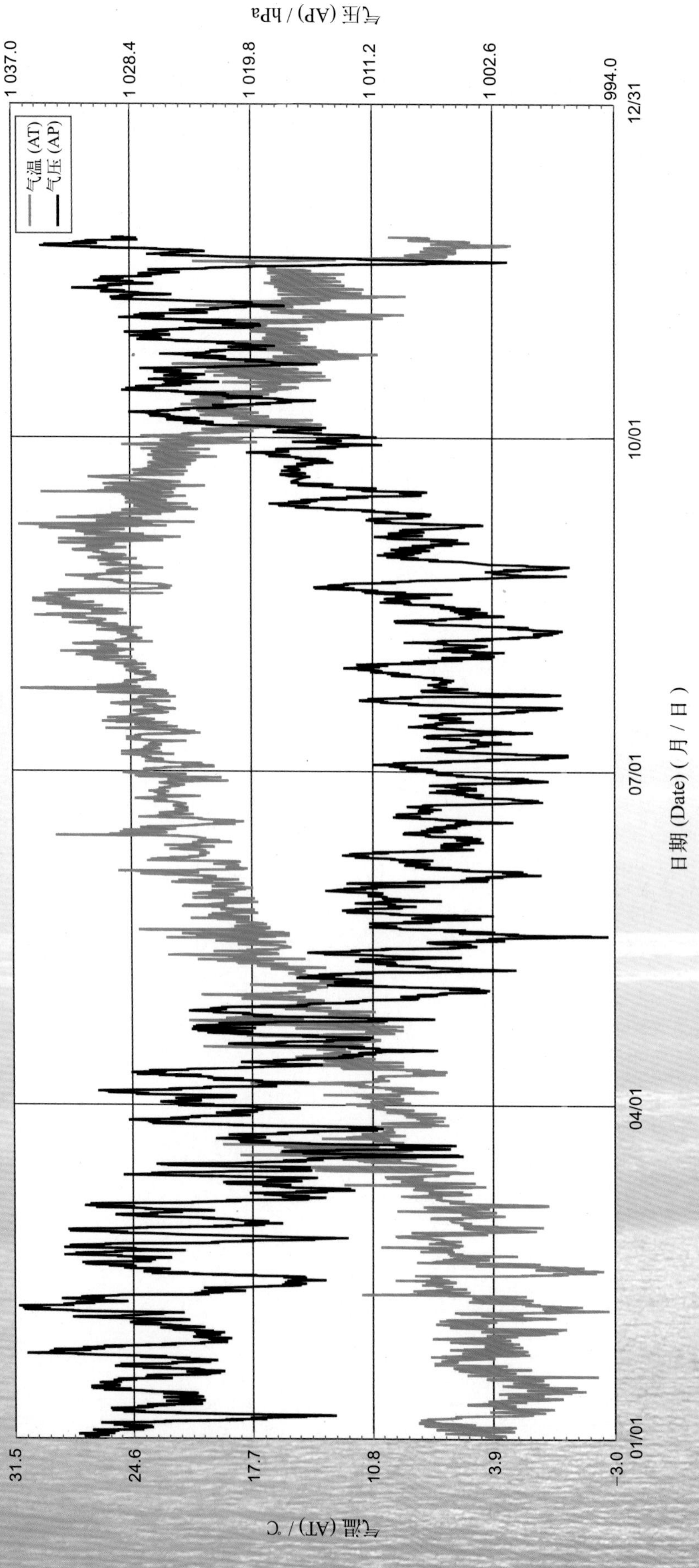

19 号浮标 2020 年 01 月气温、气压观测数据曲线
AT and AP of 19 buoy in Jan. 2020

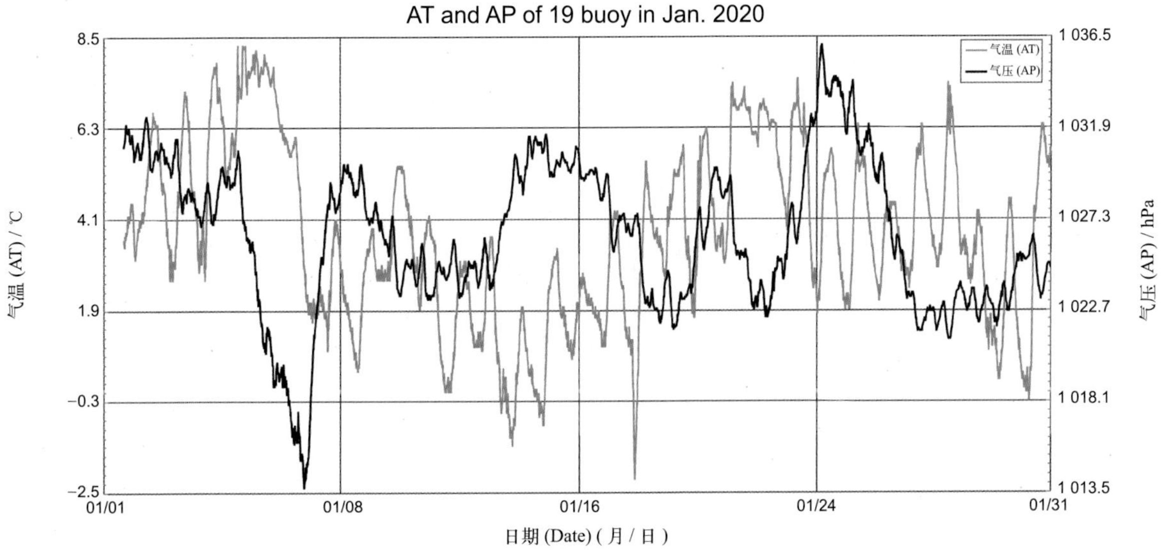

19 号浮标 2020 年 02 月气温、气压观测数据曲线
AT and AP of 19 buoy in Feb. 2020

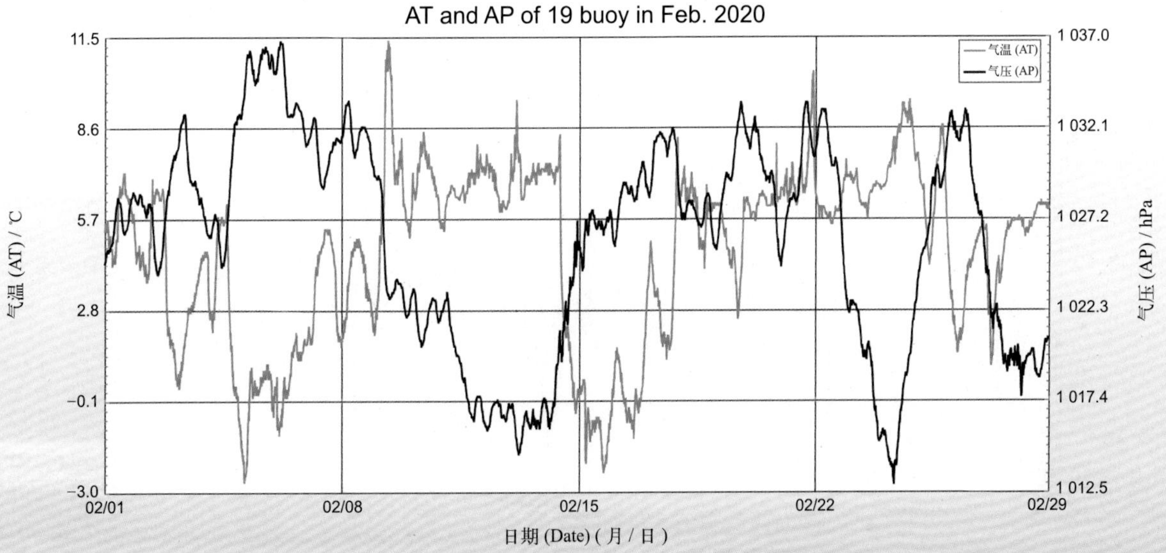

19 号浮标 2020 年 03 月气温、气压观测数据曲线
AT and AP of 19 buoy in Mar. 2020

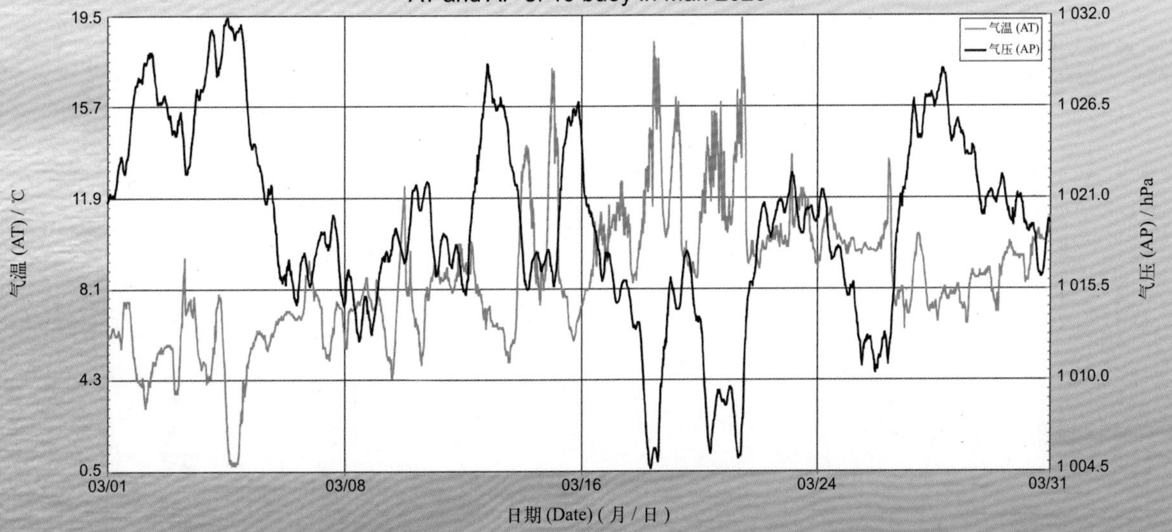

19 号浮标 2020 年 04 月气温、气压观测数据曲线
AT and AP of 19 buoy in Apr. 2020

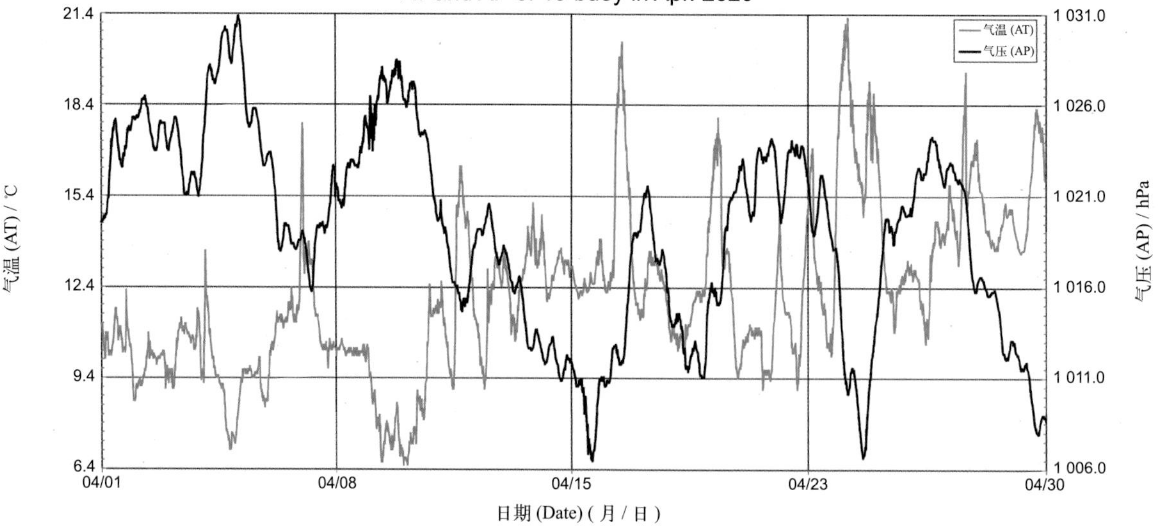

19 号浮标 2020 年 05 月气温、气压观测数据曲线
AT and AP of 19 buoy in May 2020

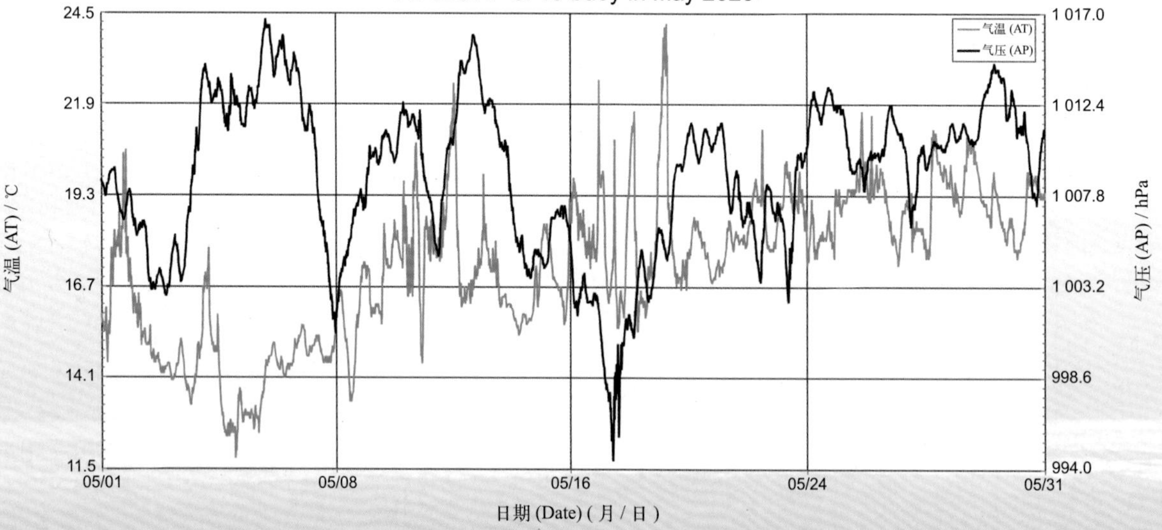

19 号浮标 2020 年 06 月气温、气压观测数据曲线
AT and AP of 19 buoy in Jun. 2020

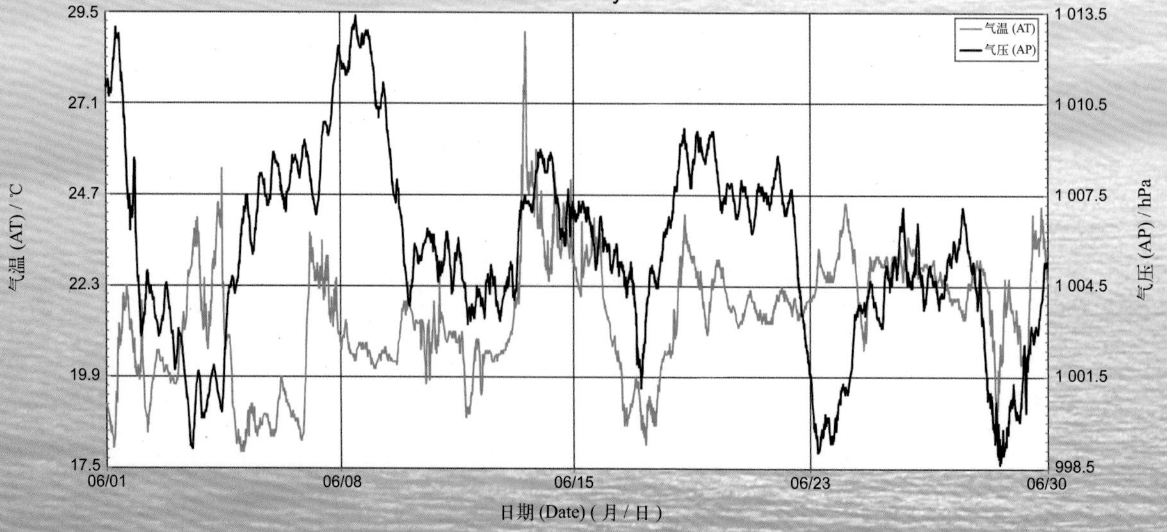

19 号浮标 2020 年 07 月气温、气压观测数据曲线

AT and AP of 19 buoy in Jul. 2020

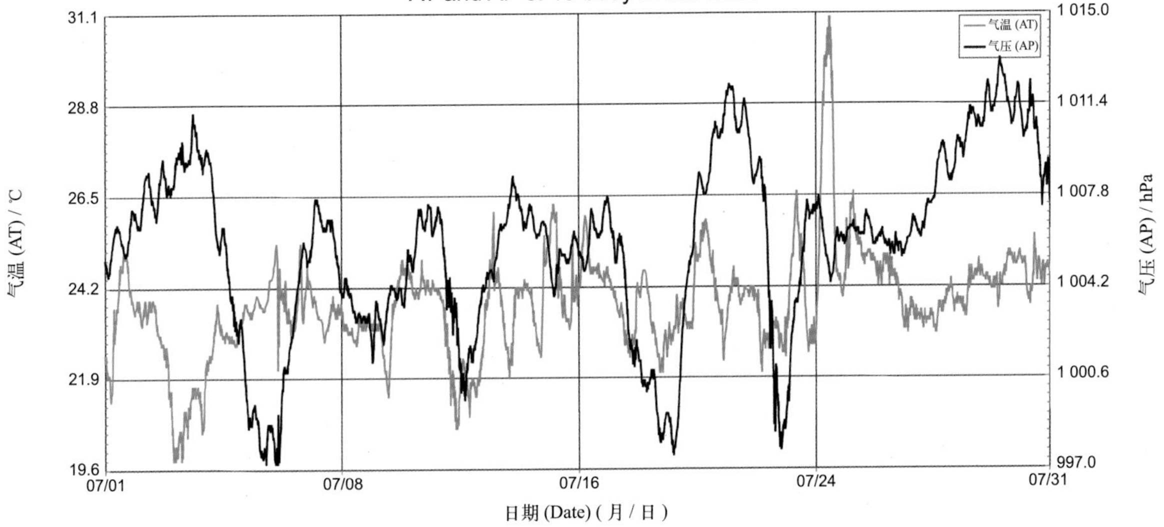

19 号浮标 2020 年 08 月气温、气压观测数据曲线

AT and AP of 19 buoy in Aug. 2020

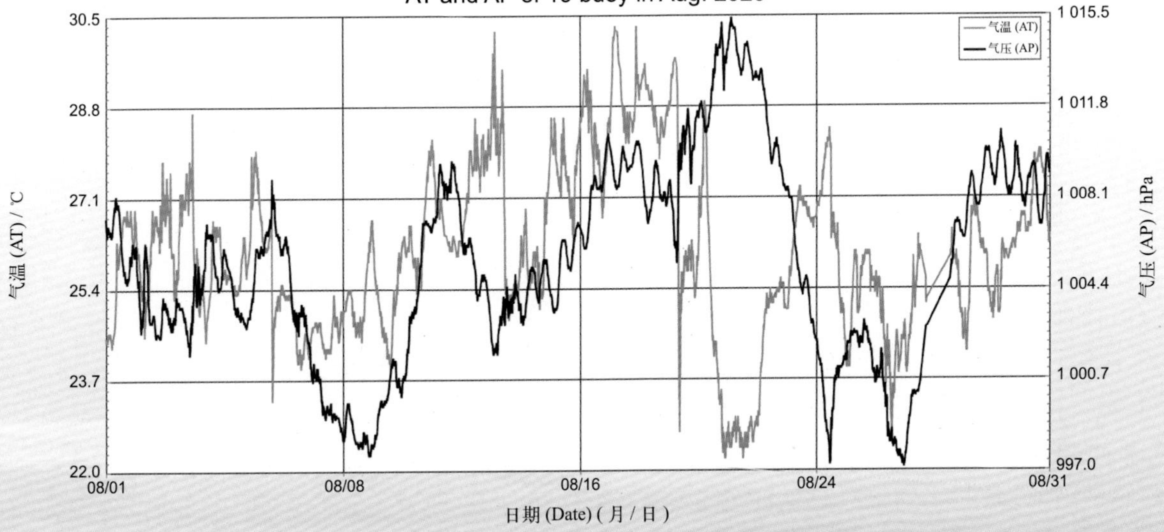

19 号浮标 2020 年 09 月气温、气压观测数据曲线

AT and AP of 19 buoy in Sep. 2020

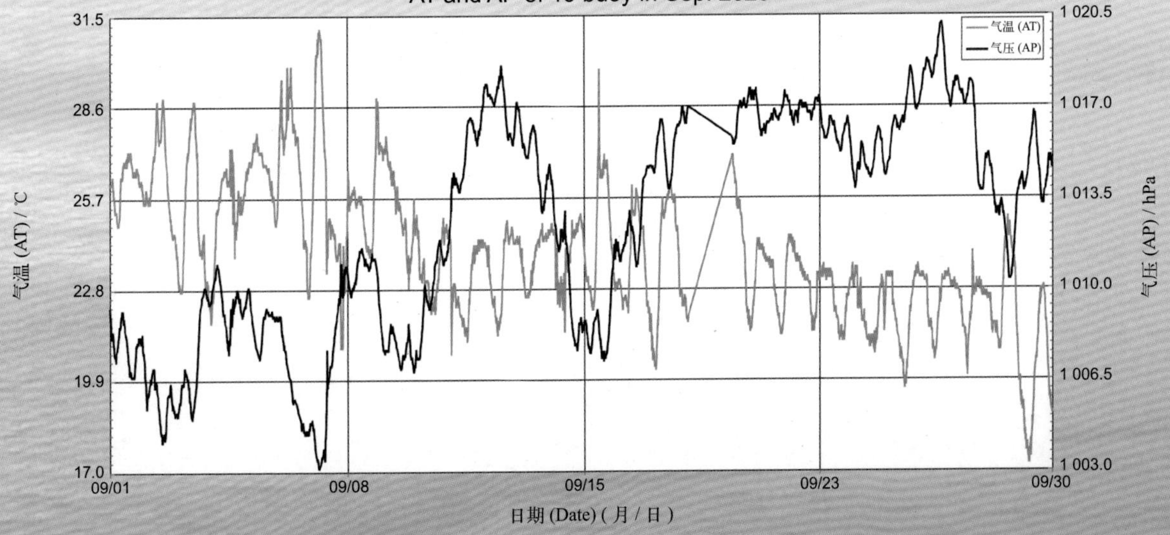

19 号浮标 2020 年 10 月气温、气压观测数据曲线
AT and AP of 19 buoy in Oct. 2020

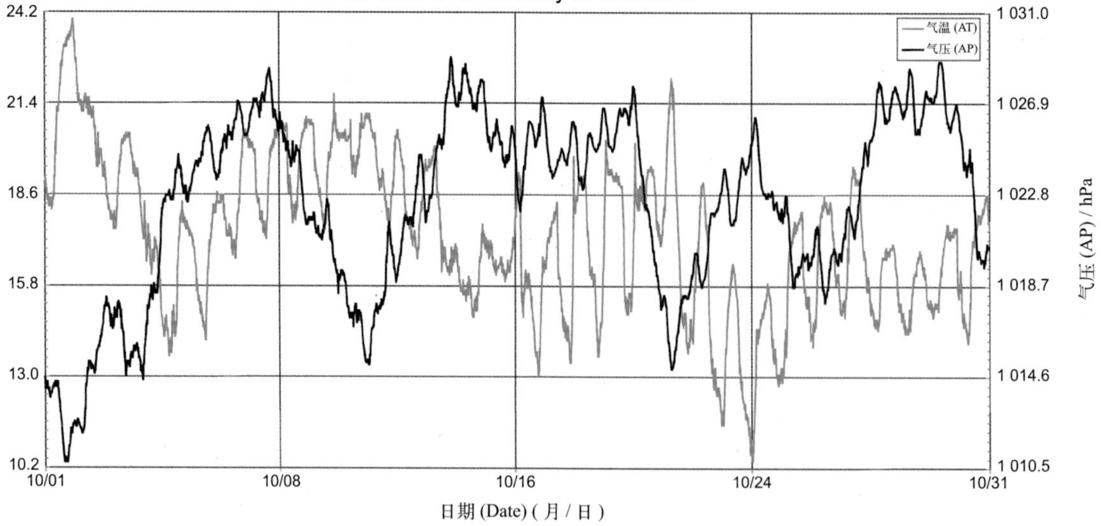

19 号浮标 2020 年 11 月气温、气压观测数据曲线
AT and AP of 19 buoy in Nov. 2020

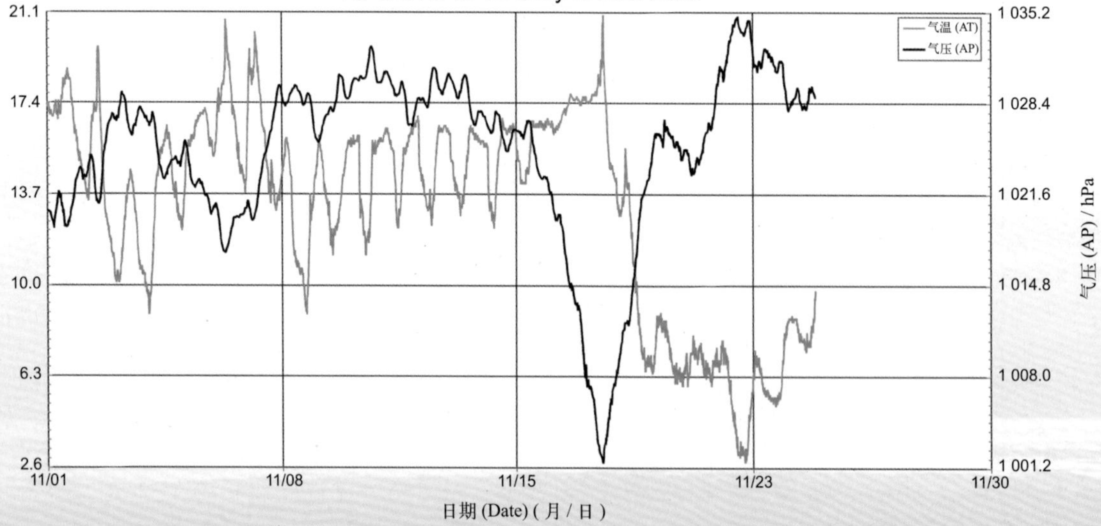

2020 年度 20 号浮标观测数据概述及曲线（气温和气压）

2020 年，20 号浮标共获取 366 天的气温长序列观测数据和 348 天的气压长序列观测数据。获取气温数据的主要区间为 1 月 1 日 16:40 至 12 月 31 日 23:50；获取气压数据主要区间共两个时间段，具体为 1 月 1 日 16:40 至 10 月 8 日 10:40 和 10 月 27 日 10:40 至 12 月 31 日 23:50。通过对获取数据质量控制和分析，20 号浮标观测海域 2020 年度气温、气压数据和季节数据特征如下。

年度气温平均值为 18.27℃，年度气压平均值为 1 016.05 hPa，测得的年度最高气温和最低气温分别为 29.6℃和 −2.0℃，测得的年度最高气压和最低气压分别为 1 035.2 hPa 和 993.9 hPa。以 2 月为冬季代表月，观测海域冬季的平均气温是 10.21℃，平均气压是 1 025.21 hPa；以 5 月为春季代表月，观测海域春季的平均气温是 20.12℃，平均气压是 1 009.96 hPa；以 8 月为夏季代表月，观测海域夏季的平均气温是 27.68℃，平均气压是 1 007.53 hPa；以 11 月为秋季代表月，观测海域秋季的平均气温是 18.33℃，平均气压是 1 023.36 hPa。

2020 年，20 号浮标观测海域月度气温、气压变化特征与该海域常年季节气候变化特点基本吻合。20 号浮标观测海域气温、气压的月平均值、最高值和最低值数据参见表 5。

2020 年，20 号浮标记录到 1 次寒潮过程和 4 次台风过程。寒潮的具体过程中，12 月 29 日 19:00（11.8℃）至 12 月 30 日 19:00（0.1℃），24 h 气温下降了 11.7℃，之后最低气温降到 −2.0℃（12 月 31 日 04:00），寒潮期间气压最高值为 1 035.2 hPa（12 月 31 日 08:50）。第一次台风过程，8 月 3—6 日，20 号浮标获取到了第 4 号台风“黑格比”的相关数据，获取到的最低气压为 1 003.3 hPa（8 月 4 日 05:10）。第二次台风过程，8 月 24—27 日，20 号浮标获取到了第 8 号强台风“巴威”的相关数据，获取到的最低气压为 993.9 hPa（8 月 26 日 03:30）。第三次台风过程，8 月 31 日至 9 月 3 日，20 号浮标获取到了第 9 号超强台风“美莎克”的相关数据，获取到的最低气压为 997.5 hPa（9 月 2 日 02:30）。第四次台风过程，9 月 6—7 日，20 号浮标获取到了第 10 号超强台风“海神”的相关数据，获取到的最低气压为 1 002.1 hPa（9 月 6 日 23:30）。

表5　20号浮标各月份气温、气压观测数据

月份	气温 / ℃			气压 / hPa			备注
	平均	最高	最低	平均	最高	最低	
1	10.80	18.0	6.1	1 023.00	1 031.2	1 010.6	
2	10.21	14.0	3.4	1 025.21	1 033.7	1 014.7	
3	11.90	16.4	7.8	1 018.82	1 029.5	1 003.6	
4	14.67	19.2	10.1	1 019.25	1 027.1	1 008.6	
5	20.12	23.6	16.6	1 009.96	1 018.6	999.5	
6	23.20	26.2	19.9	1 005.88	1 013.5	999.3	
7	25.18	28.6	22.1	1 006.39	1 013.7	998.0	
8	27.68	29.6	25.2	1 007.53	1 013.9	993.9	记录2次台风
9	24.71	28.1	20.6	1 011.13	1 018.1	997.5	记录2次台风
10	21.19	25.7	16.8	—	—	—	缺测气压数据
11	18.33	24.2	11.5	1 023.36	1 032.8	1 010.6	
12	11.73	18.3	−2.0	1 025.81	1 035.2	1 014.3	记录1次寒潮

20 号浮标 2020 年气温、气压观测数据曲线

AT and AP of 20 buoy in 2020

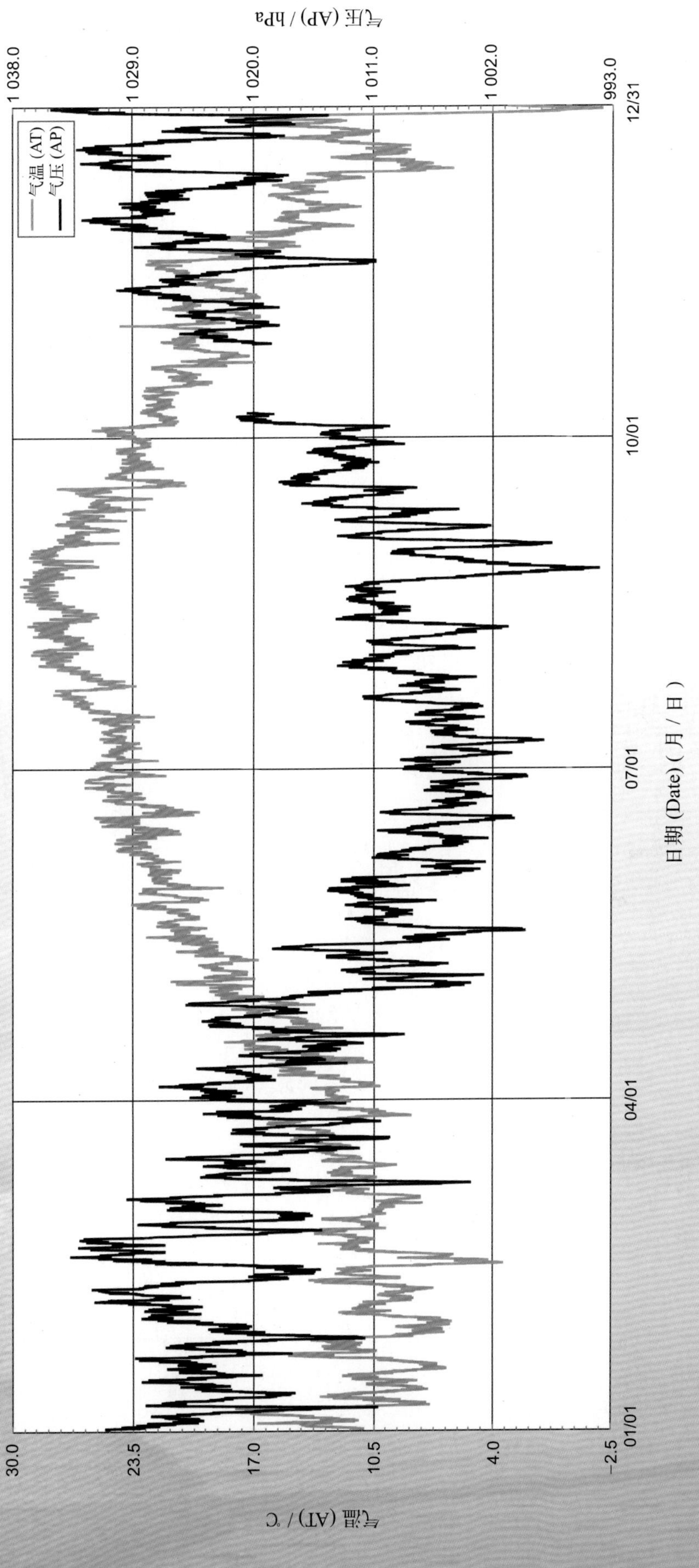

20 号浮标 2020 年 01 月气温、气压观测数据曲线
AT and AP of 20 buoy in Jan. 2020

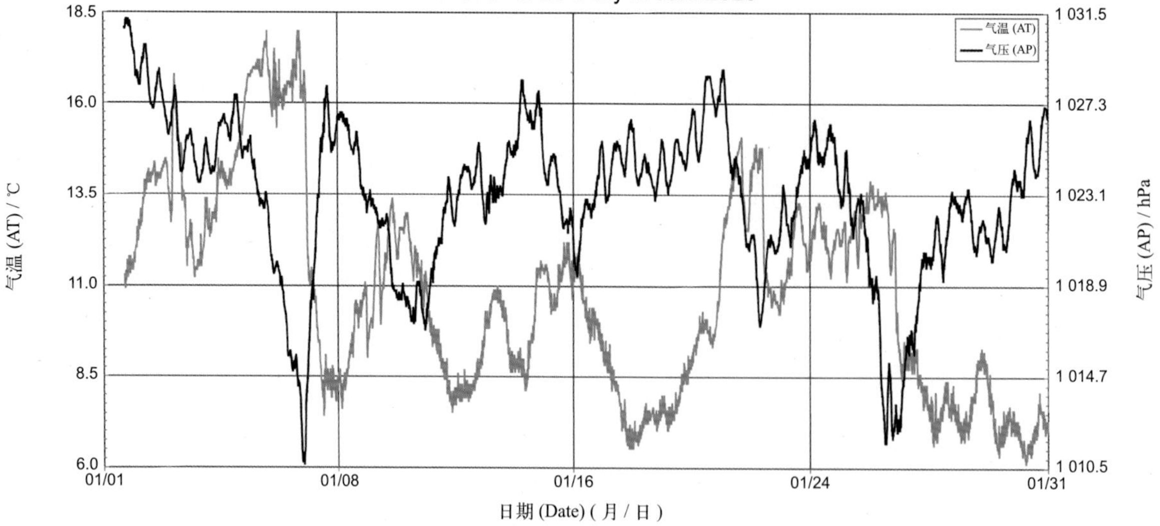

20 号浮标 2020 年 02 月气温、气压观测数据曲线
AT and AP of 20 buoy in Feb. 2020

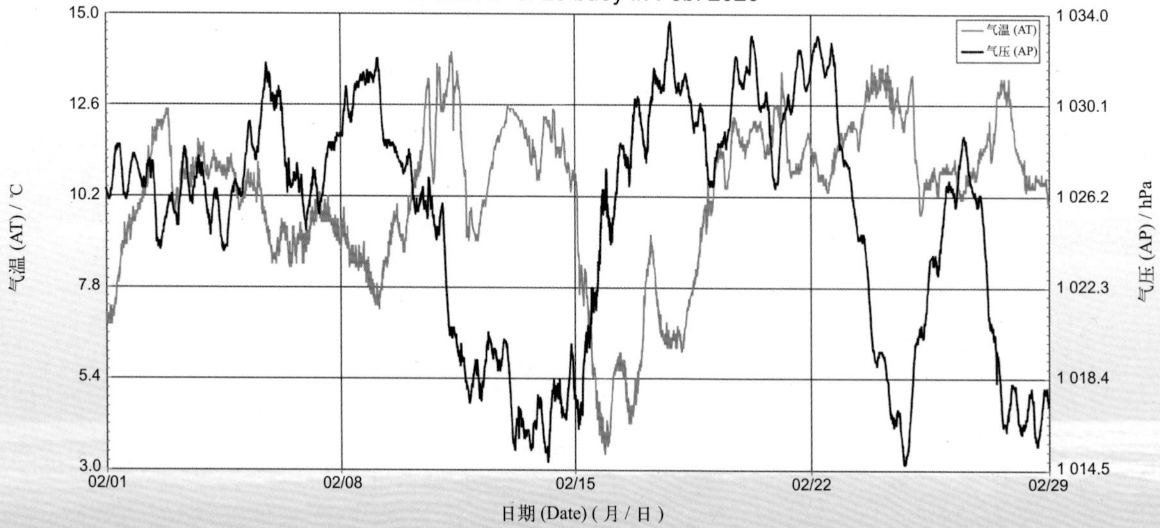

20 号浮标 2020 年 03 月气温、气压观测数据曲线
AT and AP of 20 buoy in Mar. 2020

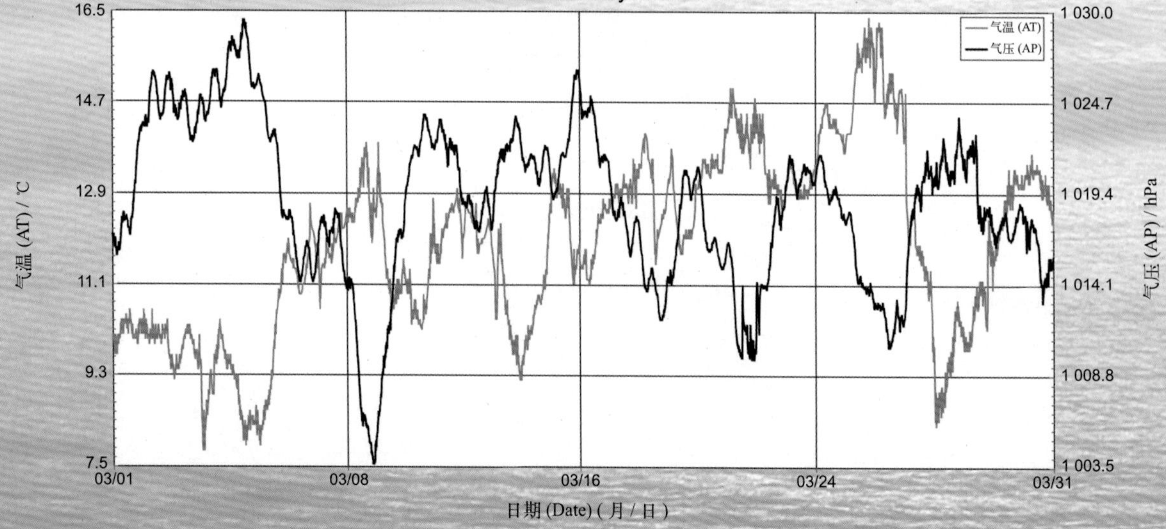

20 号浮标 2020 年 04 月气温、气压观测数据曲线
AT and AP of 20 buoy in Apr. 2020

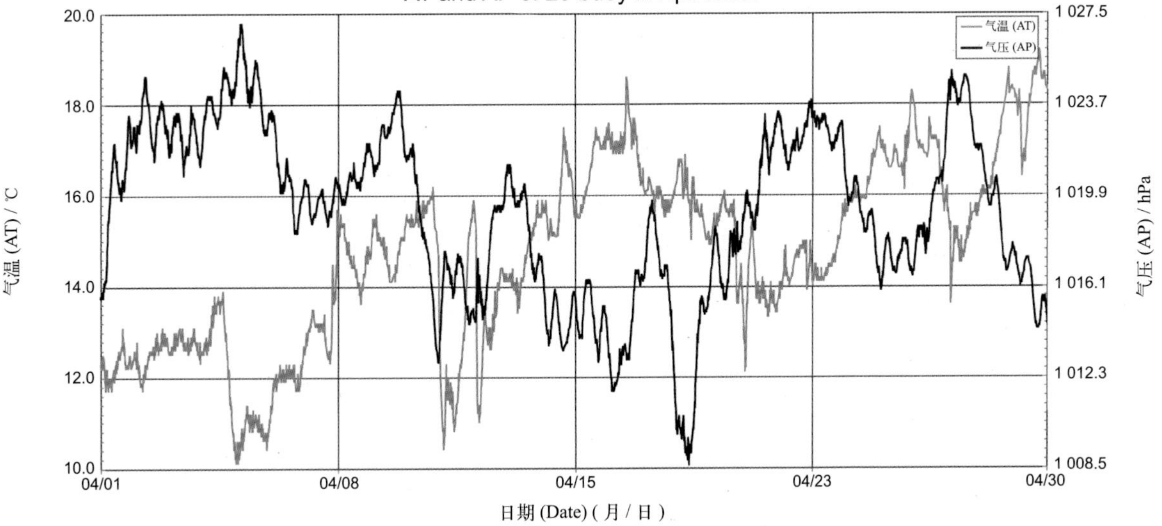

20 号浮标 2020 年 05 月气温、气压观测数据曲线
AT and AP of 20 buoy in May 2020

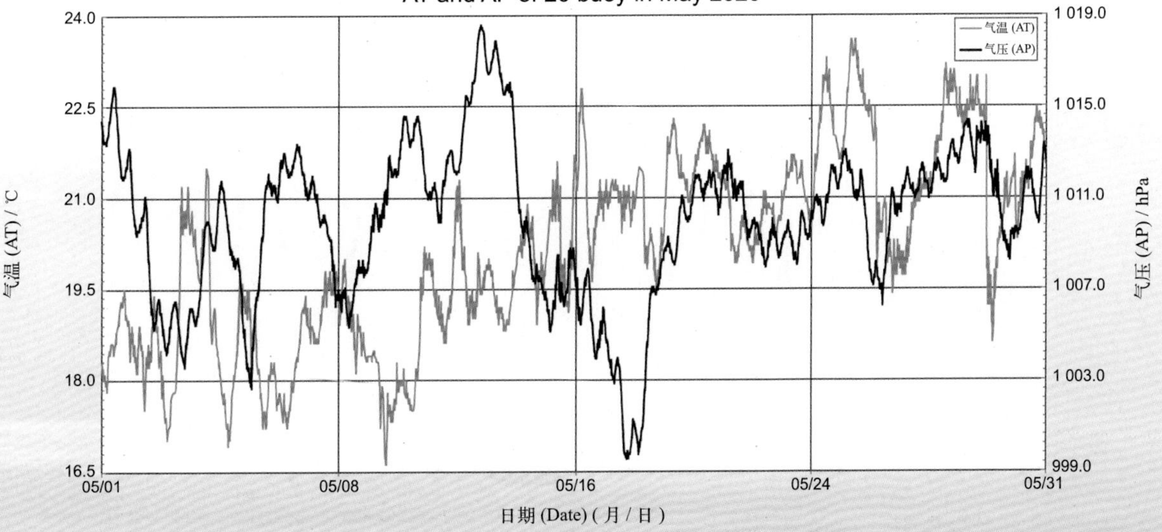

20 号浮标 2020 年 06 月气温、气压观测数据曲线
AT and AP of 20 buoy in Jun. 2020

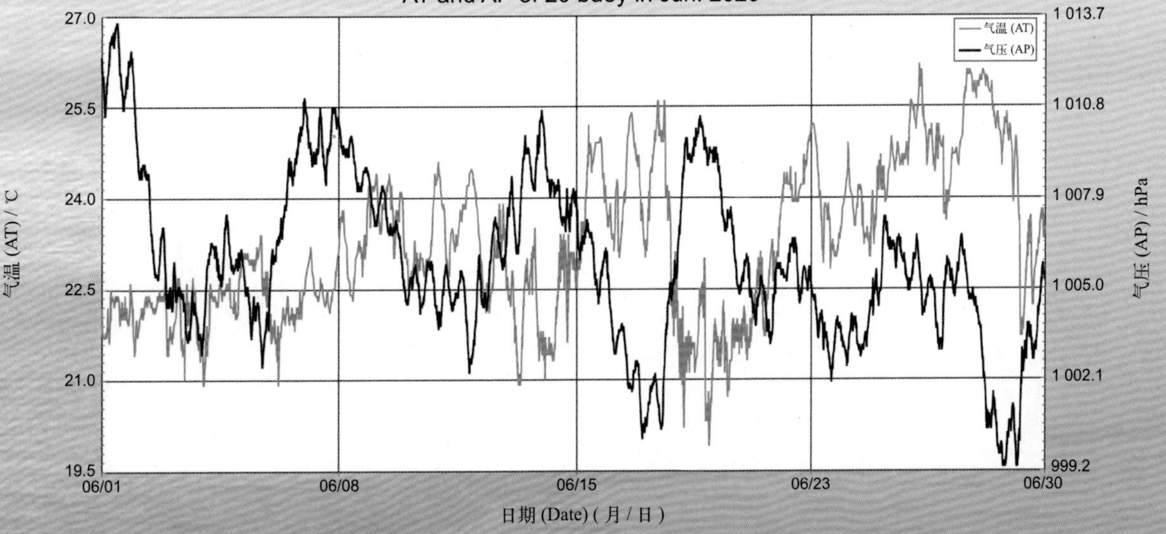

20 号浮标 2020 年 07 月气温、气压观测数据曲线
AT and AP of 20 buoy in Jul. 2020

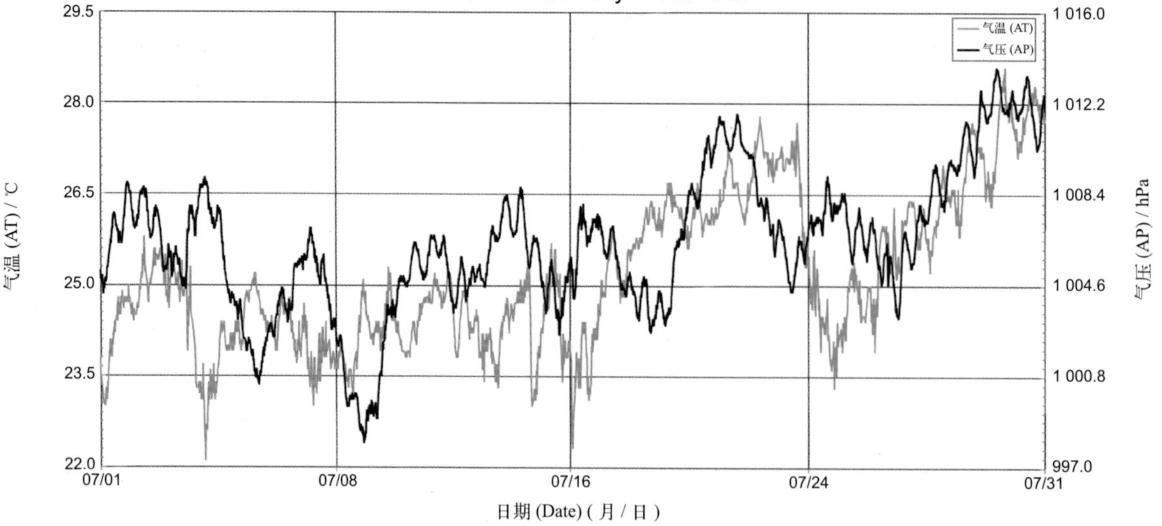

20 号浮标 2020 年 08 月气温、气压观测数据曲线
AT and AP of 20 buoy in Aug. 2020

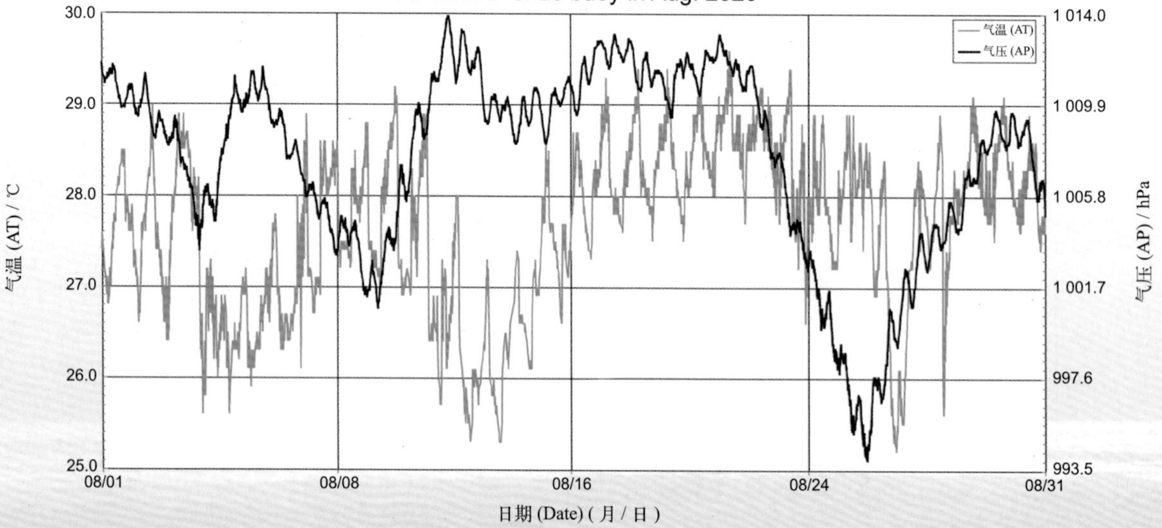

20 号浮标 2020 年 09 月气温、气压观测数据曲线
AT and AP of 20 buoy in Sep. 2020

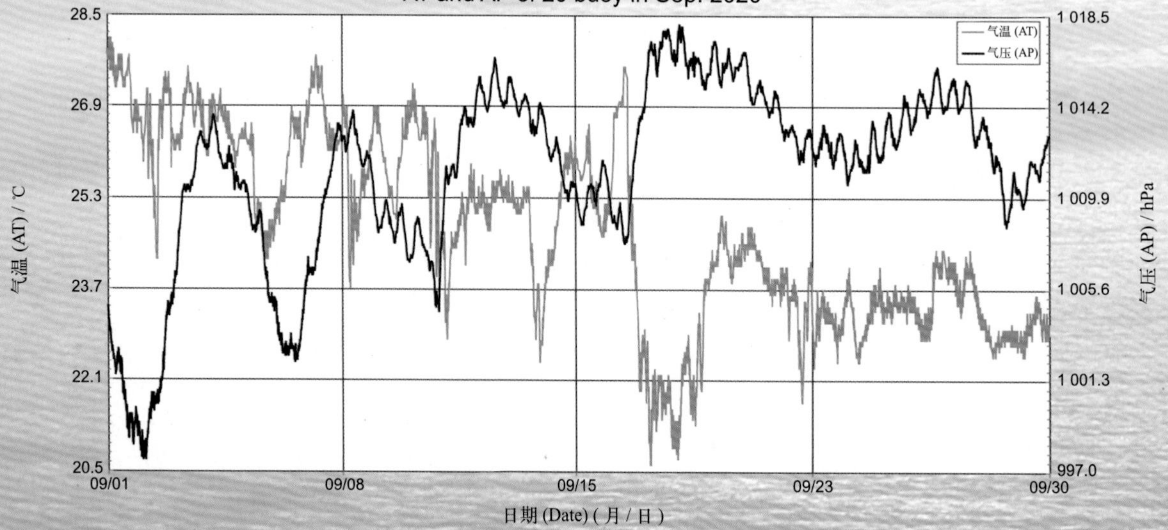

20 号浮标 2020 年 10 月气温、气压观测数据曲线
AT and AP of 20 buoy in Oct. 2020

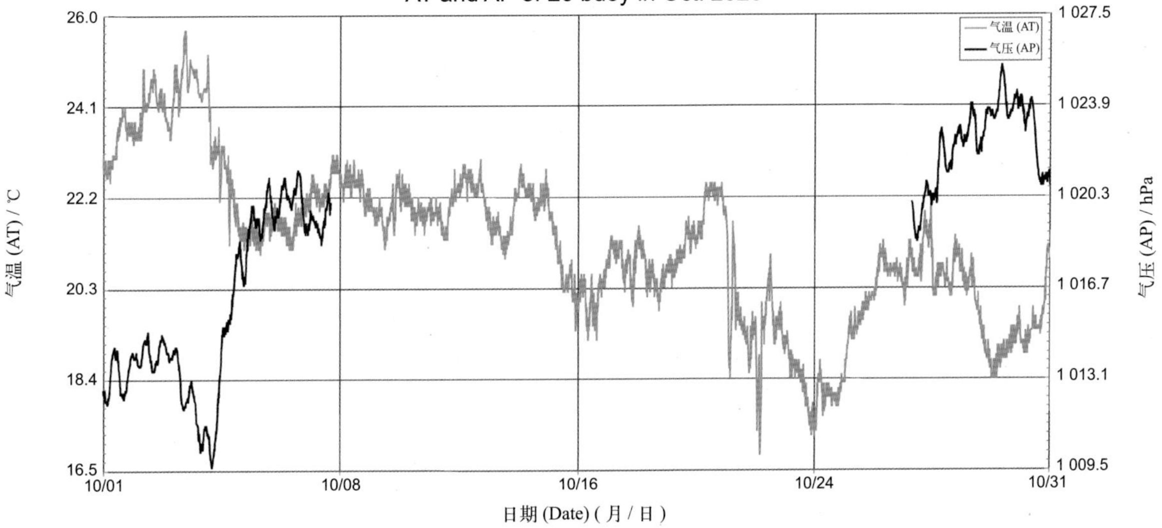

20 号浮标 2020 年 11 月气温、气压观测数据曲线
AT and AP of 20 buoy in Nov. 2020

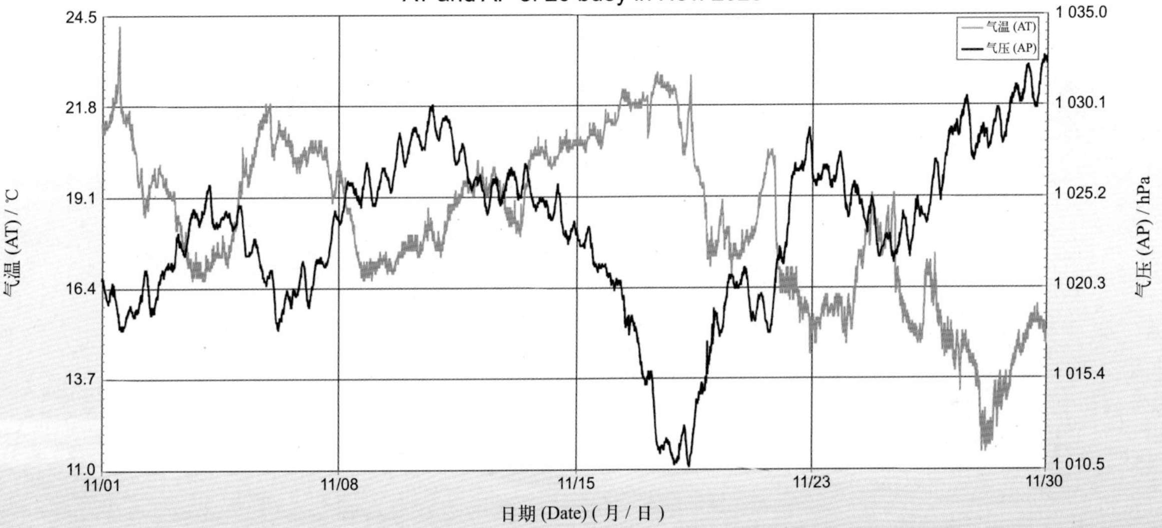

20 号浮标 2020 年 12 月气温、气压观测数据曲线
AT and AP of 20 buoy in Dec. 2020

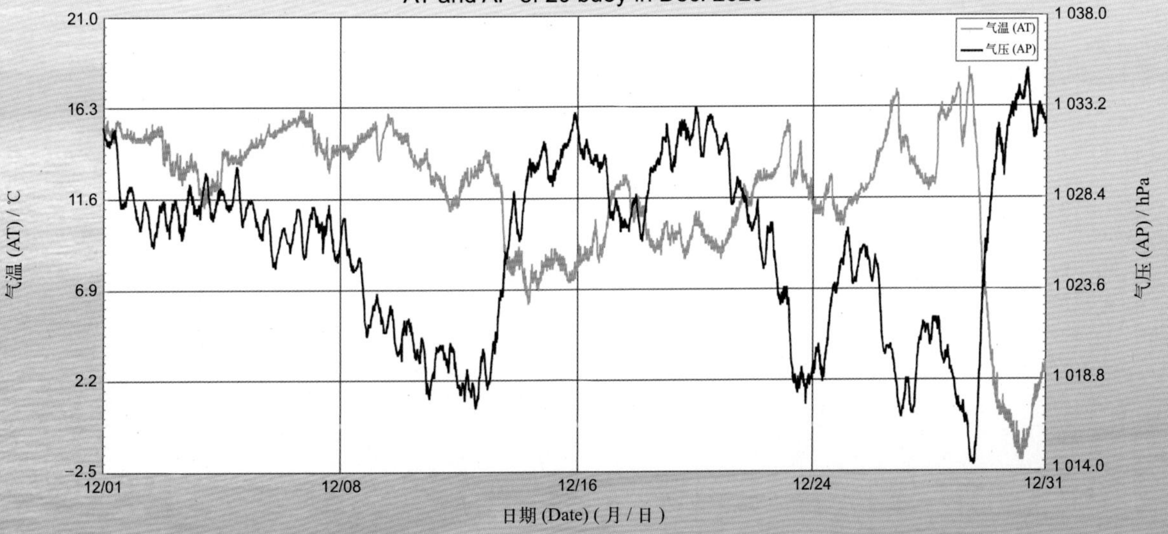

2020 年度 06 号浮标观测数据概述及玫瑰图
（风速和风向）

2020 年，06 号浮标共获取 366 天的风速和风向长序列观测数据。通过对获取数据质量控制和分析，观测海域 2020 年度风速、风向数据和季节数据特征如下。

年度最大风速为 21.0 m/s（12 月 30 日），对应风向为 305°。2020 年，06 号浮标记录到的 6 级以上大风日数总计 106 天，其中 6 级以上大风日数最多的月份为 1 月（16 天），参见表 6。观测海域冬季代表月（2 月）的 6 级以上大风日数为 9 天，大风主要风向为 N；观测海域春季代表月（5 月）的 6 级以上大风日数为 7 天，大风主要风向为 SE；观测海域夏季代表月（8 月）的 6 级以上大风日数为 7 天，大风主要风向为 S；观测海域秋季代表月（11 月）的 6 级以上大风日数为 11 天，大风主要风向为 NNW。

表 6　06 号浮标各月份 6 级以上大风日数及主要风向观测数据

月份	6 级以上大风日数	6 级以上大风主要风向	备注
1	16	NNW	
2	9	N	
3	10	NNE	
4	9	ENE	
5	7	SE	
6	5	SW	
7	6	SSW	
8	7	S	记录 2 次台风
9	9	N	记录 2 次台风
10	6	N	
11	11	NNW	
12	11	NNW	记录 1 次寒潮

2020 年，06 号浮标记录到 1 次寒潮过程和 4 次台风过程。寒潮的具体过程中，获取的最大风速为 21.0 m/s（12 月 30 日 14:00），对应风向为 305°，寒潮影响期间的主要风向为 NW。第一次台风过程，8 月 3—6 日，受第 4 号台风“黑格比”的影响，获取到的最大风速达 15.0 m/s（8 月 4 日 16:00），对应的风向为 156°，台风影响期间的主要风向为 S。第二次台风过程，8 月 24—27 日，受第 8 号强台风“巴威”的影响，获取到的最大风速达 17.2 m/s（8 月 26 日 04:00），对应的风向为 294°，台风影响期间的主要风向为 SW。第三次台风过程，9 月 1—3 日，受第 9 号超强台风“美莎克”的影响，获取到的最大风速达 16.0 m/s（9 月 2 日 03:00），对应的风向为 330°，台风影响期间的主要风向为 WNW。第四次台风过程，9 月 6—7 日，受第 10 号超强台风“海神”的影响，获取到的最大风速达 13.9 m/s（9 月 6 日 18:30），对应的风向为 318°，台风影响期间的主要风向为 NW。

06 号浮标 2020 年风速、风向观测数据玫瑰图
WS and WD of 06 buoy in 2020

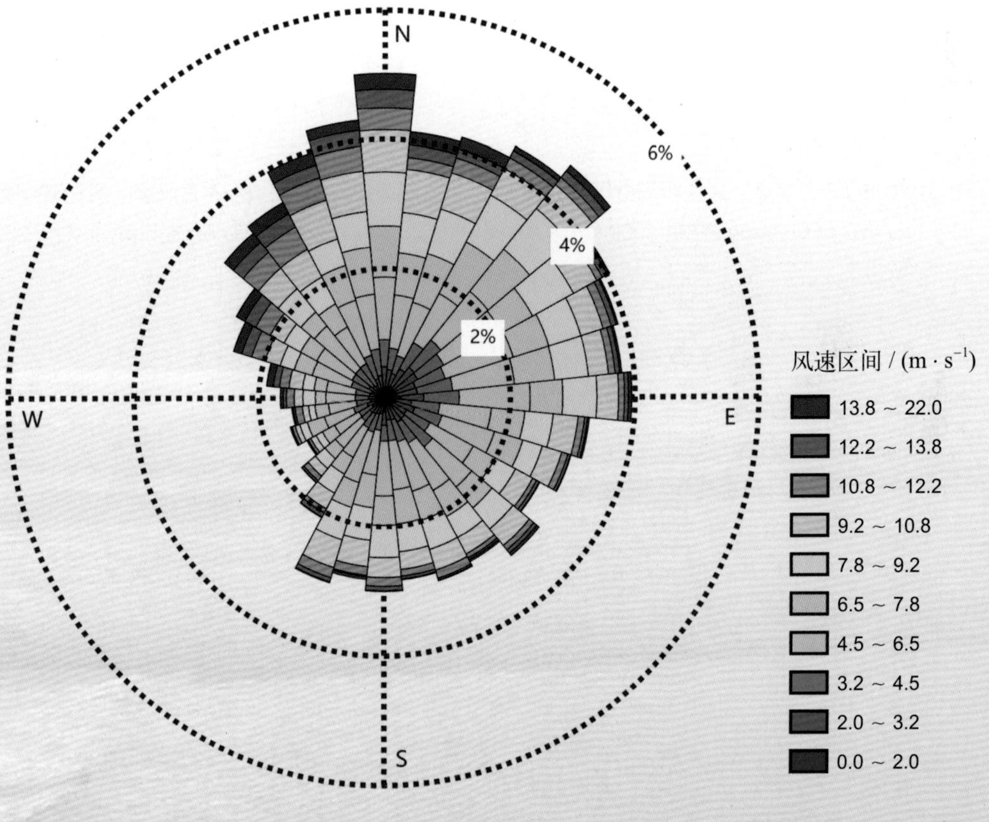

06 号浮标 2020 年 01 月风速、风向观测数据玫瑰图

WS and WD of 06 buoy in Jan. 2020

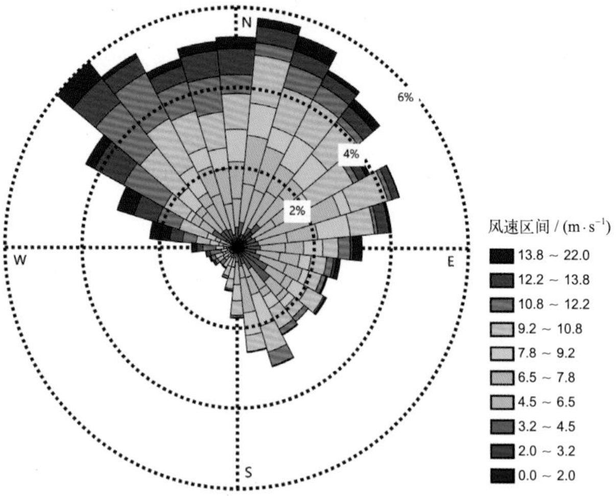

06 号浮标 2020 年 02 月风速、风向观测数据玫瑰图

WS and WD of 06 buoy in Feb. 2020

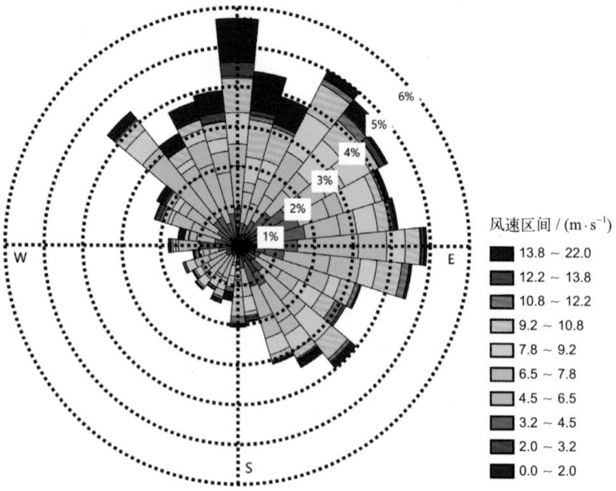

06 号浮标 2020 年 03 月风速、风向观测数据玫瑰图

WS and WD of 06 buoy in Mar. 2020

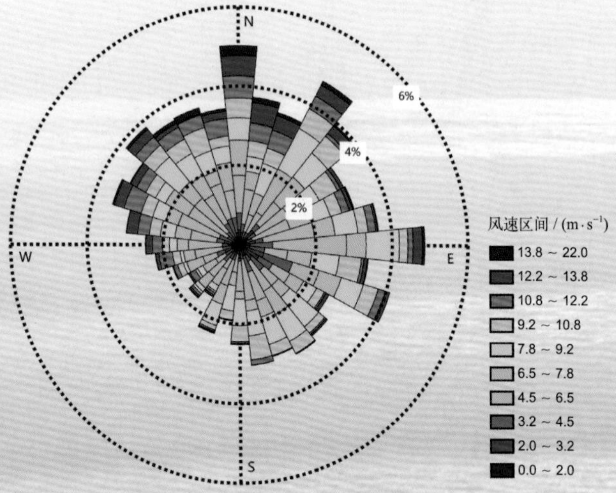

06 号浮标 2020 年 04 月风速、风向观测数据玫瑰图

WS and WD of 06 buoy in Apr. 2020

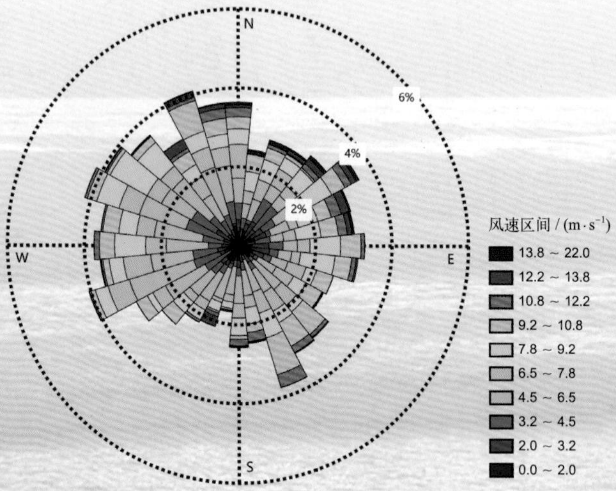

06 号浮标 2020 年 05 月风速、风向观测数据玫瑰图

WS and WD of 06 buoy in May 2020

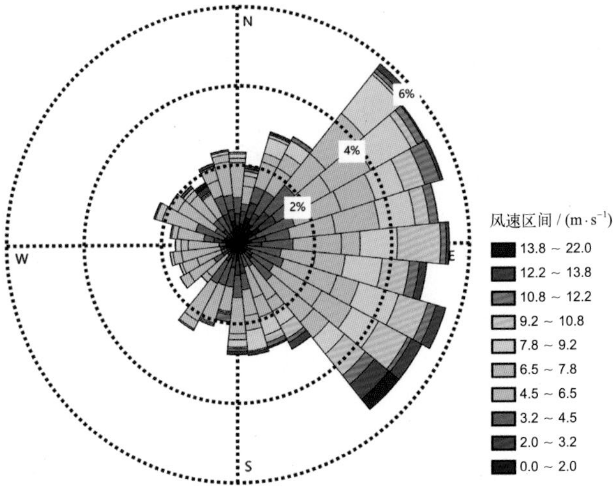

06 号浮标 2020 年 06 月风速、风向观测数据玫瑰图

WS and WD of 06 buoy in Jun. 2020

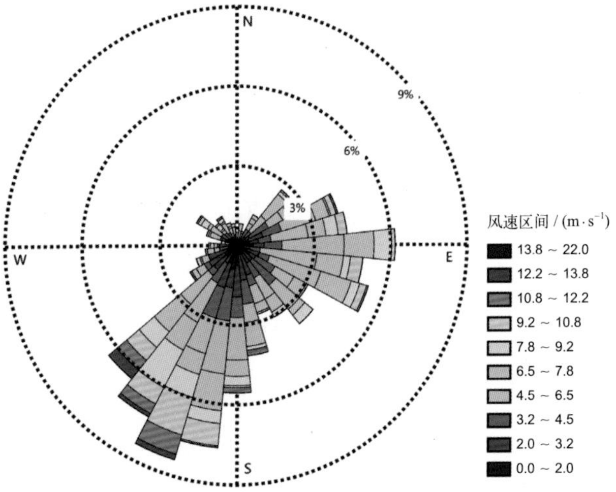

06 号浮标 2020 年 07 月风速、风向观测数据玫瑰图

WS and WD of 06 buoy in Jul. 2020

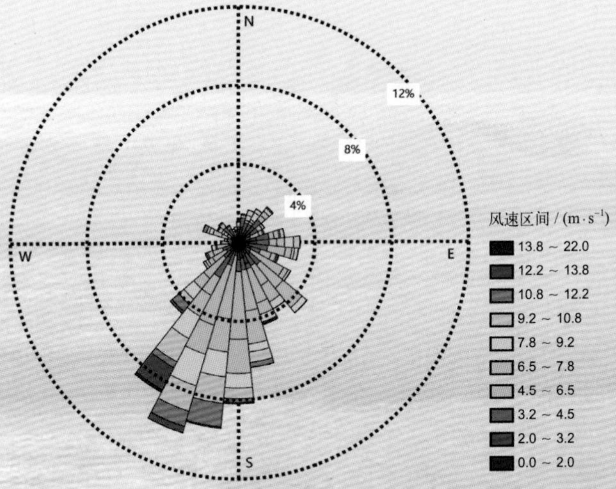

06 号浮标 2020 年 08 月风速、风向观测数据玫瑰图

WS and WD of 06 buoy in Aug. 2020

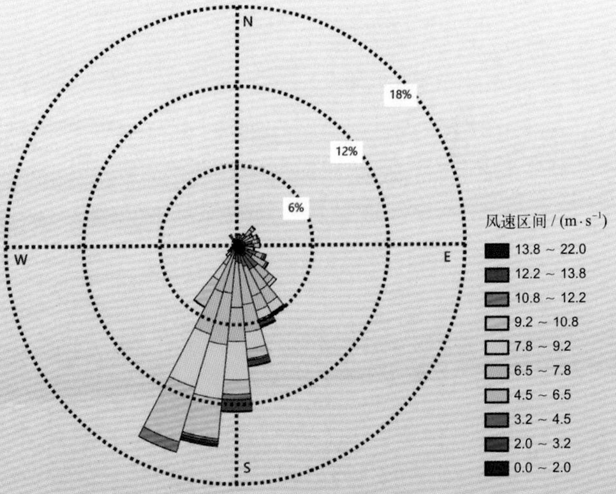

06 号浮标 2020 年 09 月风速、风向观测数据玫瑰图

WS and WD of 06 buoy in Sep. 2020

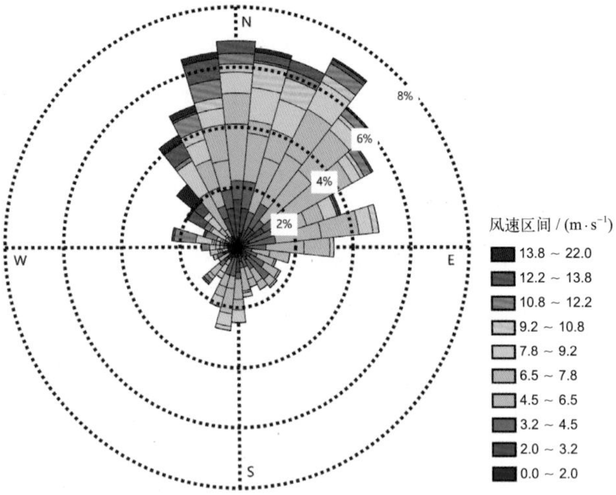

06 号浮标 2020 年 10 月风速、风向观测数据玫瑰图

WS and WD of 06 buoy in Oct. 2020

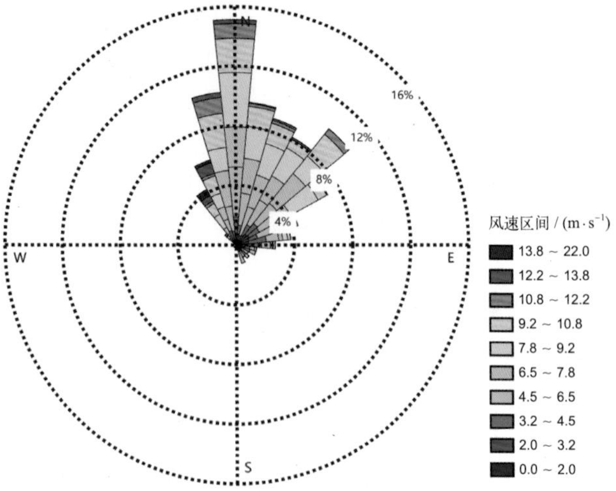

06 号浮标 2020 年 11 月风速、风向观测数据玫瑰图

WS and WD of 06 buoy in Nov. 2020

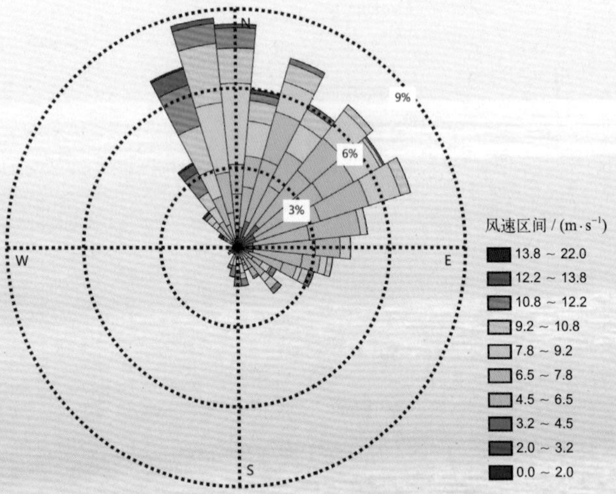

06 号浮标 2020 年 12 月风速、风向观测数据玫瑰图

WS and WD of 06 buoy in Dec. 2020

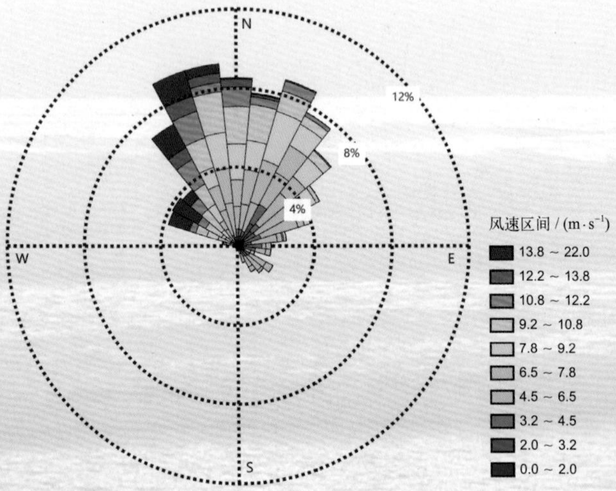

2020 年度 09 号浮标观测数据概述及玫瑰图（风速和风向）

2020 年，09 号浮标共获取 286 天的风速和风向长序列观测数据。获取数据的主要区间为 1 月 3 日 11:40 至 8 月 23 日 13:30 和 11 月 10 日 09:30 至 12 月 31 日 23:30。通过对获取数据质量控制和分析，09 号浮标观测海域 2020 年度风速、风向数据和季节数据特征如下。

年度最大风速为 17.8 m/s（7 月 23 日），对应风向为 12°。2020 年，09 号浮标记录到的 6 级以上大风日数总计 32 天，其中 6 级以上大风日数最多的月份为 2 月和 3 月（10 天），参见表 7。观测海域冬季代表月（2 月）的 6 级以上大风日数为 6 天，大风主要风向为 NNW；观测海域春季代表月（5 月）的 6 级以上大风日数为 2 天，大风主要风向为 NW；观测海域夏季代表月（8 月）的 6 级以上大风日数为 2 天，大风主要风向为 E。

表 7　09 号浮标各月份 6 级以上大风日数及主要风向观测数据

月份	6 级以上大风日数	6 级以上大风主要风向	备注
1	4	NNW	
2	6	NNW	
3	6	N	
4	4	NNW	
5	2	NW	
6	2	S	
7	3	NNW	
8	2	E	缺测 8 天数据，记录 1 次台风
9	—	—	缺测数据
10	—	—	缺测数据
11	—	—	缺测数据
12	3	N	记录 1 次寒潮

2020 年，09 号浮标记录到 1 次寒潮过程和 1 次台风过程。寒潮的具体过程中，获取的最大风速为 15.6 m/s（12 月 29 日 09:00），对应风向为 8°，寒潮影响期间的主要风向为 NW。台风的具体过程中，8 月 3—6 日，受第 4 号台风“黑格比”的影响，09 号浮标获取到的最大风速达 13.7 m/s（8 月 3 日 21:20），对应的风向为 287°，台风影响期间的主要风向为 SSW。

09 号浮标 2020 年风速、风向观测数据玫瑰图
WS and WD of 09 buoy in 2020

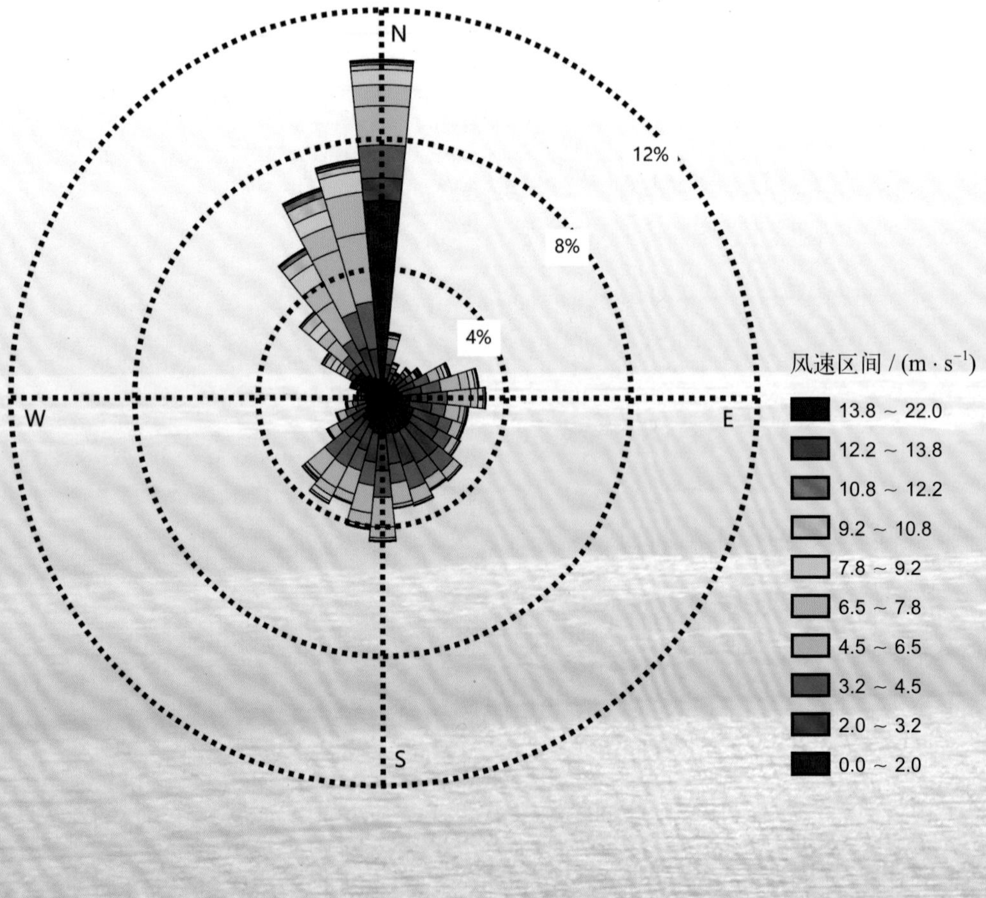

09 号浮标 2020 年 01 月风速、风向观测数据玫瑰图

WS and WD of 09 buoy in Jan. 2020

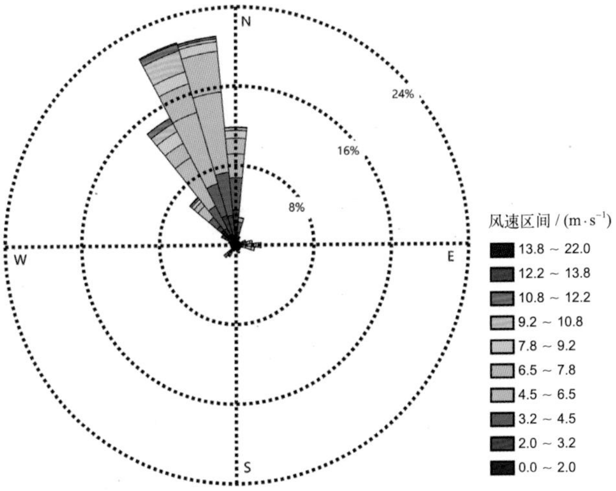

09 号浮标 2020 年 02 月风速、风向观测数据玫瑰图

WS and WD of 09 buoy in Feb. 2020

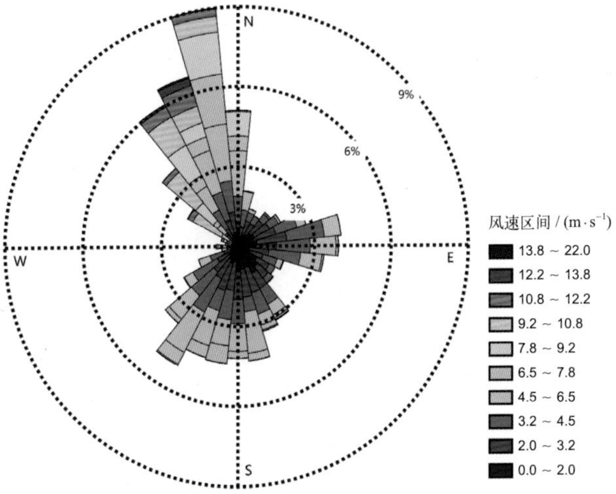

09 号浮标 2020 年 03 月风速、风向观测数据玫瑰图

WS and WD of 09 buoy in Mar. 2020

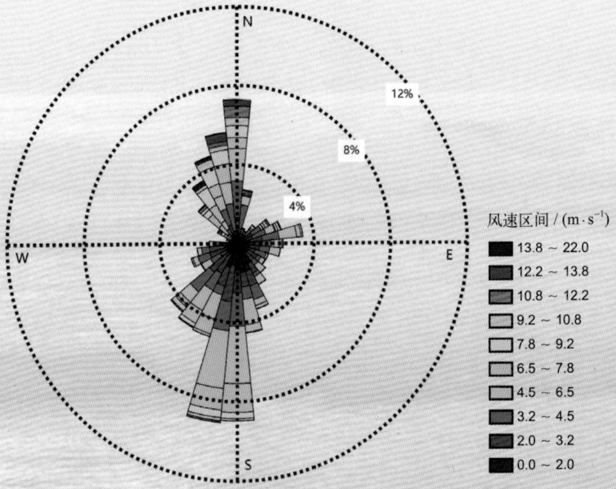

09 号浮标 2020 年 04 月风速、风向观测数据玫瑰图

WS and WD of 09 buoy in Apr. 2020

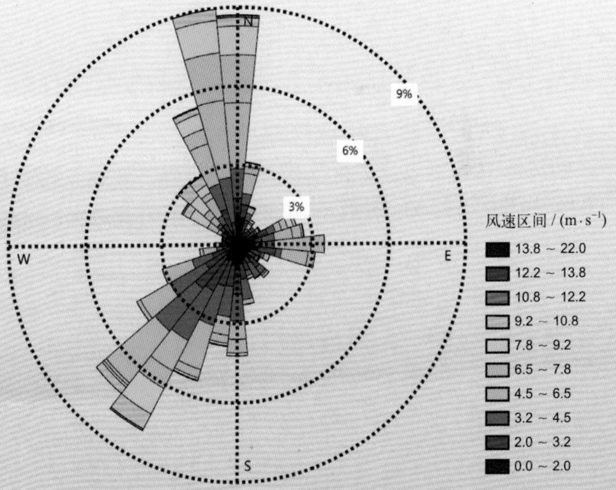

09 号浮标 2020 年 05 月风速、风向观测数据玫瑰图
WS and WD of 09 buoy in May 2020

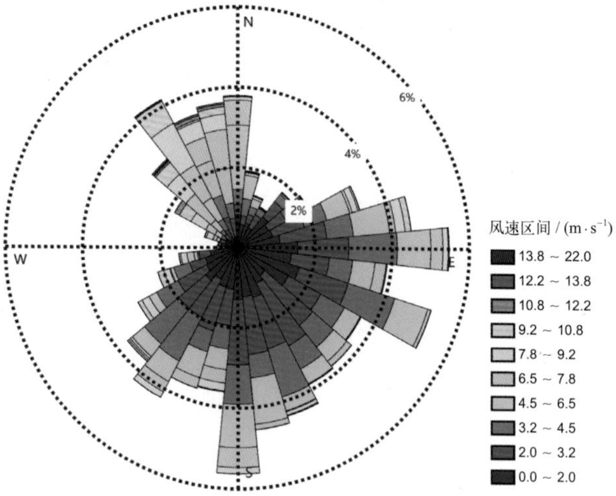

09 号浮标 2020 年 06 月风速、风向观测数据玫瑰图
WS and WD of 09 buoy in Jun. 2020

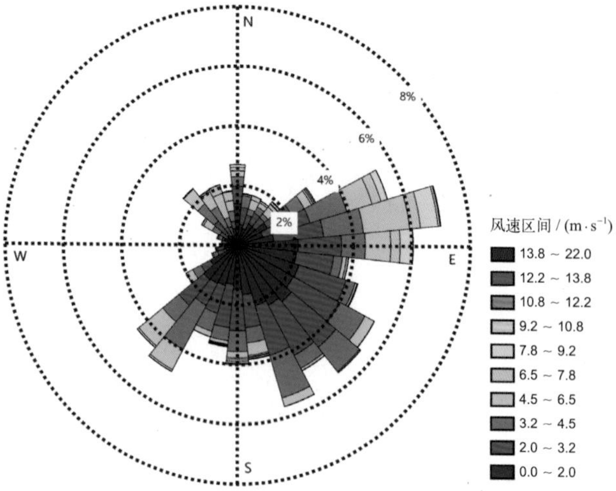

09 号浮标 2020 年 07 月风速、风向观测数据玫瑰图
WS and WD of 09 buoy in Jul. 2020

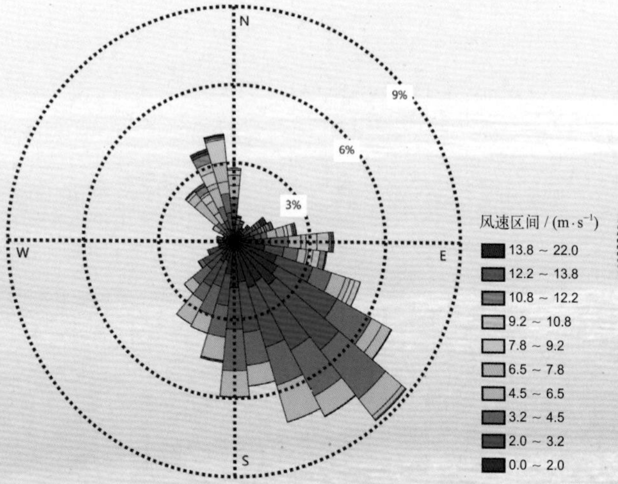

09 号浮标 2020 年 08 月风速、风向观测数据玫瑰图
WS and WD of 09 buoy in Aug. 2020

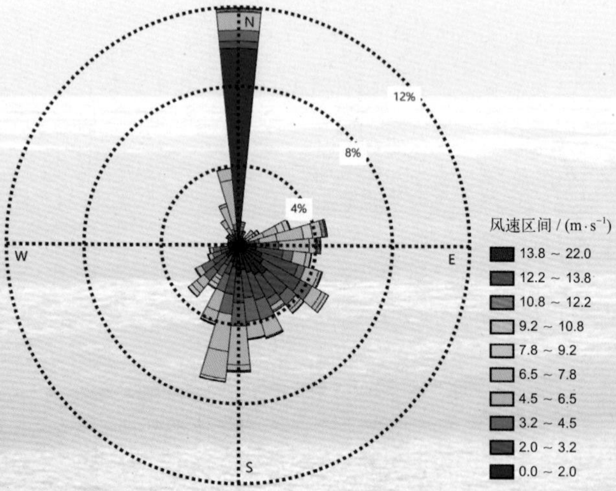

09 号浮标 2020 年 12 月风速、风向观测数据玫瑰图
WS and WD of 09 buoy in Dec. 2020

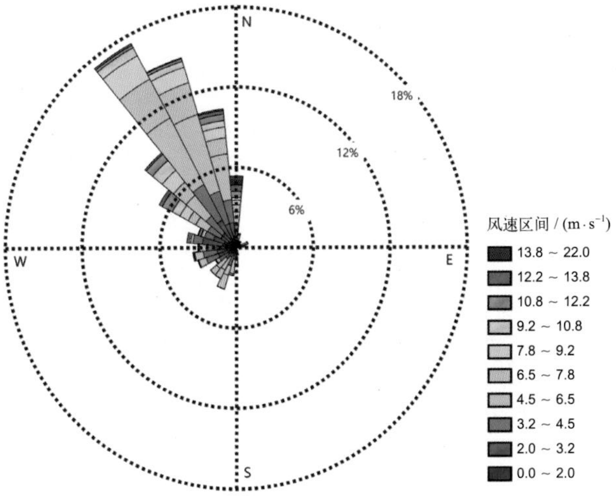

2020 年度 12 号浮标观测数据概述及玫瑰图（风速和风向）

2020 年，12 号浮标共获取 247 天的风速和风向长序列观测数据。获取数据的主要区间共四个时间段，具体为 1 月 1 日 15:50 至 3 月 2 日 09:40、3 月 31 日 18:00 至 6 月 1 日 16:00、6 月 19 日 16:30 至 8 月 31 日 10:40、9 月 14 日 15:00 至 11 月 10 日 10:00。通过对获取数据质量控制和分析，12 号浮标观测海域 2020 年度风速、风向数据和季节数据特征如下。

年度最大风速为 22.0 m/s（4 月 12 日），对应风向为 117°。2020 年，12 号浮标记录到的 6 级以上大风日数总计 52 天，其中 6 级以上大风日数最多的月份为 1 月（12 天），参见表 8。观测海域冬季代表月（2 月）的 6 级以上大风日数为 6 天，大风主要风向为 ESE；观测海域春季代表月（5 月）的 6 级以上大风日数为 7 天，大风主要风向为 SE；观测海域夏季代表月（8 月）的 6 级以上大风日数为 8 天，大风主要风向为 SE。

表 8　12 号浮标各月份 6 级以上大风日数及主要风向观测数据

月份	6 级以上大风日数	6 级以上大风主要风向	备注
1	12	ESE	
2	6	ESE	
3	1	—	缺测数据
4	7	ESE	
5	7	SE	
6	1	—	缺测数据
7	2	ESE	
8	8	SE	记录 2 次台风
9	2	SSE	缺测 13 天数据
10	5	SE	
11	1	—	缺测数据
12	—	—	缺测数据

2020年，12号浮标记录到2次台风过程。第一次台风过程，8月3—6日，受第4号台风“黑格比”的影响，12号浮标获取到的最大风速达6.9 m/s（8月4日21:10和21:20），对应的风向为137°，台风影响期间的主要风向为SE。第二次台风过程，8月24—27日，受第8号强台风“巴威”的影响，12号浮标获取到的最大风速达14.4 m/s（8月26日09:30），对应的风向为98°，台风影响期间的主要风向为E。

12号浮标2020年风速、风向观测数据玫瑰图

WS and WD of 12 buoy in 2020

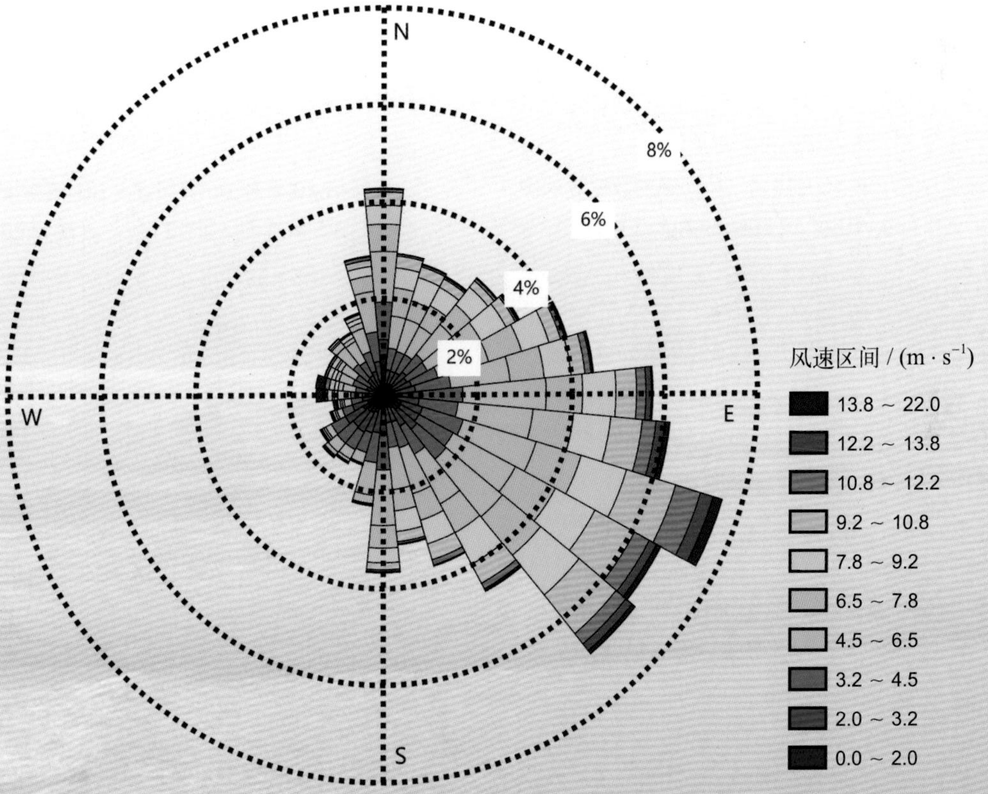

12 号浮标 2020 年 01 月风速、风向观测数据玫瑰图

WS and WD of 12 buoy in Jan. 2020

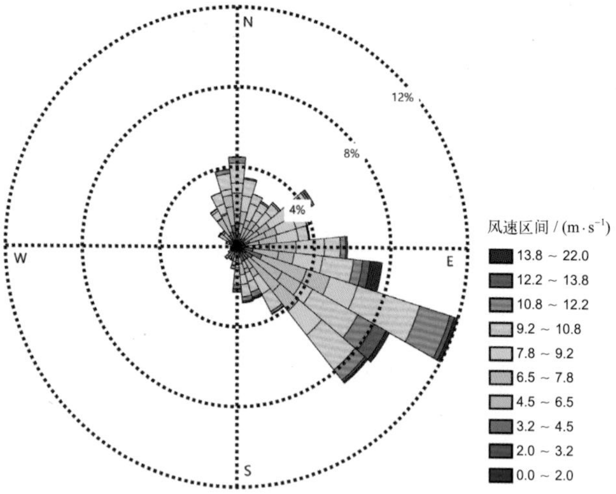

12 号浮标 2020 年 02 月风速、风向观测数据玫瑰图

WS and WD of 12 buoy in Feb. 2020

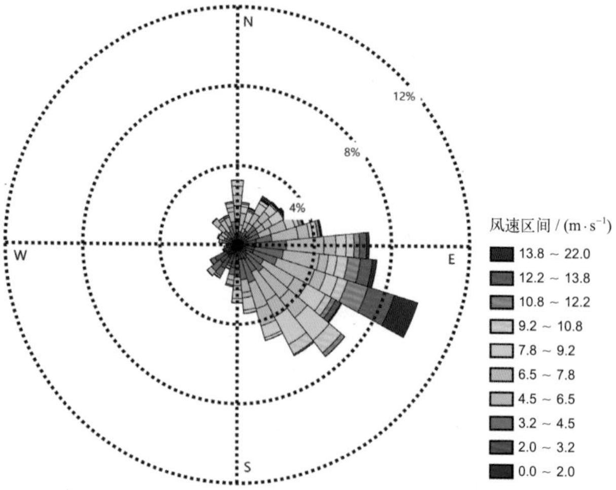

12 号浮标 2020 年 04 月风速、风向观测数据玫瑰图

WS and WD of 12 buoy in Apr. 2020

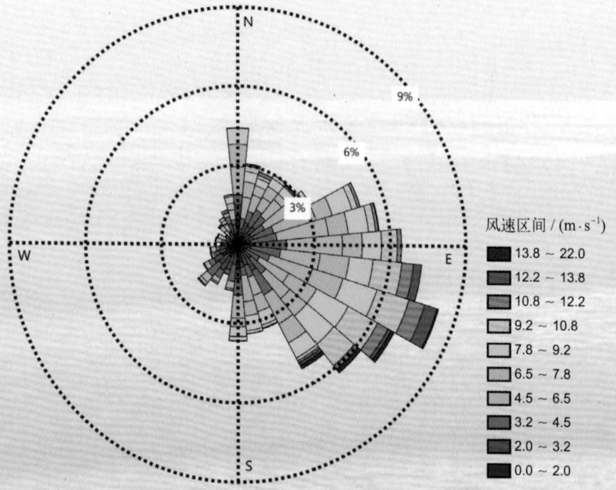

12 号浮标 2020 年 05 月风速、风向观测数据玫瑰图

WS and WD of 12 buoy in May 2020

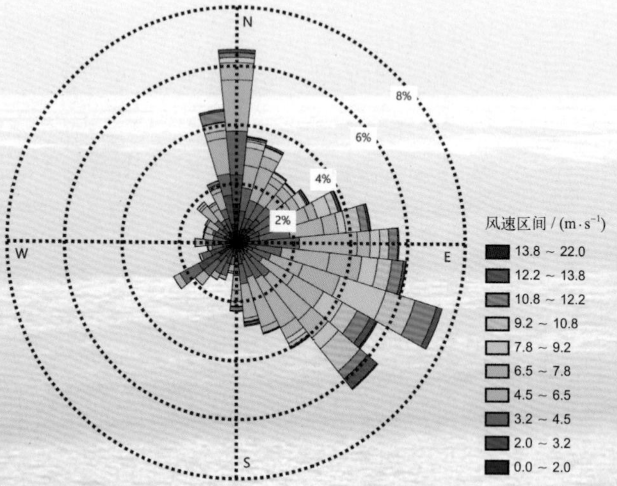

12 号浮标 2020 年 07 月风速、风向观测数据玫瑰图

WS and WD of 12 buoy in Jul. 2020

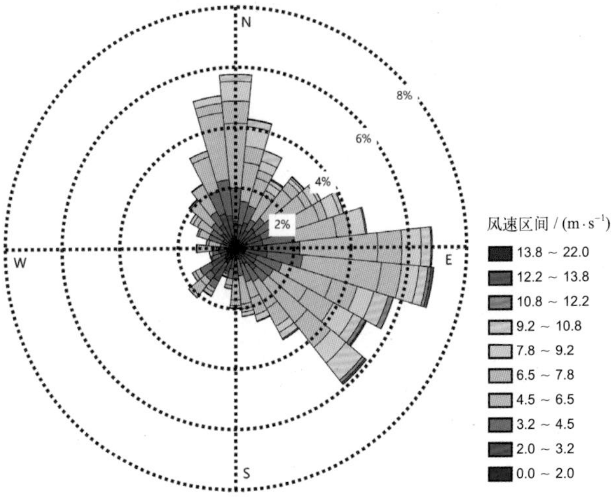

12 号浮标 2020 年 08 月风速、风向观测数据玫瑰图

WS and WD of 12 buoy in Aug. 2020

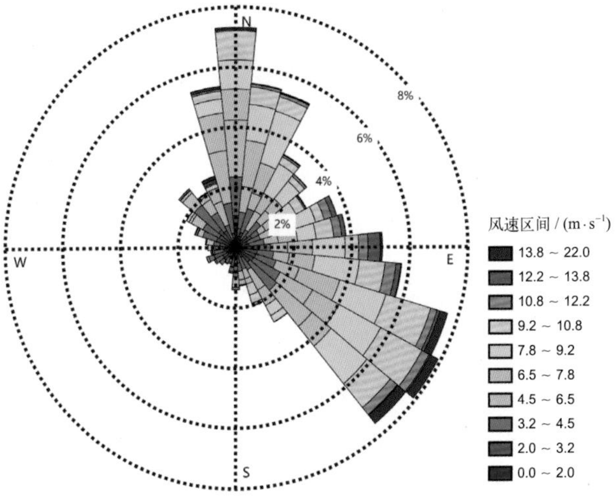

12 号浮标 2020 年 09 月风速、风向观测数据玫瑰图

WS and WD of 12 buoy in Sep. 2020

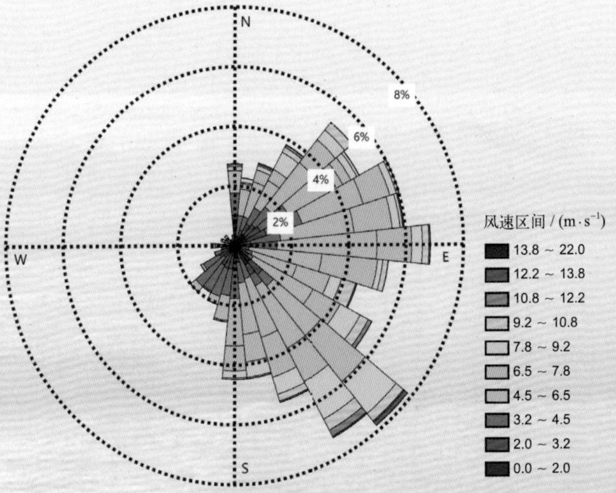

12 号浮标 2020 年 10 月风速、风向观测数据玫瑰图

WS and WD of 12 buoy in Oct. 2020

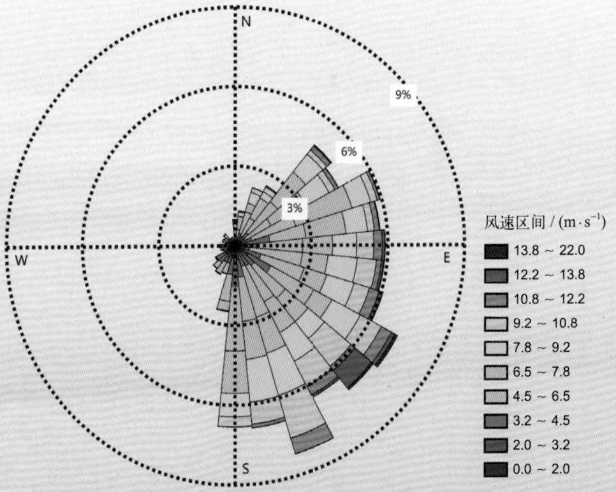

2020 年度 19 号浮标观测数据概述及玫瑰图
（风速和风向）

2020 年，19 号浮标共获取 330 天的风速和风向长序列观测数据。获取数据的主要区间为 1 月 1 日 00:00 至 11 月 25 日 11:20。通过对获取数据质量控制和分析，观测海域 2020 年度风速、风向数据和季节数据特征如下。

年度最大风速为 14.9 m/s（7 月 22 日），对应风向为 353°。2020 年，19 号浮标记录到的 6 级以上大风日数总计 11 天，其中 6 级以上大风日数最多的月份为 3 月（3 天），参见表 9。观测海域冬季代表月（2 月）的 6 级以上大风日数为 1 天，大风主要风向为 SE；观测海域春季代表月（5 月）的 6 级以上大风日数为 1 天，大风主要风向为 N；观测海域夏季代表月（8 月）的 6 级以上大风日数为 2 天，大风主要风向为 NNW；观测海域秋季代表月（11 月）的 6 级以上大风日数为 0 天。

表 9　19 号浮标各月份 6 级以上大风日数及主要风向观测数据

月份	6 级以上大风日数	6 级以上大风主要风向	备注
1	0	—	
2	1	SE	
3	3	NW	
4	1	NW	
5	1	N	
6	1	NNW	
7	2	N	
8	2	NNW	记录 2 次台风
9	0	—	记录 2 次台风
10	0	—	
11	0	—	缺测 5 天数据
12	—	—	缺测数据

2020年，19号浮标记录到4次台风过程。第一次台风过程，8月3—6日，受第4号台风“黑格比”的影响，19号浮标获取到的最大风速达8.9 m/s（8月4日09:00），对应的风向为319°，台风影响期间的主要风向为NW。第二次台风过程，8月26—27日，受第8号强台风“巴威”的影响，19号浮标获取到的最大风速达10.9 m/s（8月26日13:00），对应的风向为16°，台风影响期间的主要风向为NW。第三次台风过程，9月2—4日，19号浮标获取到了第9号超强台风“美莎克”的相关数据，获取到的最大风速达9.4 m/s（9月4日23:40），对应的风向为302°，台风影响期间的主要风向为WNW。第四次台风过程，9月6—7日，19号浮标获取到了第10号超强台风“海神”的相关数据，获取到的最大风速达7.4 m/s（9月7日20:00），对应的风向为216°，台风影响期间的主要风向为SW。

19号浮标2020年风速、风向观测数据玫瑰图

WS and WD of 19 buoy in 2020

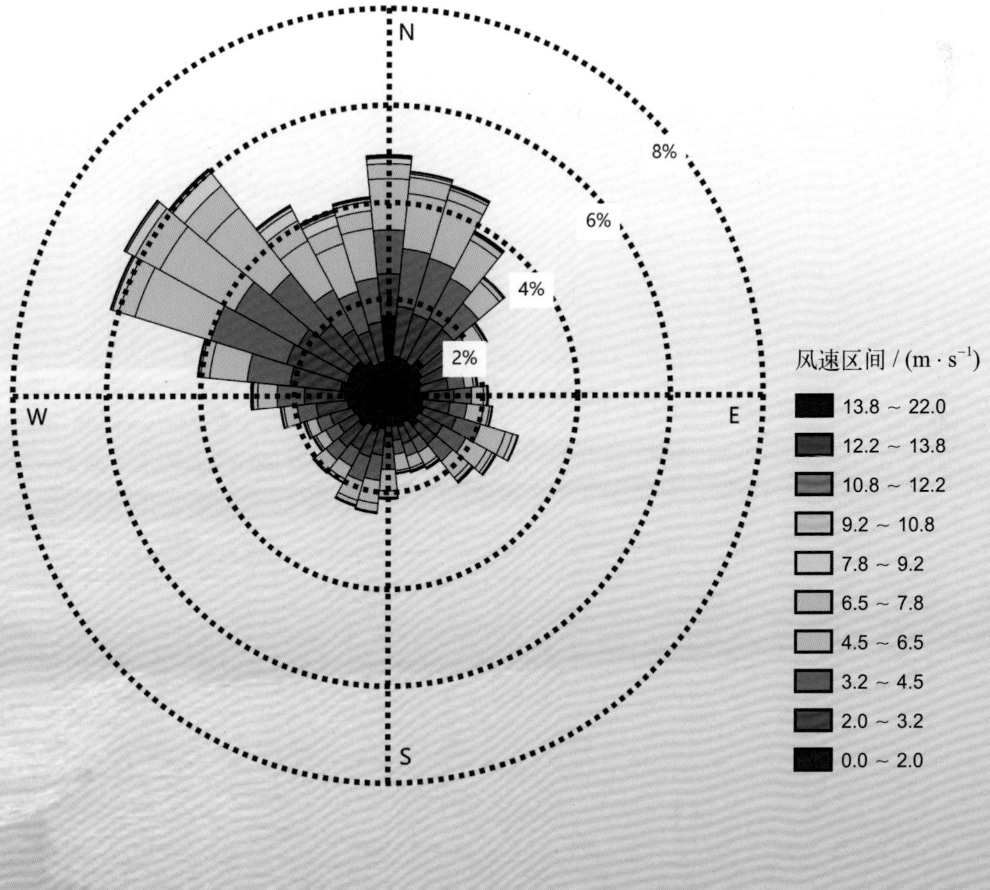

19 号浮标 2020 年 01 月风速、风向观测数据玫瑰图

WS and WD of 19 buoy in Jan. 2020

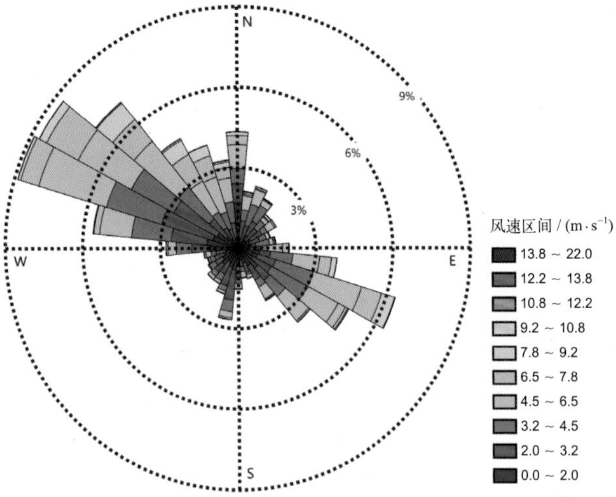

19 号浮标 2020 年 02 月风速、风向观测数据玫瑰图

WS and WD of 19 buoy in Feb. 2020

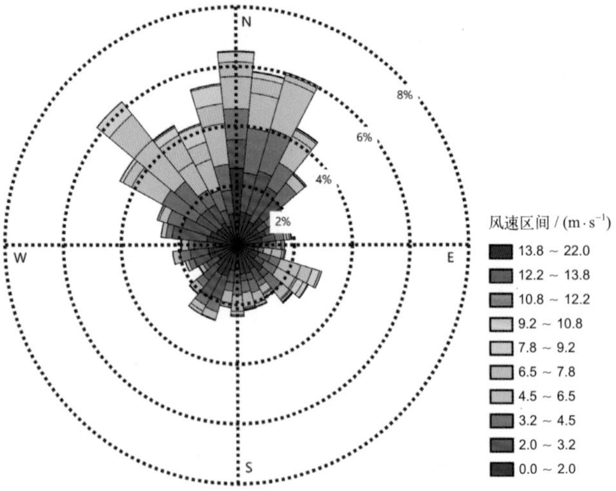

19 号浮标 2020 年 03 月风速、风向观测数据玫瑰图

WS and WD of 19 buoy in Mar. 2020

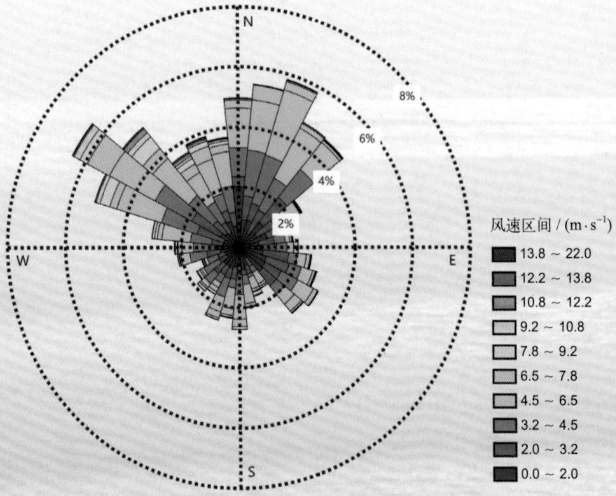

19 号浮标 2020 年 04 月风速、风向观测数据玫瑰图

WS and WD of 19 buoy in Apr. 2020

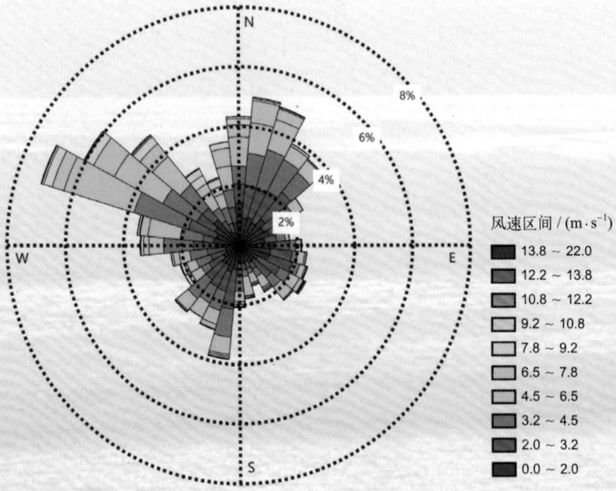

19 号浮标 2020 年 05 月风速、风向观测数据玫瑰图

WS and WD of 19 buoy in May 2020

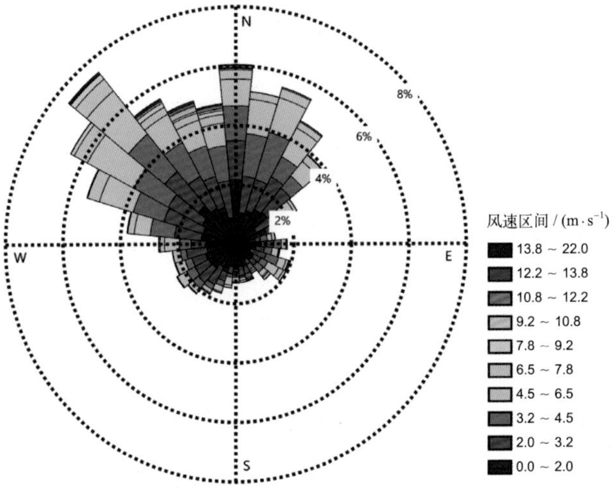

19 号浮标 2020 年 06 月风速、风向观测数据玫瑰图

WS and WD of 19 buoy in Jun. 2020

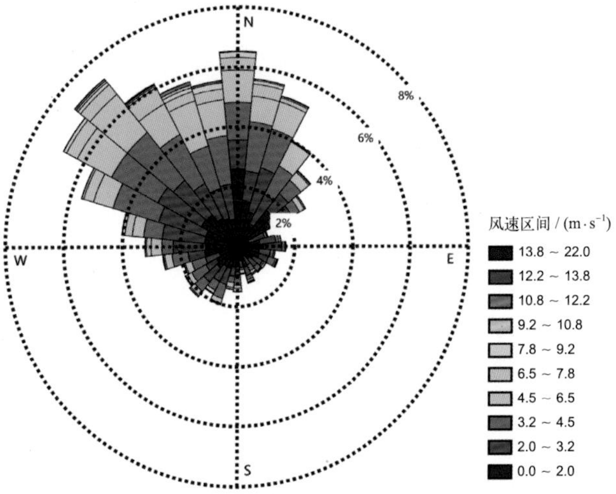

19 号浮标 2020 年 07 月风速、风向观测数据玫瑰图

WS and WD of 19 buoy in Jul. 2020

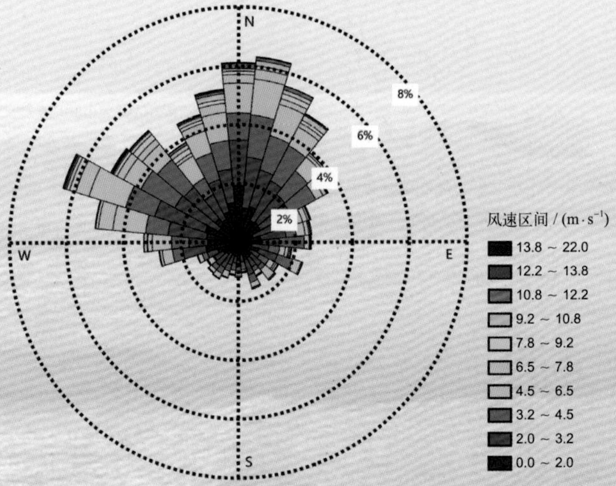

19 号浮标 2020 年 08 月风速、风向观测数据玫瑰图

WS and WD of 19 buoy in Aug. 2020

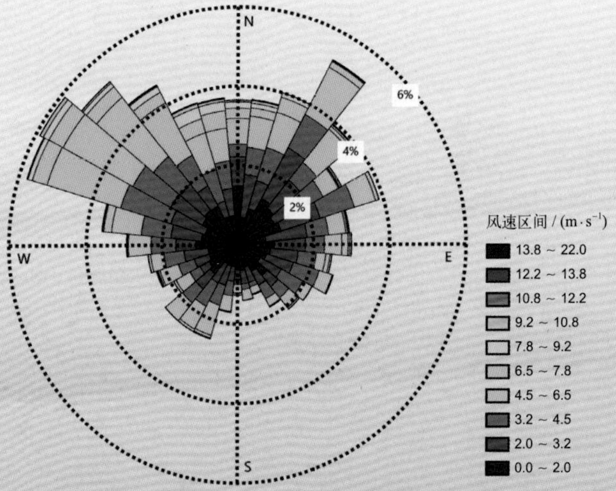

19 号浮标 2020 年 09 月风速、风向观测数据玫瑰图

WS and WD of 19 buoy in Sep. 2020

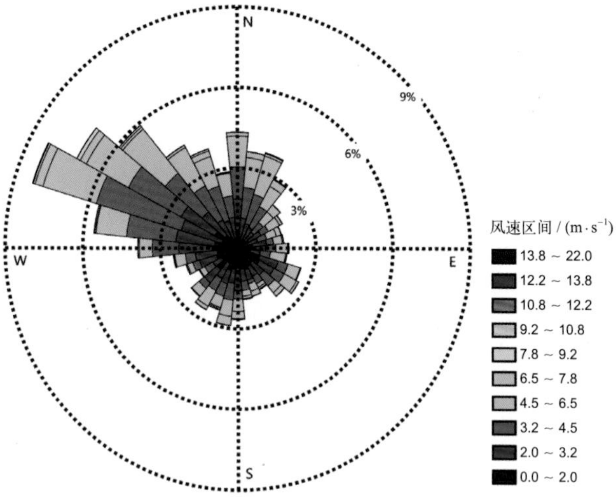

19 号浮标 2020 年 10 月风速、风向观测数据玫瑰图

WS and WD of 19 buoy in Oct. 2020

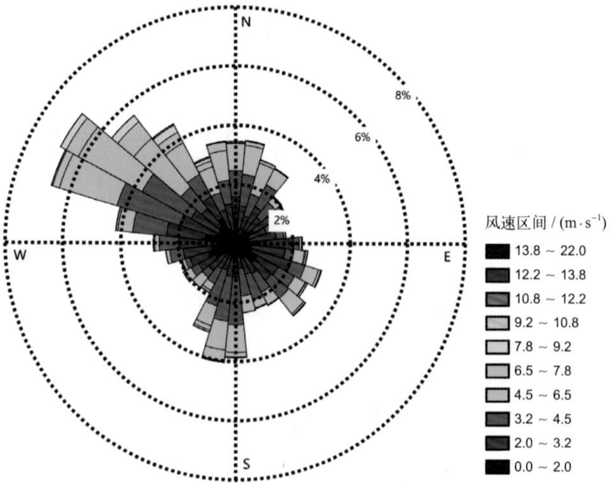

19 号浮标 2020 年 11 月风速、风向观测数据玫瑰图

WS and WD of 19 buoy in Nov. 2020

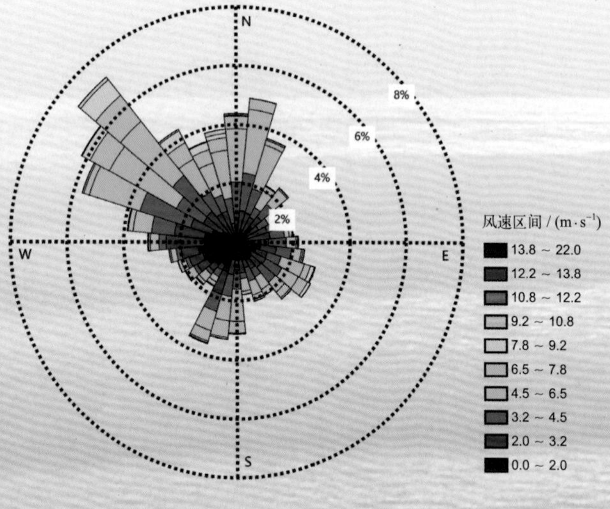

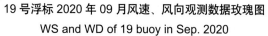

2020年度20号浮标观测数据概述及玫瑰图（风速和风向）

2020年，20号浮标共获取366天的风速和风向长序列观测数据。获取数据的主要区间为1月1日16:40至12月31日23:50。通过对获取数据质量控制和分析，20号浮标观测海域2020年度风速、风向数据和季节数据特征如下。

年度最大风速为22.0 m/s（12月29日），对应风向为326°。2020年，20号浮标记录到的6级以上大风日数总计126天，其中6级以上大风日数最多的月份为12月（20天），参见表10。观测海域冬季代表月（2月）的6级以上大风日数为9天，大风主要风向为NW；观测海域春季代表月（5月）的6级以上大风日数为7天，大风主要风向为SSE；观测海域夏季代表月（8月）的6级以上大风日数为11天，大风主要风向为SSE；观测海域秋季代表月（11月）的6级以上大风日数为12天，大风主要风向为N。

表10　20号浮标各月份6级以上大风日数及主要风向观测数据

月份	6级以上大风日数	6级以上大风主要风向	备注
1	15	NW	
2	9	NW	
3	12	N	
4	6	NW	
5	7	SSE	
6	6	SSW	
7	8	SSW	
8	11	SSE	记录2次台风
9	9	N	记录2次台风
10	11	N	
11	12	N	
12	20	NNW	记录1次寒潮

2020 年，20 号浮标记录到 1 次寒潮过程和 4 次台风过程。寒潮的具体过程中，获取到的最大风速达 22.0 m/s（12 月 29 日 23:00），对应的风向为 326°，寒潮影响期间的主要风向为 NNW。第一次台风过程，8 月 3—6 日，受第 4 号台风“黑格比”的影响，20 号浮标获取到的最大风速达 16.3 m/s（8 月 4 日 07:40），对应的风向为 160°，台风影响期间的主要风向为 S。第二次台风过程，8 月 24—27 日，受第 8 号强台风“巴威”的影响，20 号浮标获取到的最大风速达 13.5 m/s（8 月 26 日 04:50），对应的风向为 268°，台风影响期间的主要风向为 NW。第三次台风过程，8 月 31 日至 9 月 3 日，受第 9 号超强台风“美莎克”的影响，20 号浮标获取到的最大风速达 14.8 m/s（9 月 1 日 19:20），对应的风向为 349°，台风影响期间的主要风向为 N。第四次台风过程，9 月 6—7 日，受第 10 号超强台风“海神”的影响，20 号浮标获取到的最大风速达 14.2 m/s（9 月 6 日 13:10），对应的风向为 359°，台风影响期间的主要风向为 N。

20 号浮标 2020 年风速、风向观测数据玫瑰图
WS and WD of 20 buoy in 2020

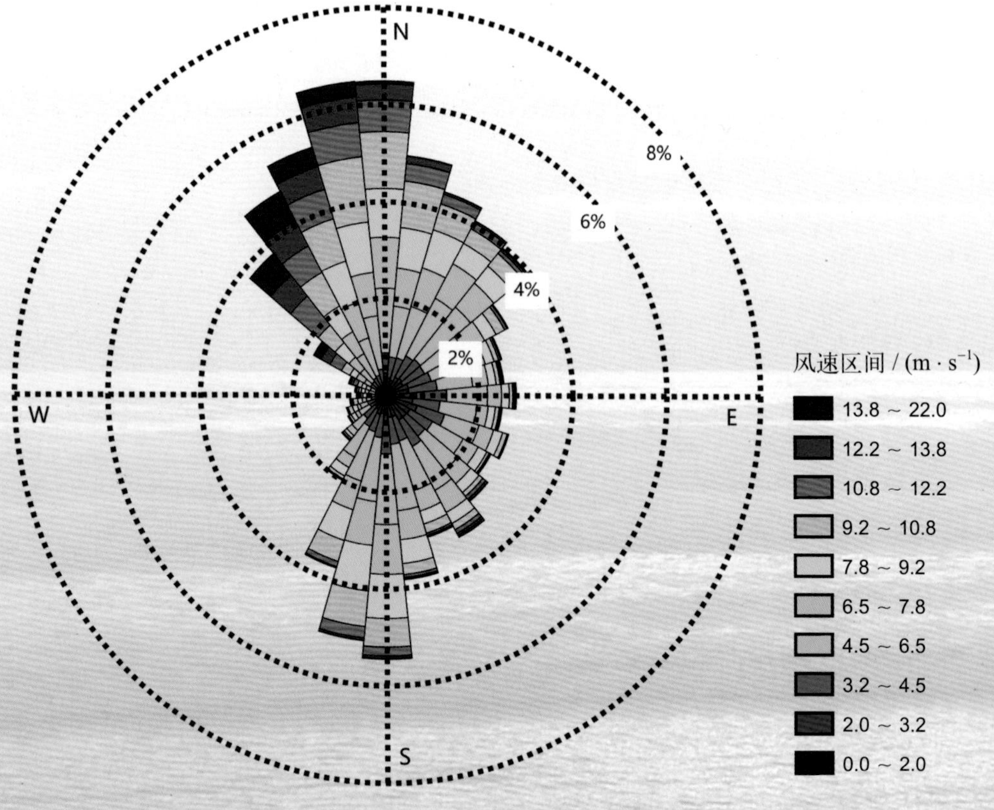

20 号浮标 2020 年 01 月风速、风向观测数据玫瑰图

WS and WD of 20 buoy in Jan. 2020

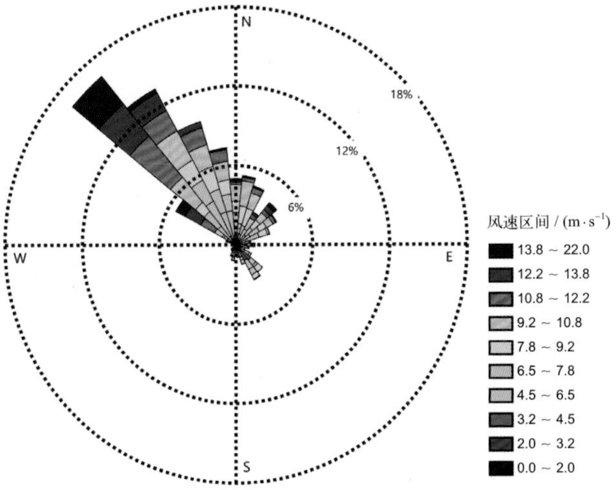

20 号浮标 2020 年 02 月风速、风向观测数据玫瑰图

WS and WD of 20 buoy in Feb. 2020

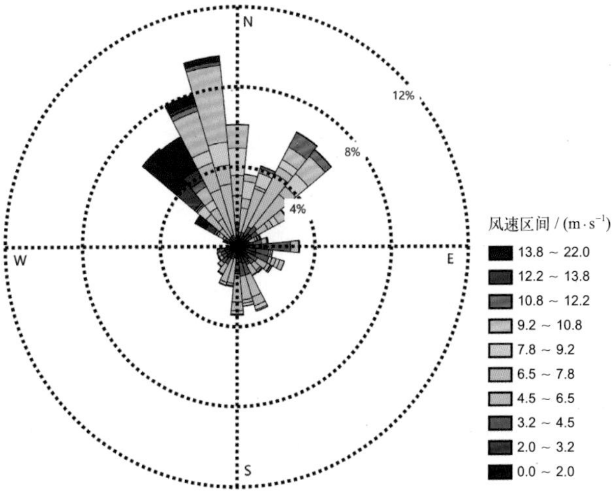

20 号浮标 2020 年 03 月风速、风向观测数据玫瑰图

WS and WD of 20 buoy in Mar. 2020

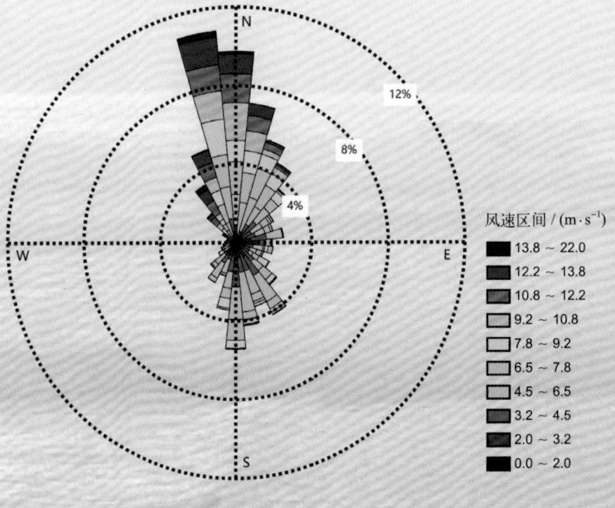

20 号浮标 2020 年 04 月风速、风向观测数据玫瑰图

WS and WD of 20 buoy in Apr. 2020

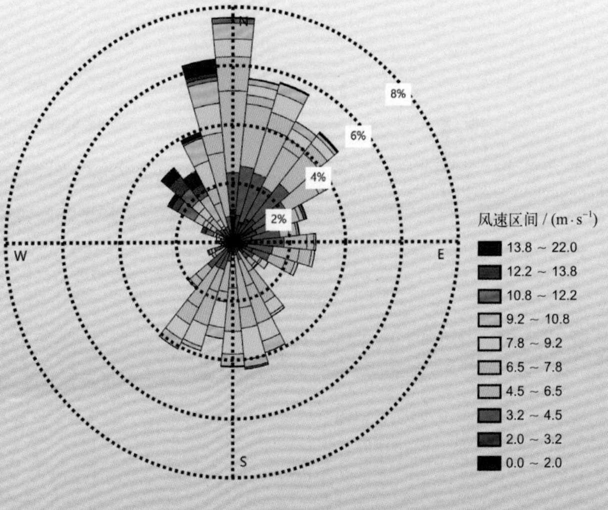

20 号浮标 2020 年 05 月风速、风向观测数据玫瑰图

WS and WD of 20 buoy in May 2020

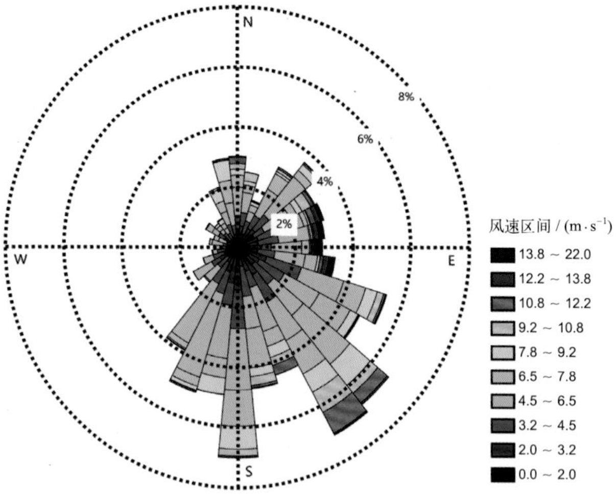

20 号浮标 2020 年 06 月风速、风向观测数据玫瑰图

WS and WD of 20 buoy in Jun. 2020

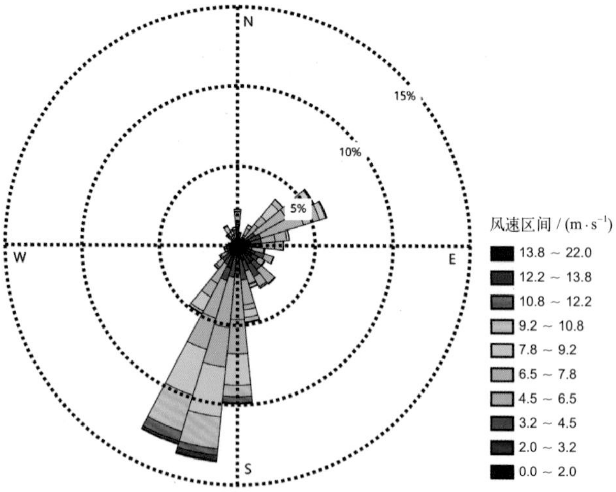

20 号浮标 2020 年 07 月风速、风向观测数据玫瑰图

WS and WD of 20 buoy in Jul. 2020

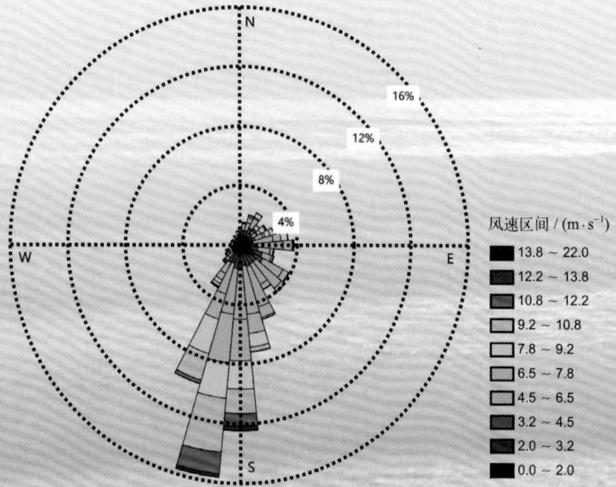

20 号浮标 2020 年 08 月风速、风向观测数据玫瑰图

WS and WD of 20 buoy in Aug. 2020

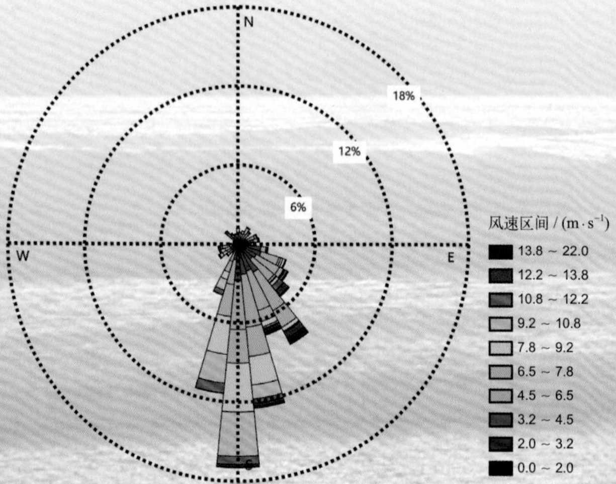

20 号浮标 2020 年 09 月风速、风向观测数据玫瑰图

WS and WD of 20 buoy in Sep. 2020

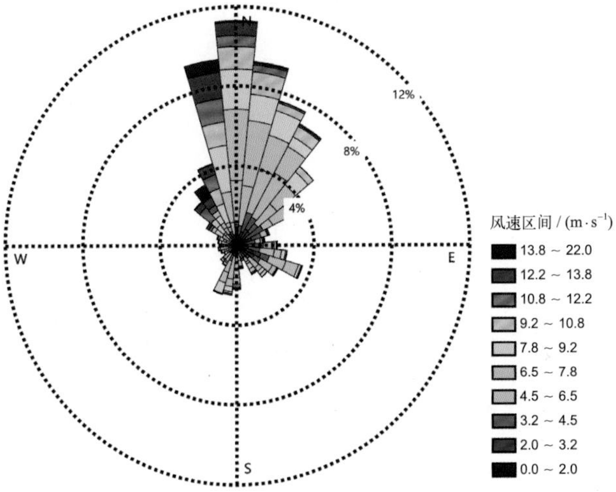

20 号浮标 2020 年 10 月风速、风向观测数据玫瑰图

WS and WD of 20 buoy in Oct. 2020

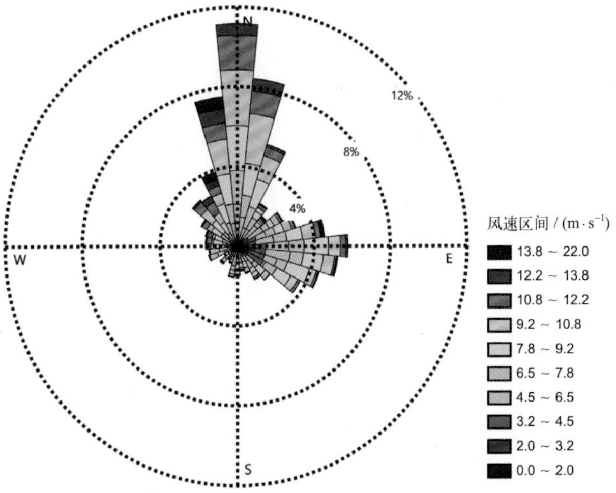

20 号浮标 2020 年 11 月风速、风向观测数据玫瑰图

WS and WD of 20 buoy in Nov. 2020

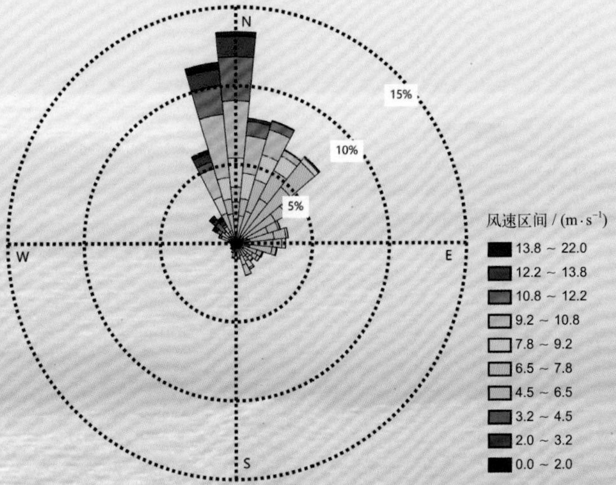

20 号浮标 2020 年 12 月风速、风向观测数据玫瑰图

WS and WD of 20 buoy in Dec. 2020

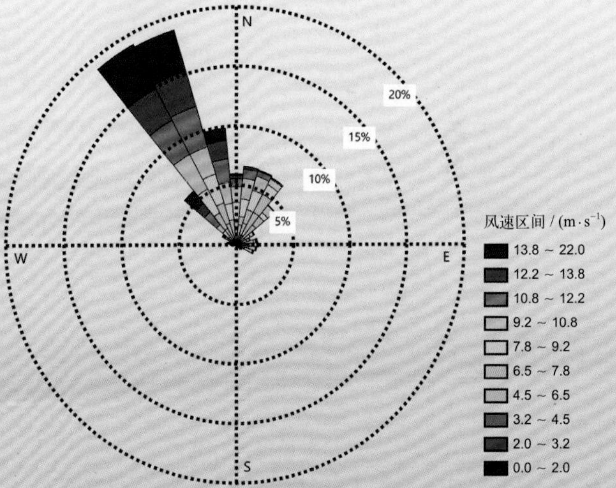

水文观测

2020年度02号浮标观测数据概述及曲线
（水温和盐度）

2020年，02号浮标共获取270天的水温长序列观测数据和220天的盐度长序列观测数据。获取水温数据的主要区间共两个时间段，具体为1月1日00:00至8月26日00:30和12月1日09:00至12月31日23:30；获取盐度数据的主要区间共三个时间段，具体为1月1日00:00至5月7日01:00、6月4日11:30至8月3日11:00和12月1日09:00至12月31日23:30。通过对获取数据质量控制和分析，02号浮标观测海域2020年度水温、盐度数据和季节数据特征如下。

年度水温平均值为11.29℃，年度盐度平均值为31.31；测得的年度最高水温和最低水温分别为26.6℃和2.3℃；测得的年度最高盐度和最低盐度分别为33.0和28.2。以2月为冬季代表月，观测海域冬季的平均水温是3.59℃，平均盐度是32.08；以5月为春季代表月，观测海域春季的平均水温是11.18℃；以8月为夏季代表月，观测海域夏季的平均水温是24.03℃。

02号浮标布放海域月度水温、盐度变化特征与该海域的气温和降水等因素密切相关。2020年，02号浮标观测海域水温、盐度的月平均值、最高值和最低值数据参见表11。

2020年，02号浮标记录到1次寒潮过程和1次台风过程。寒潮的具体过程中，12月30—31日，水温发生两次先下降再回升的变化，12月30日21:30至31日03:30，从7.1℃降至5.3℃，并于31日09:30回升至6.7℃，随后再次下降，于31日15:00降至5.1℃，又于31日20:00回升至7.3℃。台风的具体过程中，8月3—6日，受第4号台风“黑格比”的影响，02号浮标的水温发生振荡，总体呈上升的变化，8月3日01:00至8月5日14:00从21.5℃升至24.4℃。

表 11　02 号浮标各月份水温、盐度观测数据

月份	水温 / ℃			盐度			备注
	平均	最高	最低	平均	最高	最低	
1	4.94	7.7	3.3	32.03	32.4	31.7	
2	3.59	5.1	2.3	32.08	32.7	31.8	
3	4.11	6.7	2.7	32.07	33.0	31.8	
4	7.05	9.6	4.8	31.98	32.7	31.5	
5	11.18	16.7	8.2	—	—	—	缺测盐度数据
6	17.67	22.6	13.6	30.28	32.2	28.2	
7	22.09	26.6	17.8	30.44	32.0	29.1	
8	24.03	26.6	21.5	—	—	—	缺测 5 天水温数据，缺测盐度数据，记录 1 次台风
9	—	—	—	—	—	—	缺测数据
10	—	—	—	—	—	—	缺测数据
11	—	—	—	—	—	—	缺测数据
12	8.92	12.2	5.1	30.14	30.5	29.8	记录 1 次寒潮

02 号浮标 2020 年水温、盐度观测数据曲线
WT and SL of 02 buoy in 2020

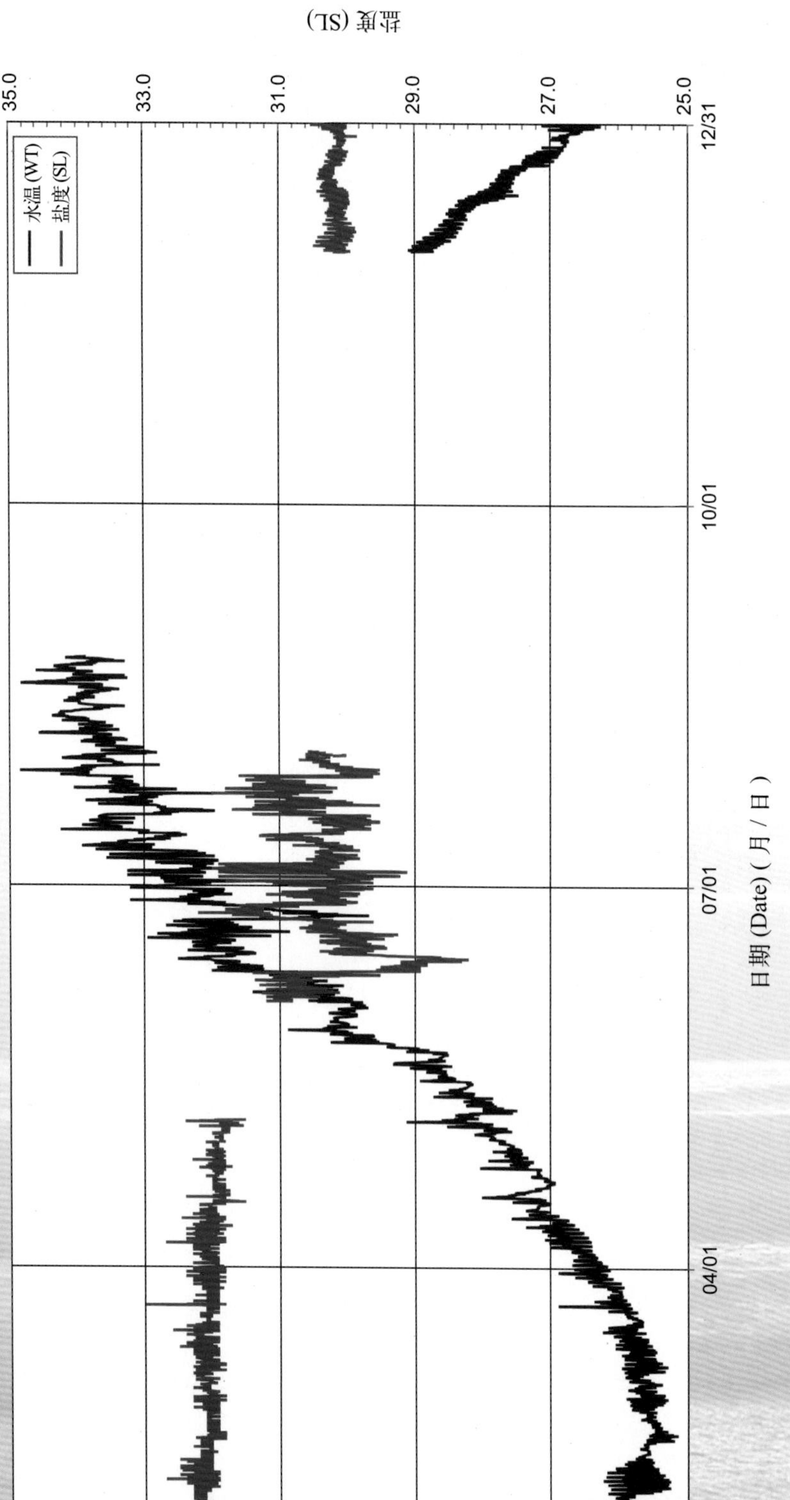

02 号浮标 2020 年 01 月水温、盐度观测数据曲线
WT and SL of 02 buoy in Jan. 2020

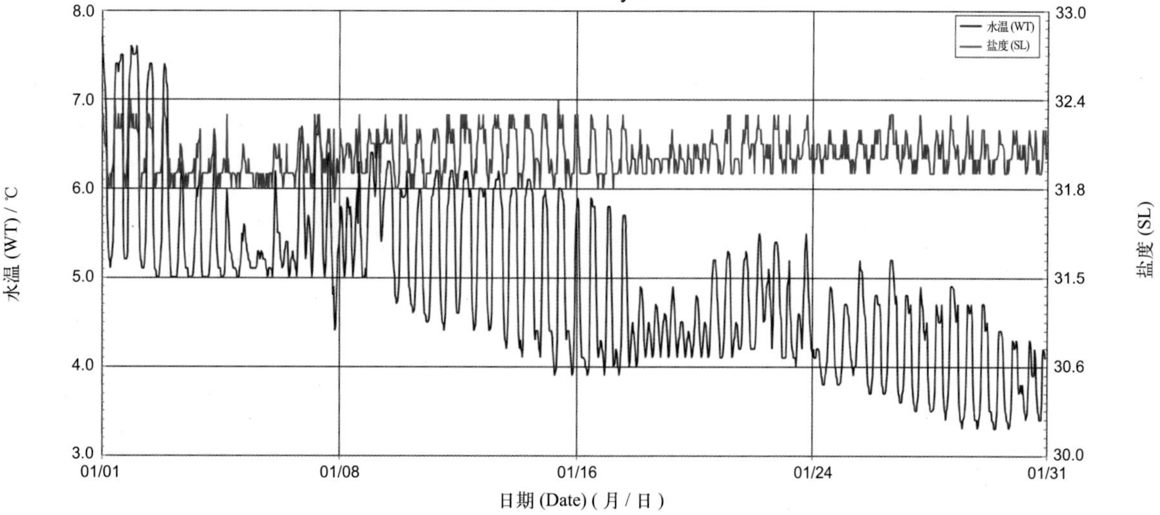

02 号浮标 2020 年 02 月水温、盐度观测数据曲线
WT and SL of 02 buoy in Feb. 2020

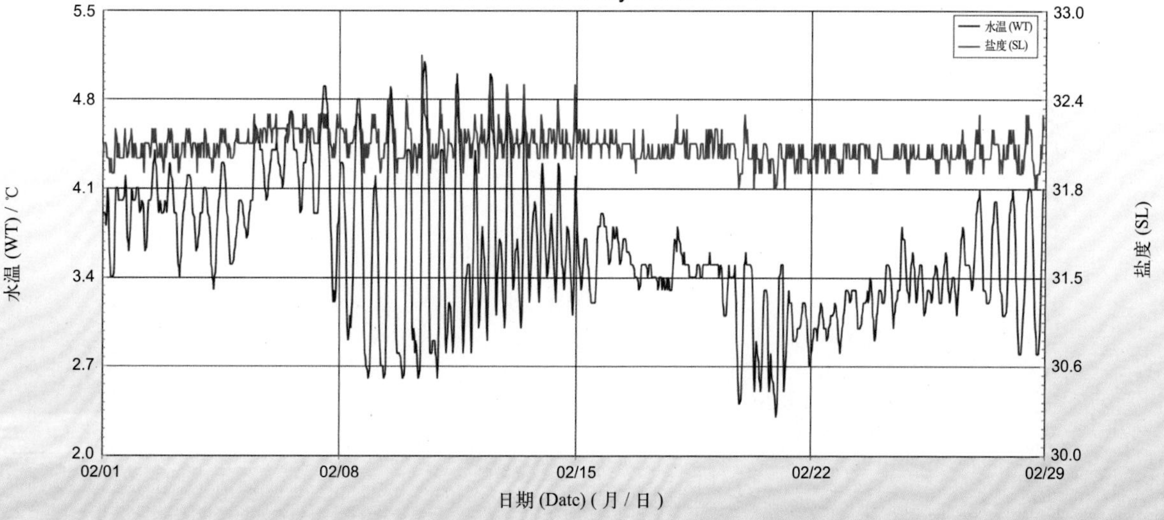

02 号浮标 2020 年 03 月水温、盐度观测数据曲线
WT and SL of 02 buoy in Mar. 2020

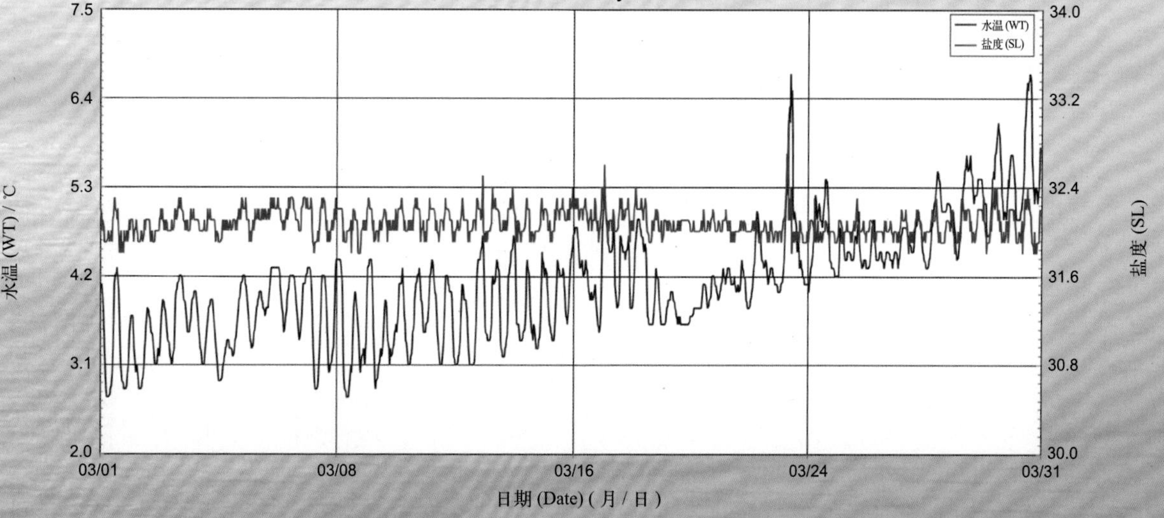

02 号浮标 2020 年 04 月水温、盐度观测数据曲线
WT and SL of 02 buoy in Apr. 2020

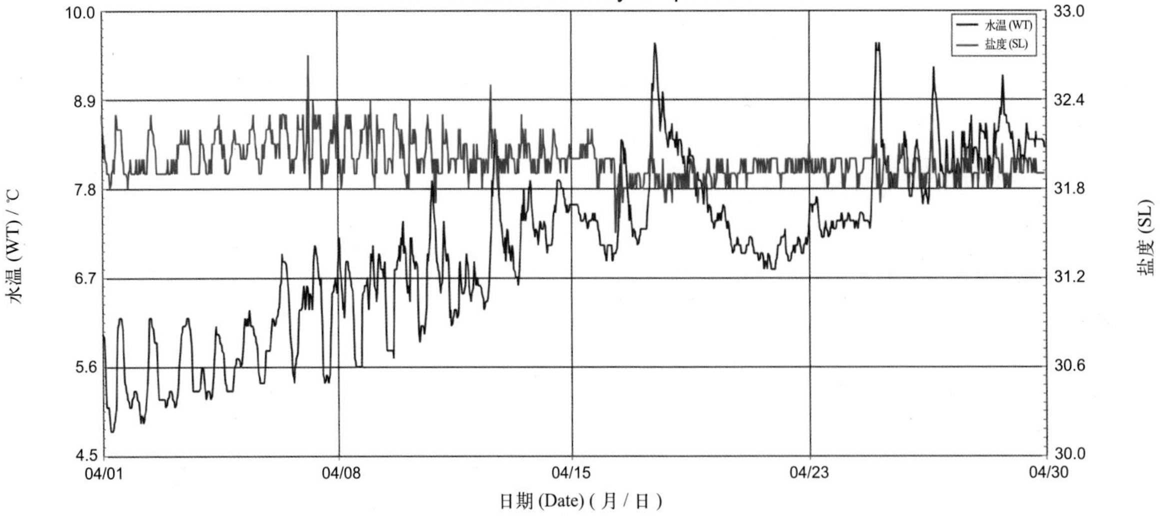

02 号浮标 2020 年 05 月水温观测数据曲线
WT of 02 buoy in May 2020

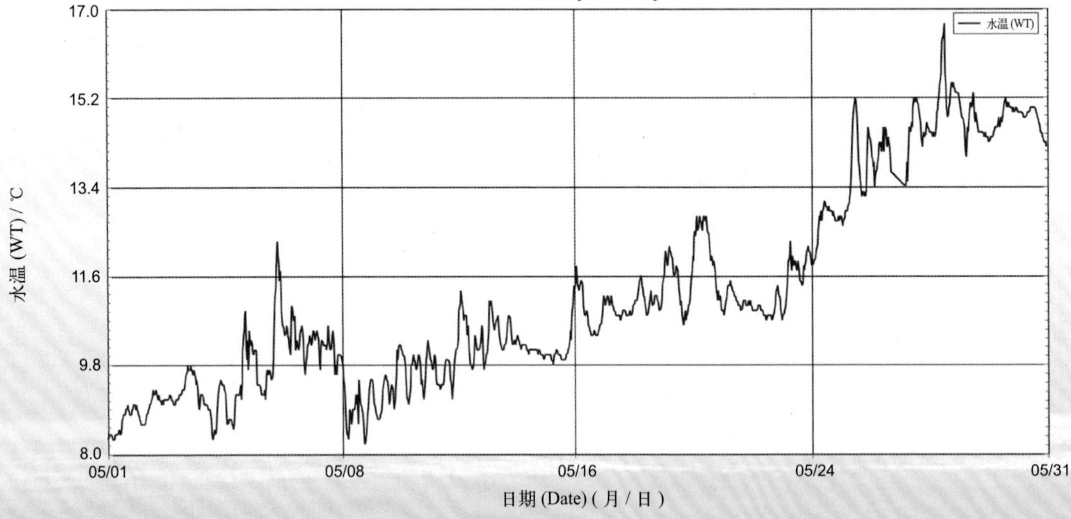

02 号浮标 2020 年 06 月水温、盐度观测数据曲线
WT and SL of 02 buoy in Jun. 2020

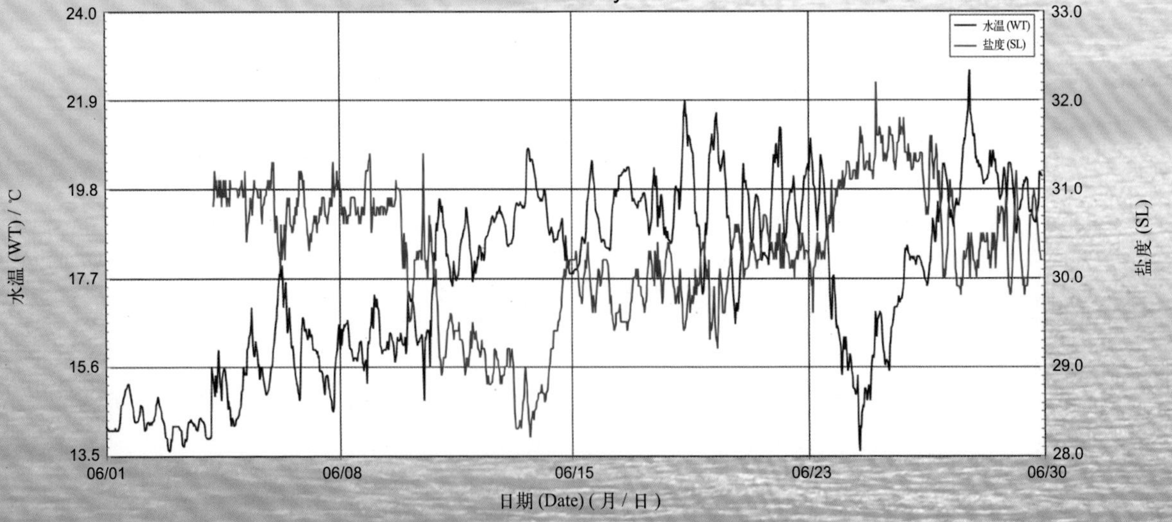

02 号浮标 2020 年 07 月水温、盐度观测数据曲线
WT and SL of 02 buoy in Jul. 2020

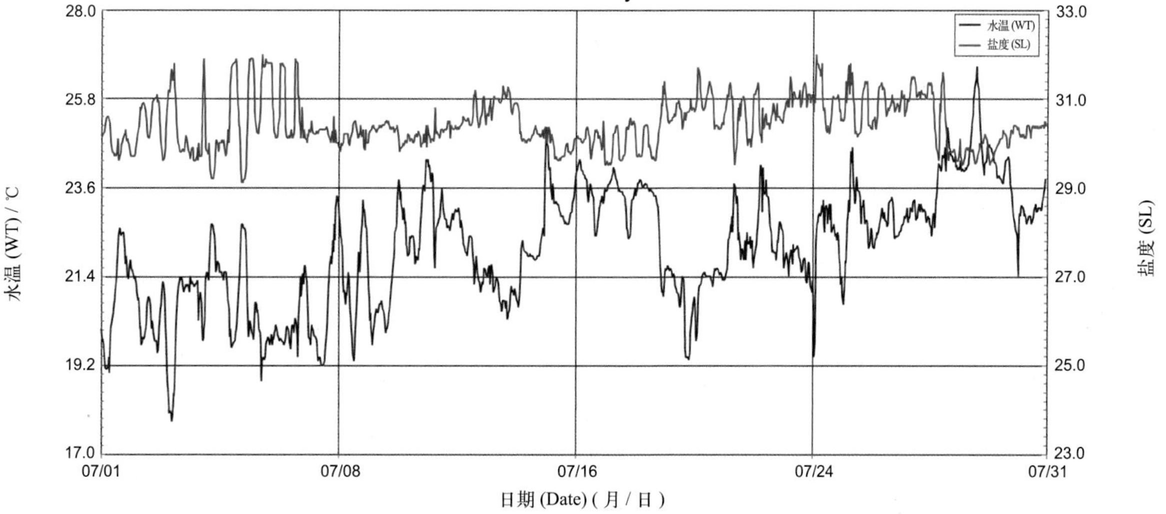

02 号浮标 2020 年 08 月水温观测数据曲线
WT of 02 buoy in Aug. 2020

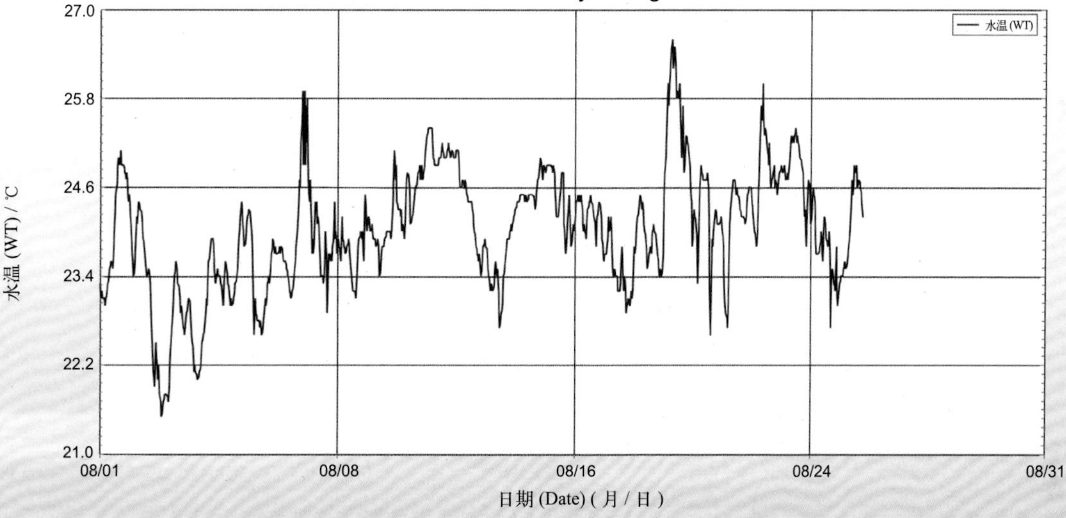

02 号浮标 2020 年 12 月水温、盐度观测数据曲线
WT and SL of 02 buoy in Dec. 2020

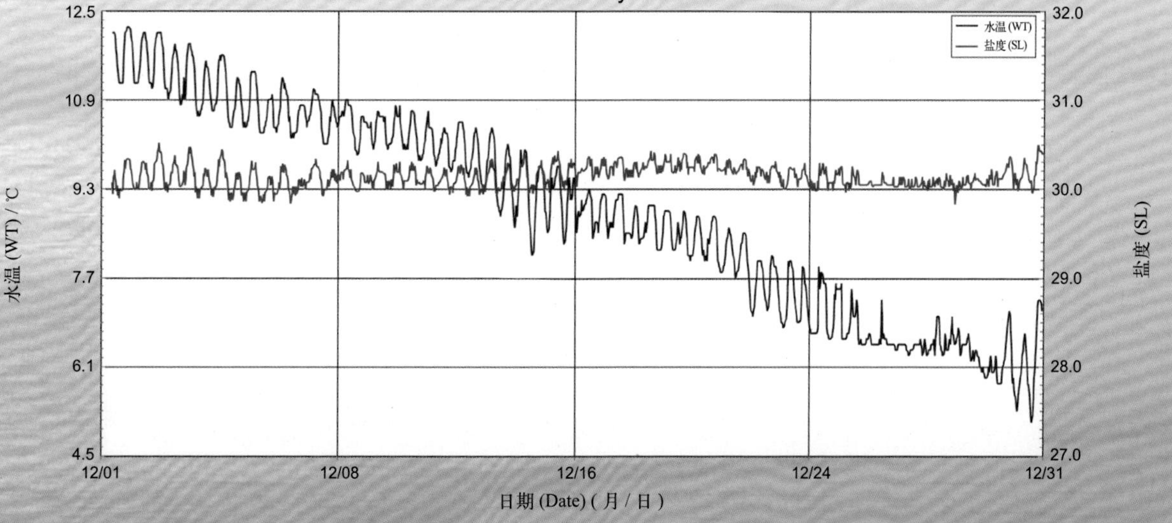

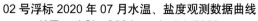

2020年度05号浮标观测数据概述及曲线
（水温和盐度）

2020年，05号浮标共获取366天的水温长序列观测数据和210天的盐度长序列观测数据。获取盐度数据的主要区间为6月5日09:30至12月31日23:30。通过对获取数据质量控制和分析，05号浮标观测海域2020年度水温、盐度数据和季节数据特征如下。

年度水温平均值为13.32℃，年度盐度平均值为31.03；测得的年度最高水温和最低水温分别为26.5℃和2.9℃；测得的年度最高盐度和最低盐度分别为33.0和25.8。以2月为冬季代表月，观测海域冬季的平均水温是4.28℃；以5月为春季代表月，观测海域春季的平均水温是10.74℃；以8月为夏季代表月，观测海域夏季的平均水温是23.91℃，平均盐度是31.65；以11月为秋季代表月，观测海域秋季的平均水温是14.50℃，平均盐度是31.08。

05号浮标布放海域月度水温、盐度变化特征与该海域的气温和降水等因素密切相关。2020年，05号浮标观测海域水温、盐度的月平均值、最高值和最低值数据参见表12。

2020年，05号浮标记录到1次寒潮过程和3次台风过程。寒潮的具体过程中，12月28日—31日，水温降幅为1.9℃（从7.8℃降至5.9℃），盐度变化幅度为0.5（31.1 ~ 31.6）。第一次台风过程，8月3—6日，受第4号台风“黑格比”的影响，05号浮标的水温发生振荡，最大幅度为3.0℃（21.0℃ ~ 24.0℃）；盐度也发生振荡，最大幅度为0.8（31.4 ~ 32.2）。第二次台风过程，8月26—27日，受第8号强台风“巴威”的影响，05号浮标的水温总体先下降再回升，下降幅度为1.6℃（从24.7℃降至23.1℃），盐度也是先下降再回升，下降幅度为2.0（从32.3降至30.3）。第三次台风过程，9月2—4日，受第9号超强台风“美莎克”的影响，05号浮标的水温发生下降，9月2日09:30至9月4日17:30，从25.5℃降至21.8℃。

表 12　05 号浮标各月份水温、盐度观测数据

月份	水温 / ℃			盐度			备注
	平均	最高	最低	平均	最高	最低	
1	6.20	7.7	4.5	—	—	—	缺测盐度数据
2	4.28	5.6	2.9	—	—	—	缺测盐度数据
3	4.22	7.0	3.1	—	—	—	缺测盐度数据
4	6.92	9.6	5.2	—	—	—	缺测盐度数据
5	10.74	15.4	8.2	—	—	—	缺测盐度数据
6	17.46	22.5	11.8	31.53	33.0	29.7	缺测 4 天盐度数据
7	21.58	25.9	16.9	31.85	32.7	30.1	
8	23.91	26.5	20.9	31.65	32.5	28.4	记录 2 次台风
9	22.69	25.5	21.3	29.36	32.3	25.8	记录 1 次台风
10	18.89	21.9	16.6	30.23	31.1	28.7	
11	14.50	16.7	11.8	31.08	31.5	30.6	
12	8.96	12.4	5.9	31.24	31.6	30.6	记录 1 次寒潮

05 号浮标 2020 年水温、盐度观测数据曲线
WT and SL of 05 buoy in 2020

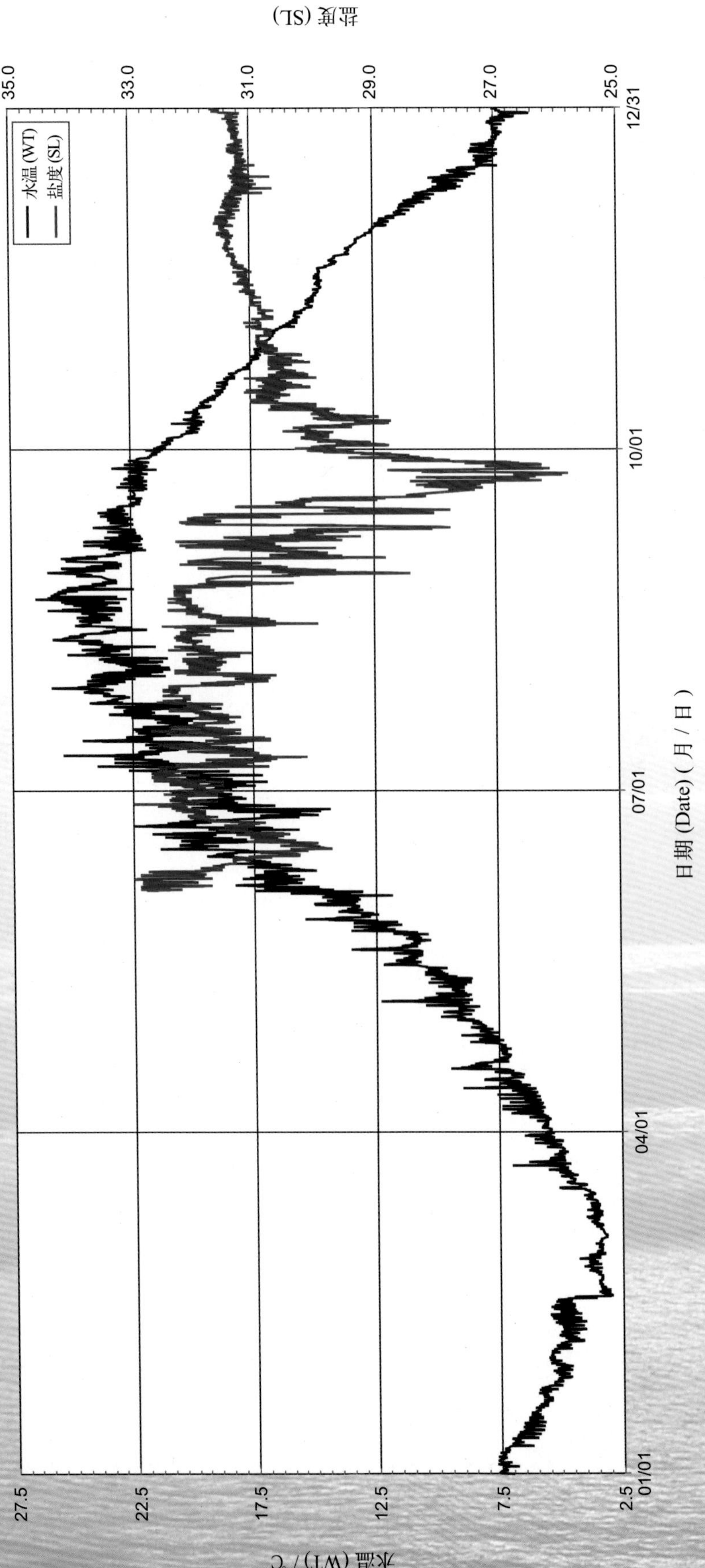

05 号浮标 2020 年 01 月水温观测数据曲线
WT of 05 buoy in Jan. 2020

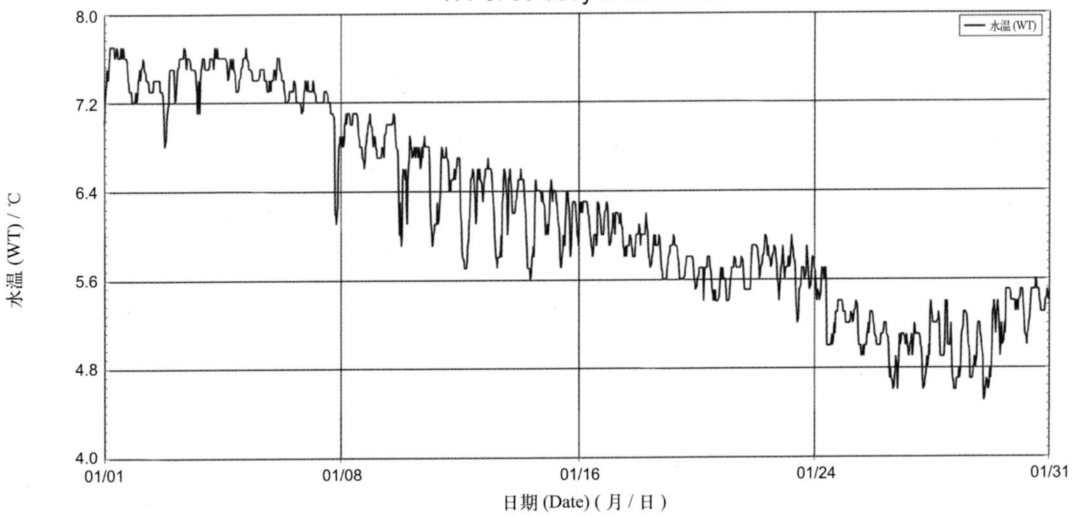

05 号浮标 2020 年 02 月水温观测数据曲线
WT of 05 buoy in Feb. 2020

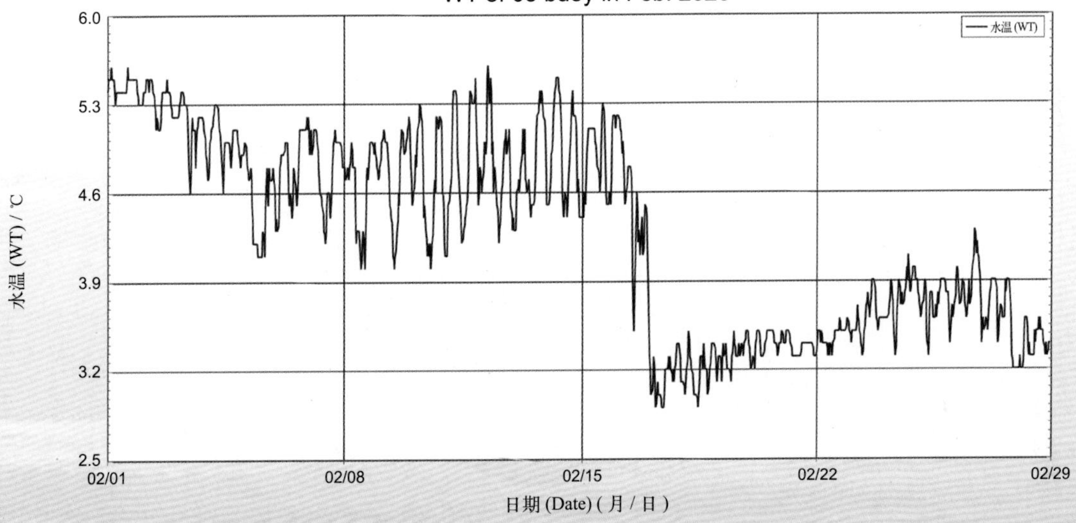

05 号浮标 2020 年 03 月水温观测数据曲线
WT of 05 buoy in Mar. 2020

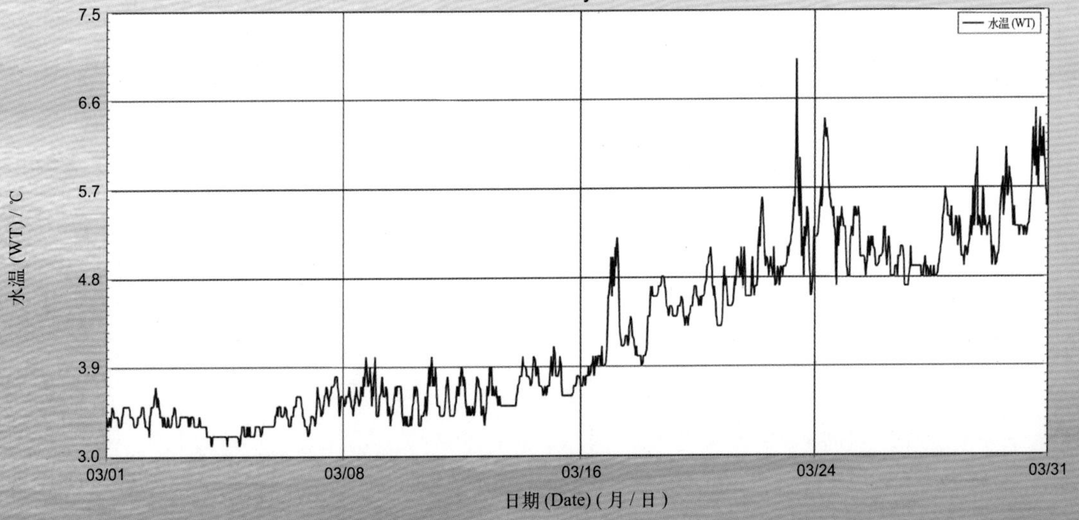

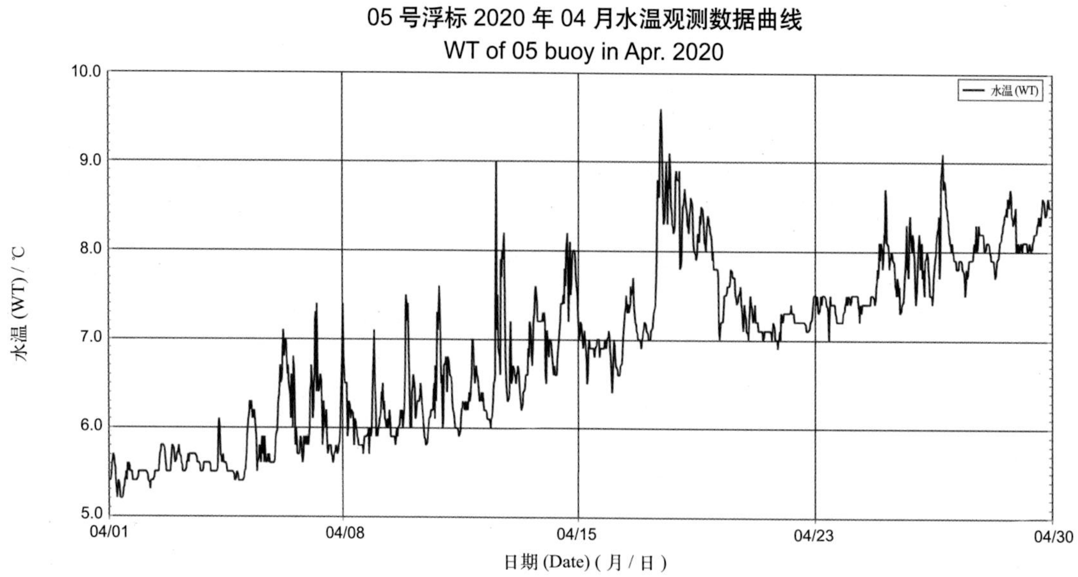
05 号浮标 2020 年 04 月水温观测数据曲线
WT of 05 buoy in Apr. 2020
水温 (WT)
水温 (WT) / ℃
10.0
9.0
8.0
7.0
6.0
5.0
04/01
04/08
04/15
04/23
04/30
日期 (Date) (月 / 日)

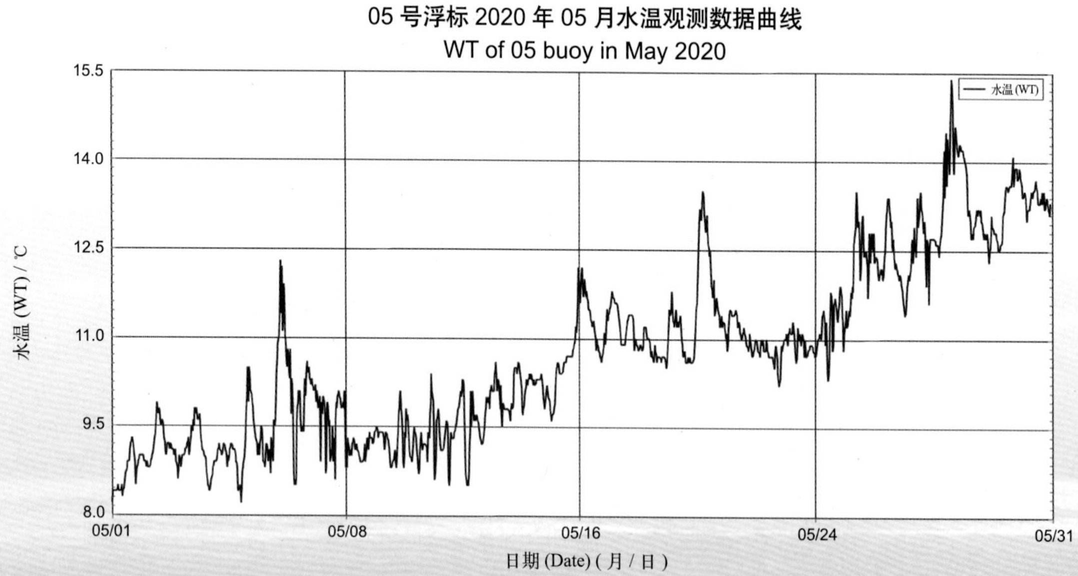
05 号浮标 2020 年 05 月水温观测数据曲线
WT of 05 buoy in May 2020
水温 (WT)
水温 (WT) / ℃
15.5
14.0
12.5
11.0
9.5
8.0
05/01
05/08
05/16
05/24
05/31
日期 (Date) (月 / 日)

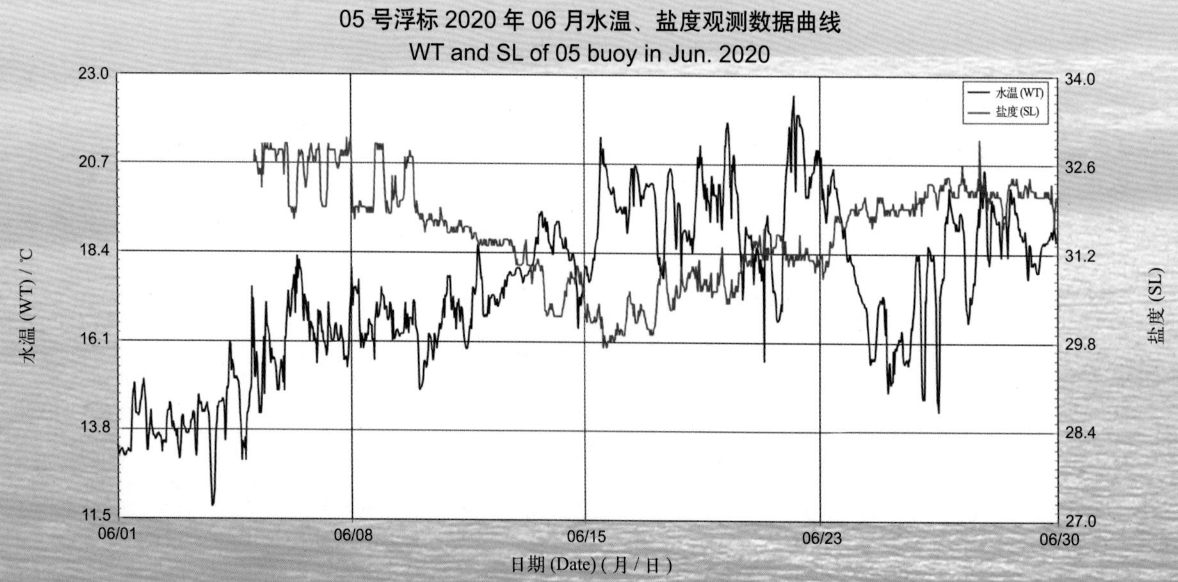
05 号浮标 2020 年 06 月水温、盐度观测数据曲线
WT and SL of 05 buoy in Jun. 2020
水温 (WT)
盐度 (SL)
水温 (WT) / ℃
23.0
20.7
18.4
16.1
13.8
11.5
盐度 (SL)
34.0
32.6
31.2
29.8
28.4
27.0
06/01
06/08
06/15
06/23
06/30
日期 (Date) (月 / 日)

05 号浮标 2020 年 07 月水温、盐度观测数据曲线
WT and SL of 05 buoy in Jul. 2020

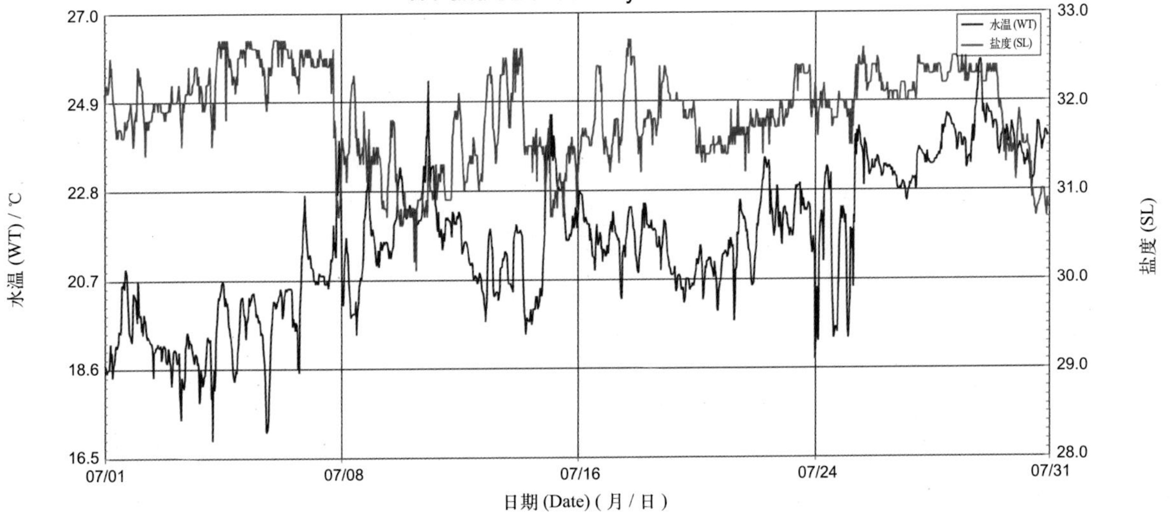

05 号浮标 2020 年 08 月水温、盐度观测数据曲线
WT and SL of 05 buoy in Aug. 2020

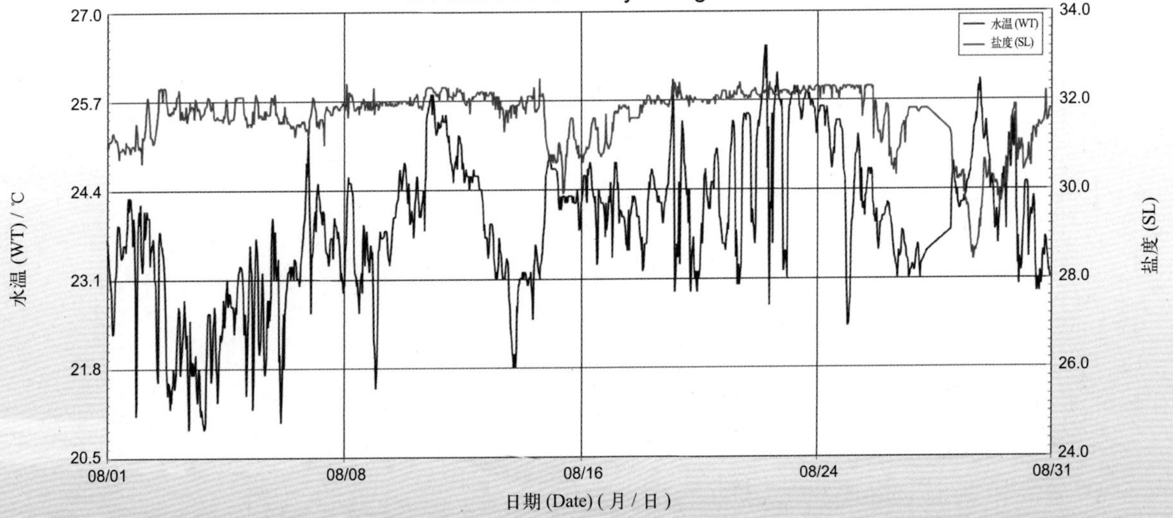

05 号浮标 2020 年 09 月水温、盐度观测数据曲线
WT and SL of 05 buoy in Sep. 2020

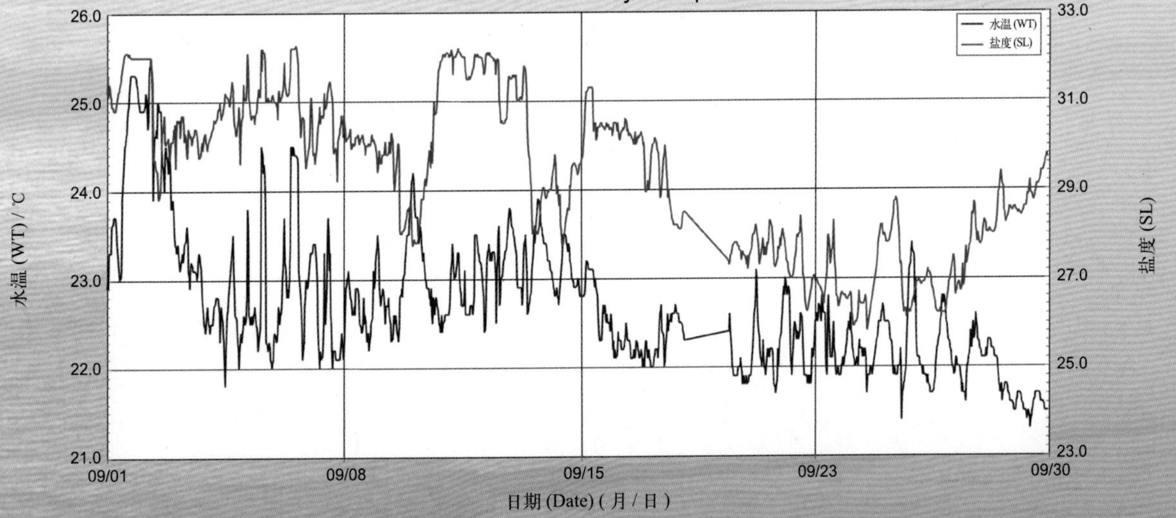

05 号浮标 2020 年 10 月水温、盐度观测数据曲线
WT and SL of 05 buoy in Oct. 2020

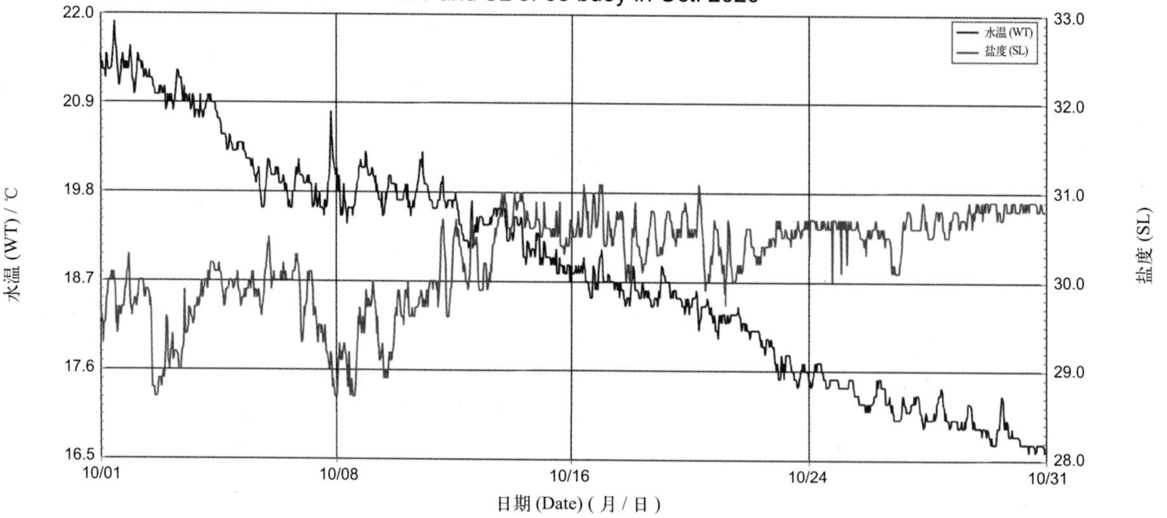

05 号浮标 2020 年 11 月水温、盐度观测数据曲线
WT and SL of 05 buoy in Nov. 2020

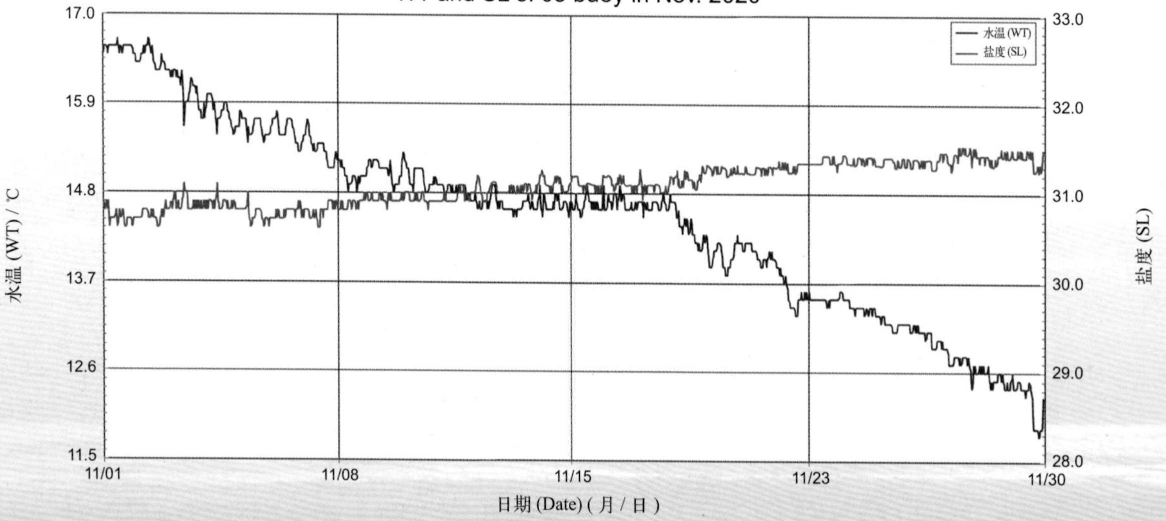

05 号浮标 2020 年 12 月水温、盐度观测数据曲线
WT and SL of 05 buoy in Dec. 2020

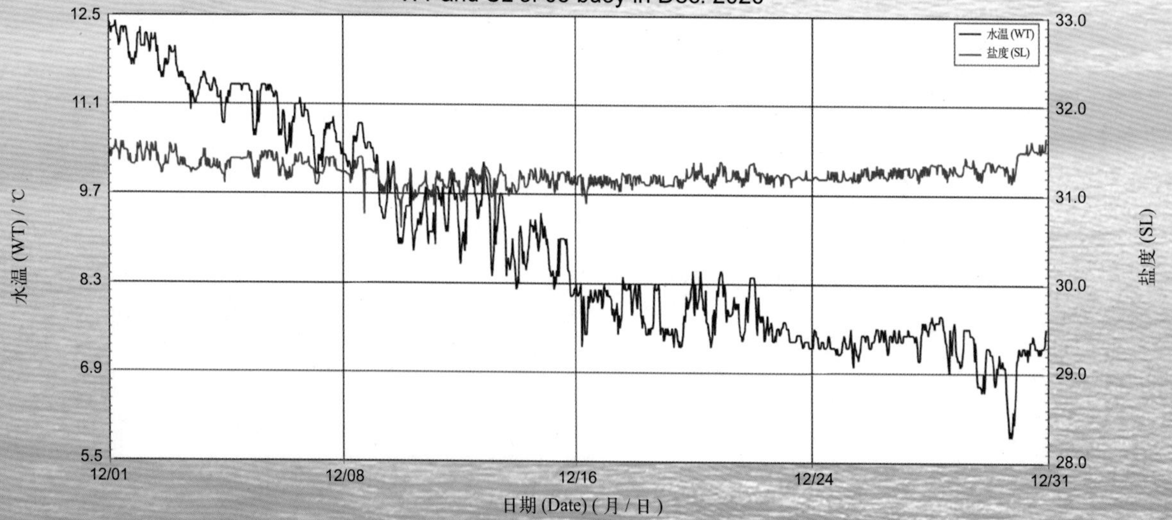

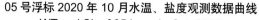

2020 年度 06 号浮标观测数据概述及曲线（水温和盐度）

2020 年， 06 号浮标共获取 366 天的水温长序列观测数据和 330 天的盐度长序列观测数据。获取盐度数据的主要区间共两个时间段，具体为 1 月 1 日 00:00 至 10 月 8 日 13:00 和 10 月 26 日 13:00 至 12 月 12 日 11:30。通过对获取数据质量控制和分析，06 号浮标观测海域 2020 年度水温、盐度数据和季节数据特征如下。

年度水温平均值为 17.83℃，年度盐度平均值为 31.22；测得的年度最高水温和最低水温分别为 31.4℃和 10.3℃；测得的年度最高盐度和最低盐度分别为 34.4 和 16.8。以 2 月为冬季代表月，观测海域冬季的平均水温是 12.95℃，平均盐度是 33.39；以 5 月为春季代表月，观测海域春季的平均水温是 19.27℃，平均盐度是 29.63；以 8 月为夏季代表月，观测海域夏季的平均水温是 26.94℃，平均盐度是 28.01；以 11 月为秋季代表月，观测海域秋季的平均水温是 21.50℃，平均盐度是 33.41。

06 号浮标布放海域月度水温、盐度变化特征与该海域的气温和降水等因素密切相关。2020 年，06 号浮标观测海域水温、盐度的月平均值、最高值和最低值数据参见表 13。

2020 年，06 号浮标记录到 1 次寒潮过程和 4 次台风过程。寒潮的具体过程中，12 月 29—31 日，水温降幅为 2.3℃（从 18.0℃降至 15.7℃）。第一次台风过程，8 月 3—6 日，受第 4 号台风“黑格比”的影响，06 号浮标水温发生下降，8 月 3 日 13:30 至 8 月 5 日 07:00，从 27.6℃降至 23.9℃；盐度发生上升，8 月 3 日 09:30 至 8 月 5 日 07:00，从 20.6 升至 28.1。第二次台风过程，8 月 24—27 日，受第 8 号强台风“巴威”的影响，06 号浮标水温剧烈波动，总体呈现出先下降再回升的变化，8 月 24 日 17:00 至 8 月 25 日 23:30，从 29.1℃降至 26.1℃，之后于 8 月 26 日 22:00 回升至 28.5℃；盐度发生下降，8 月 26 日 06:30 至 18:00，从 32.8 降至 27.8。第三次台风过程，9 月 1—3 日，受第 9 号超强台风“美莎克”的影响，06 号浮标水温多次出现先下降再回升的剧烈波动，总体也呈现出先下降再回升的变化，9 月 1 日 00:30 至 9 月 2 日 07:00，从 28.4℃降至 26.0℃，之后于 9 月 3 日 12:00 回升至 27.9℃；盐度总体呈上升趋势，9 月 1 日 04:00 至 9 月 3 日 12:00，从 29.1 升至 31.4。第四次台风过程，9 月 6—7 日，受第 10 号超强台风“海神”的影响，06 号浮标水温多次出现先下降再回升的剧烈波动，总体也呈现出先下降再回升的变化，9 月 6 日 01:00 至 20:30，从 27.1℃降至 25.0℃，之后于 9 月 7 日 14:00 回升至 26.6℃；盐度总体呈现出先上升再下降的变化，9 月 6 日 03:30 至 20:30，从 30.9 升至 32.0，之后于 9 月 7 日 19:00 降至 30.8。

表 13　06 号浮标各月份水温、盐度观测数据

月份	水温 / ℃			盐度			备注
	平均	最高	最低	平均	最高	最低	
1	15.59	17.5	13.3	33.64	34.3	31.7	
2	12.95	14.7	10.3	33.39	34.1	30.1	
3	13.24	15.0	11.2	32.06	34.2	28.9	
4	15.14	17.3	13.1	30.84	33.0	26.3	
5	19.27	22.9	16.8	29.63	32.6	27.7	
6	23.41	26	20.6	30.21	32.0	23.9	
7	25.07	29.0	23.5	23.00	28.0	16.8	
8	26.94	31.4	23.0	28.01	32.8	19.6	记录 2 次台风
9	25.78	28.4	23.8	28.87	32.0	20.3	记录 2 次台风
10	23.60	25.6	20.9	—	—	—	缺测盐度数据
11	21.50	23.2	20.0	33.41	34.2	29.4	
12	18.42	20.2	15.8	—	—	—	缺测盐度数据，记录 1 次寒潮

06号浮标2020年水温、盐度观测数据曲线
WT and SL of 06 buoy in 2020

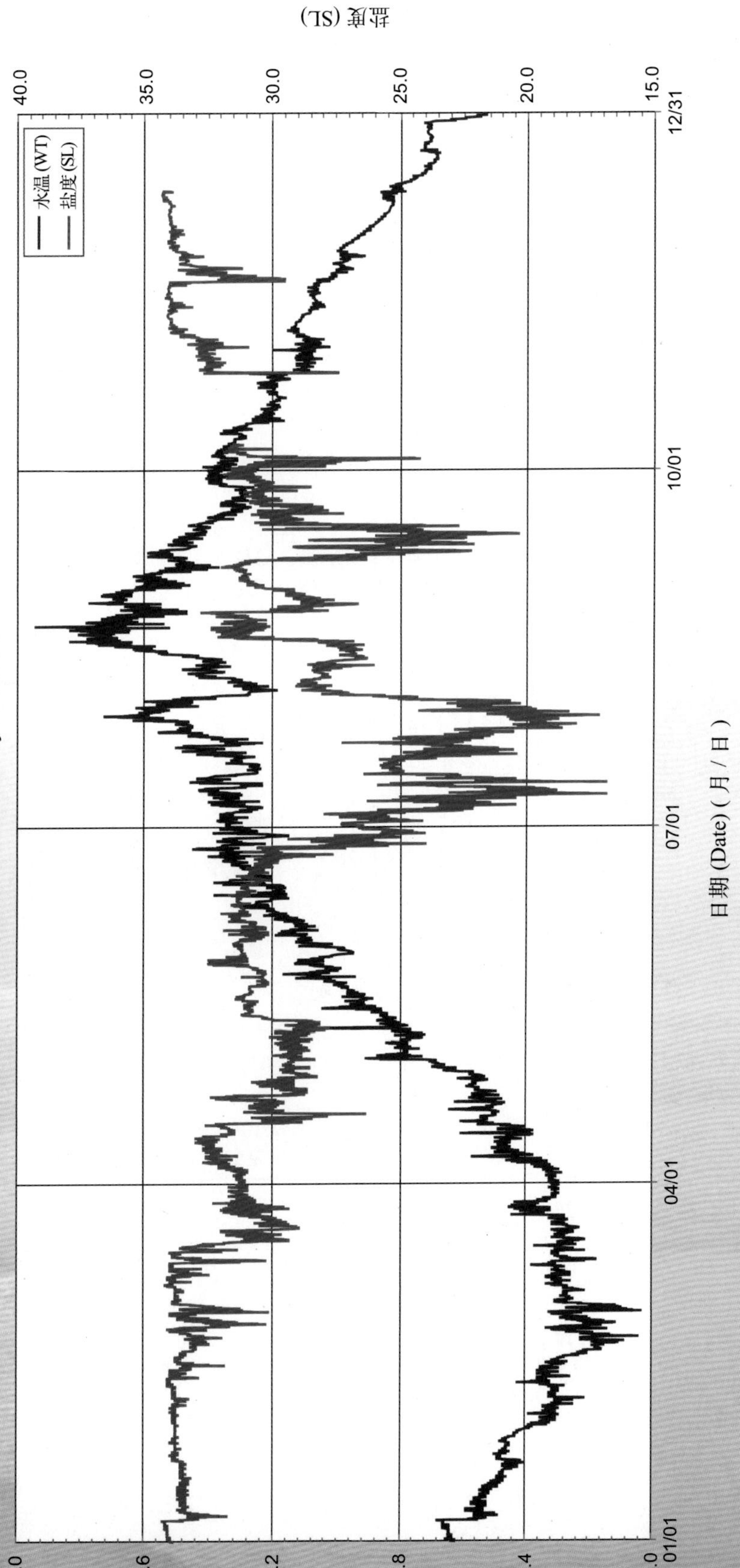

06 号浮标 2020 年 01 月水温、盐度观测数据曲线
WT and SL of 06 buoy in Jan. 2020

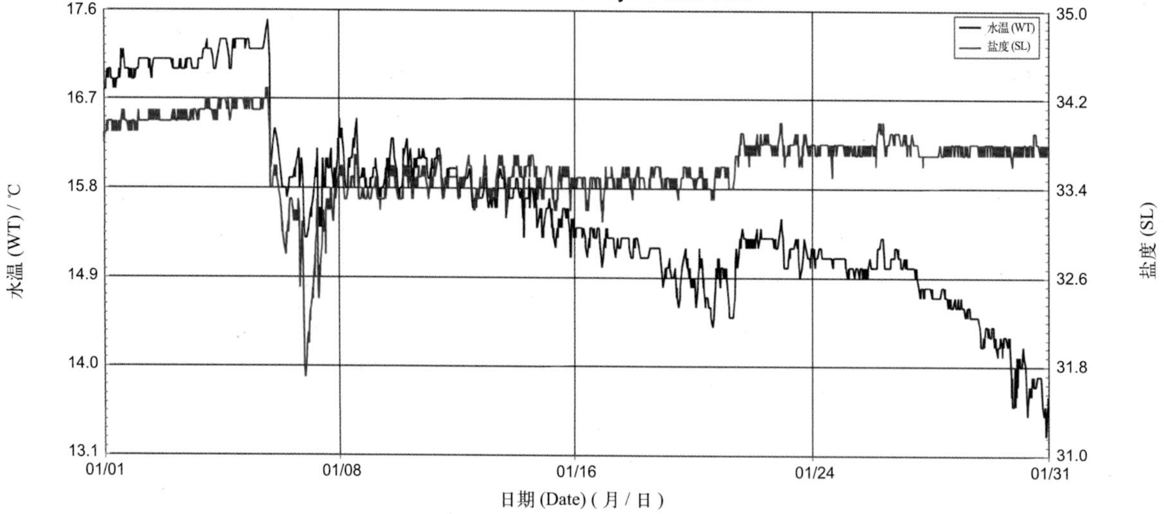

06 号浮标 2020 年 02 月水温、盐度观测数据曲线
WT and SL of 06 buoy in Feb. 2020

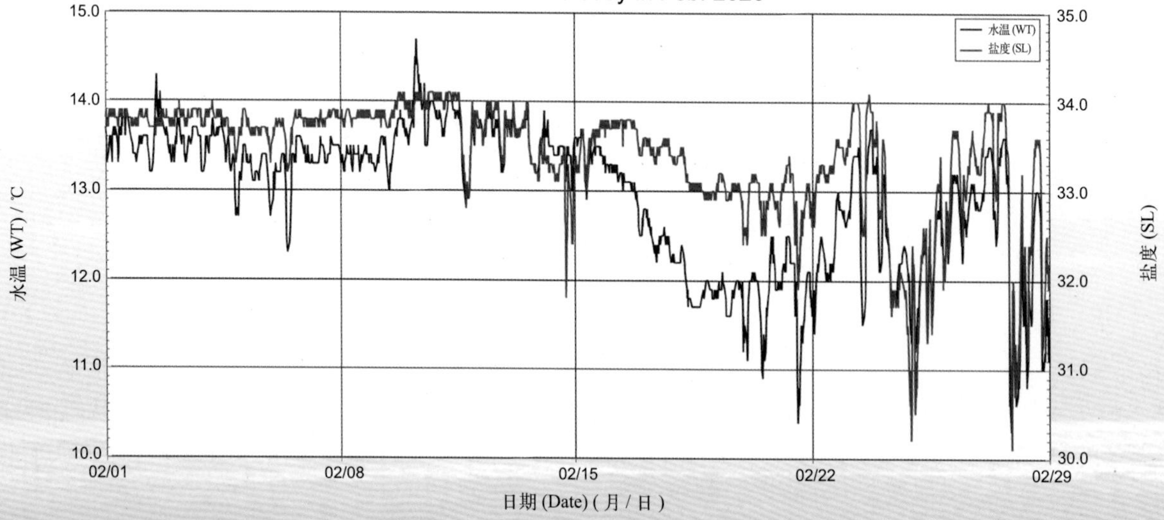

06 号浮标 2020 年 03 月水温、盐度观测数据曲线
WT and SL of 06 buoy in Mar. 2020

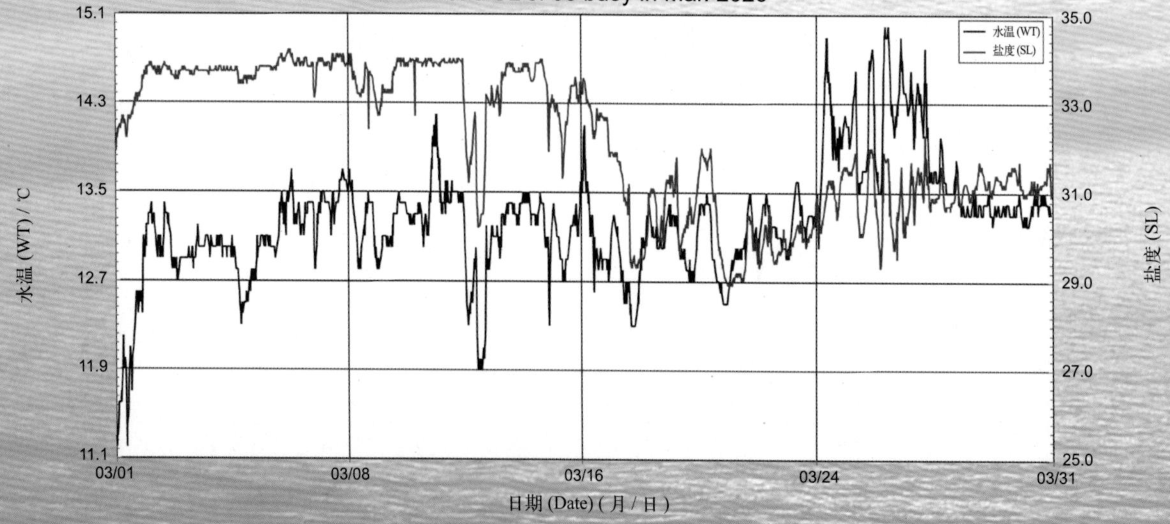

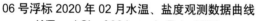

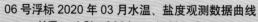

06 号浮标 2020 年 04 月水温、盐度观测数据曲线
WT and SL of 06 buoy in Apr. 2020

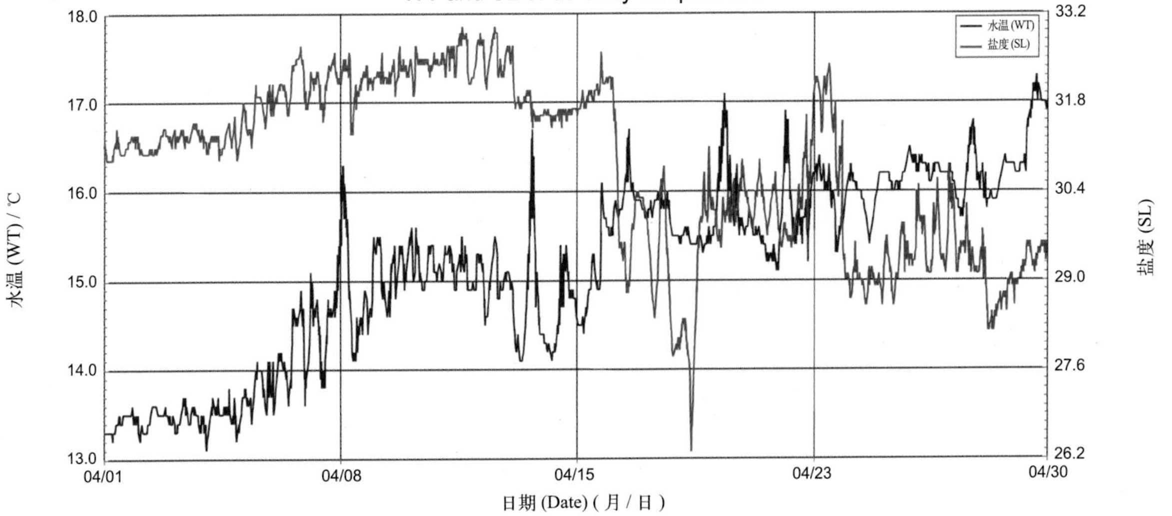

06 号浮标 2020 年 05 月水温、盐度观测数据曲线
WT and SL of 06 buoy in May 2020

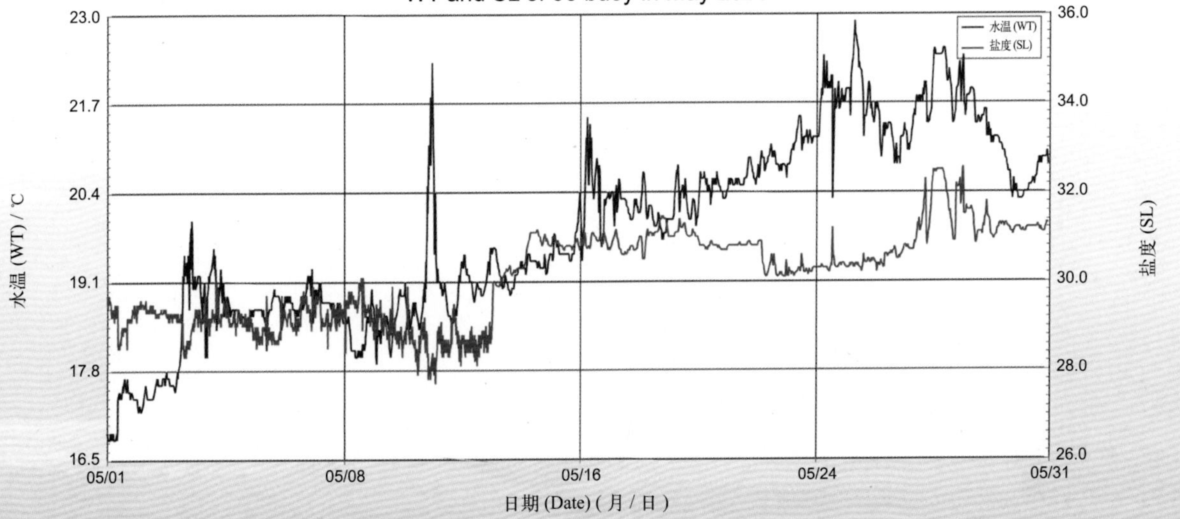

06 号浮标 2020 年 06 月水温、盐度观测数据曲线
WT and SL of 06 buoy in Jun. 2020

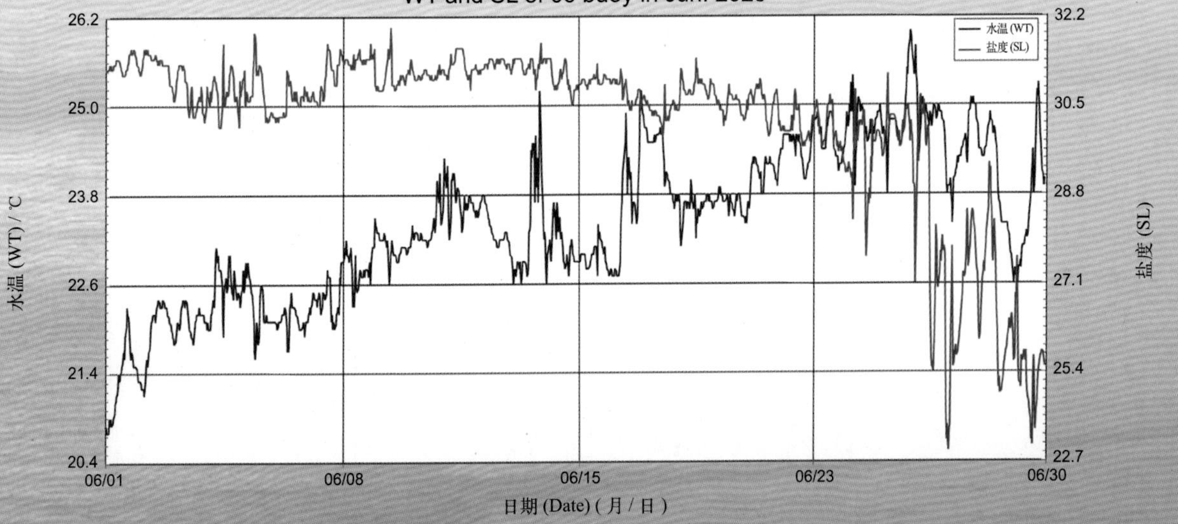

06 号浮标 2020 年 07 月水温、盐度观测数据曲线
WT and SL of 06 buoy in Jul. 2020

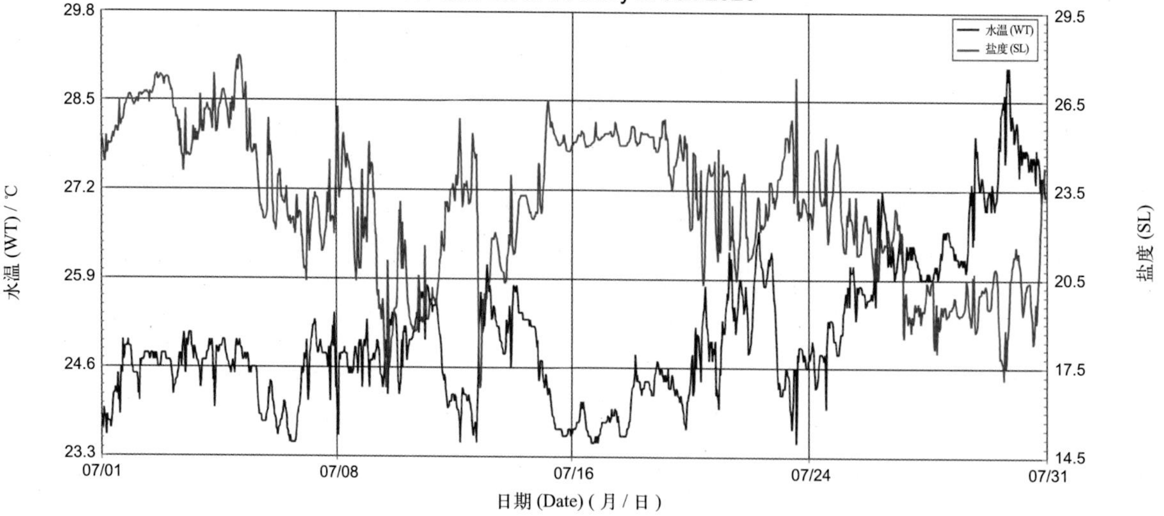

06 号浮标 2020 年 08 月水温、盐度观测数据曲线
WT and SL of 06 buoy in Aug. 2020

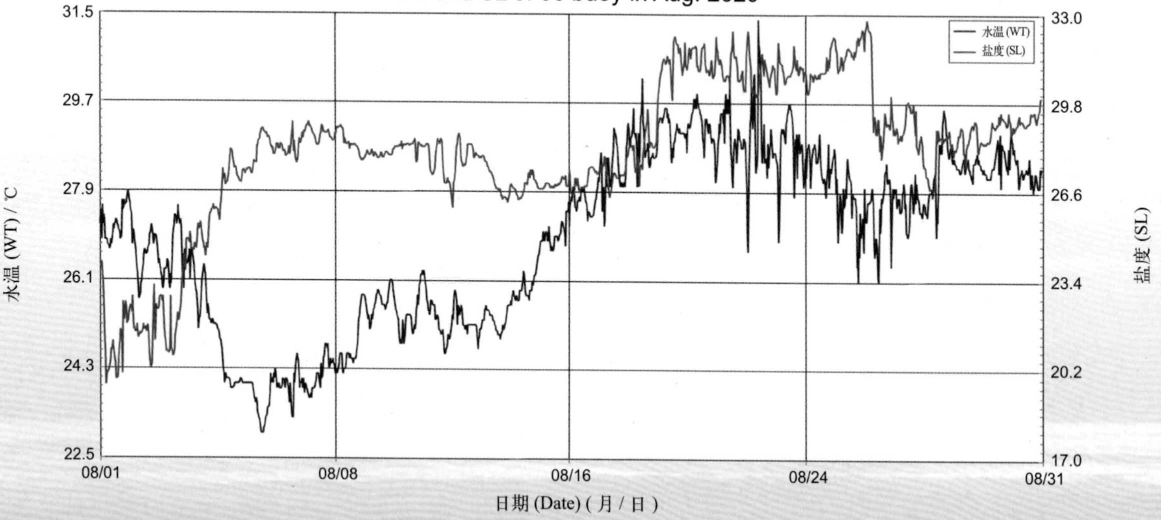

06 号浮标 2020 年 09 月水温、盐度观测数据曲线
WT and SL of 06 buoy in Sep. 2020

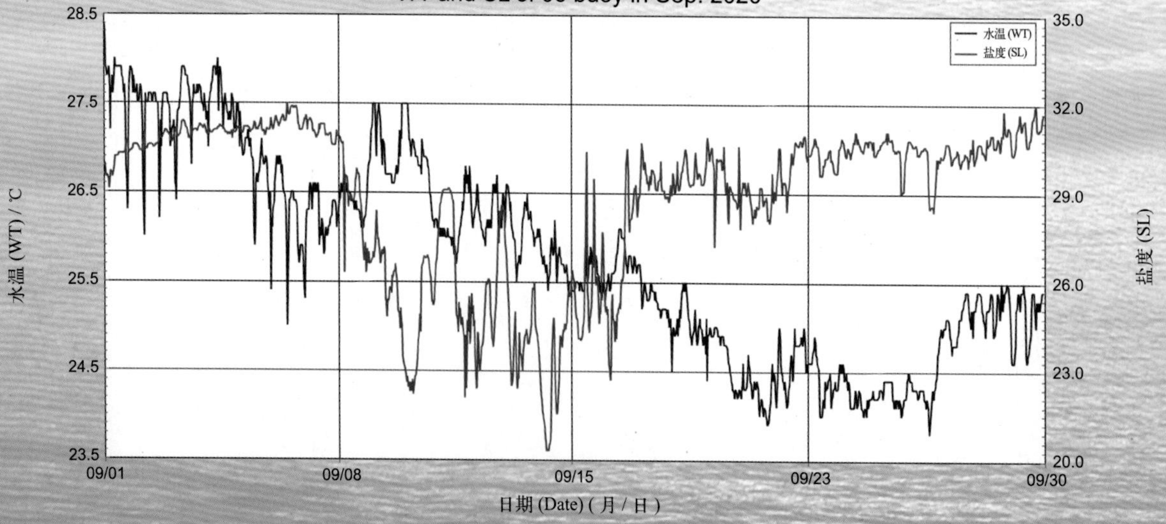

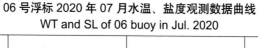

06 号浮标 2020 年 10 月水温、盐度观测数据曲线
WT and SL of 06 buoy in Oct. 2020

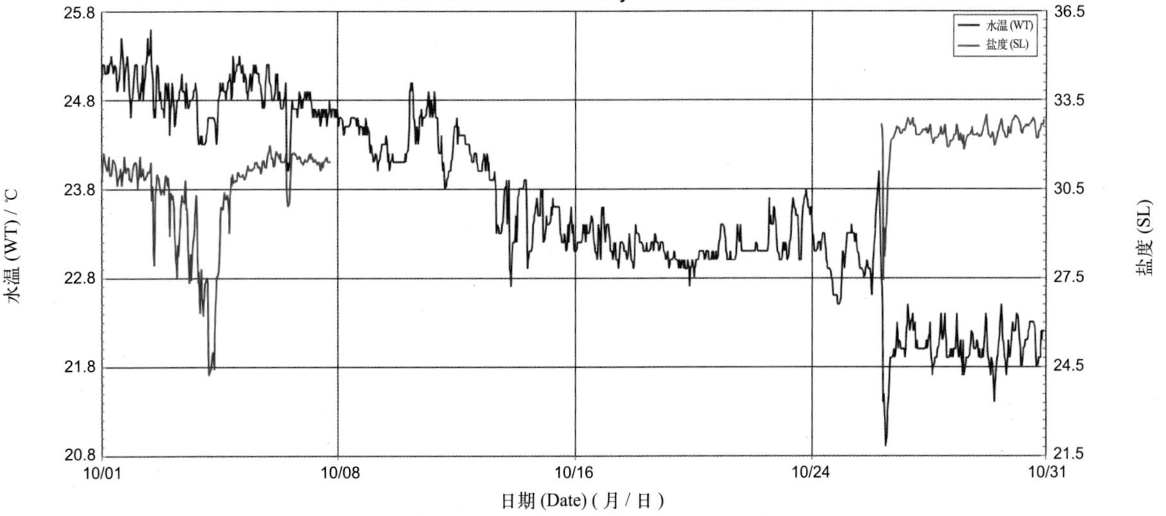

06 号浮标 2020 年 11 月水温、盐度观测数据曲线
WT and SL of 06 buoy in Nov. 2020

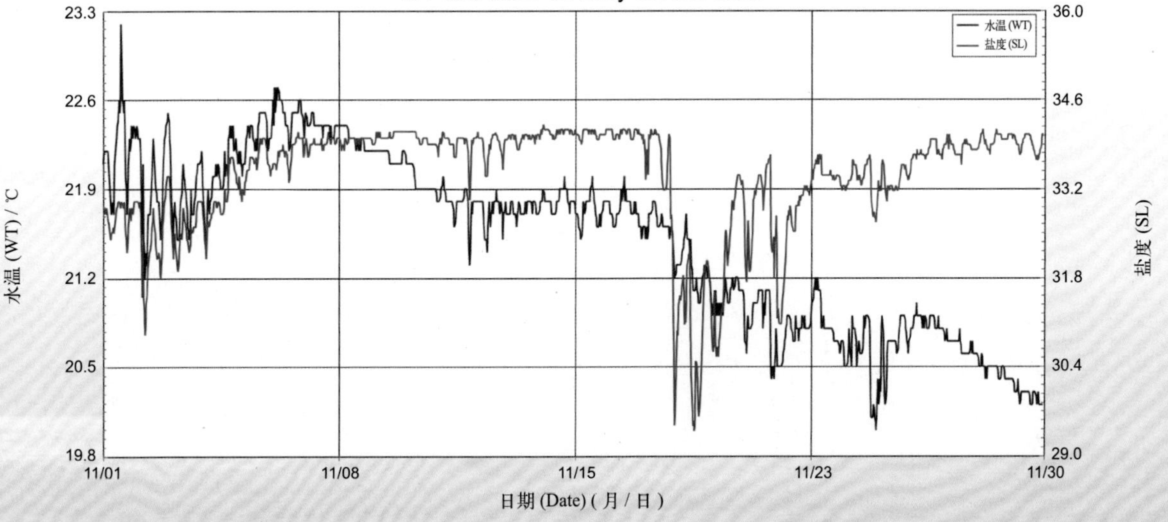

06 号浮标 2020 年 12 月水温、盐度观测数据曲线
WT and SL of 06 buoy in Dec. 2020

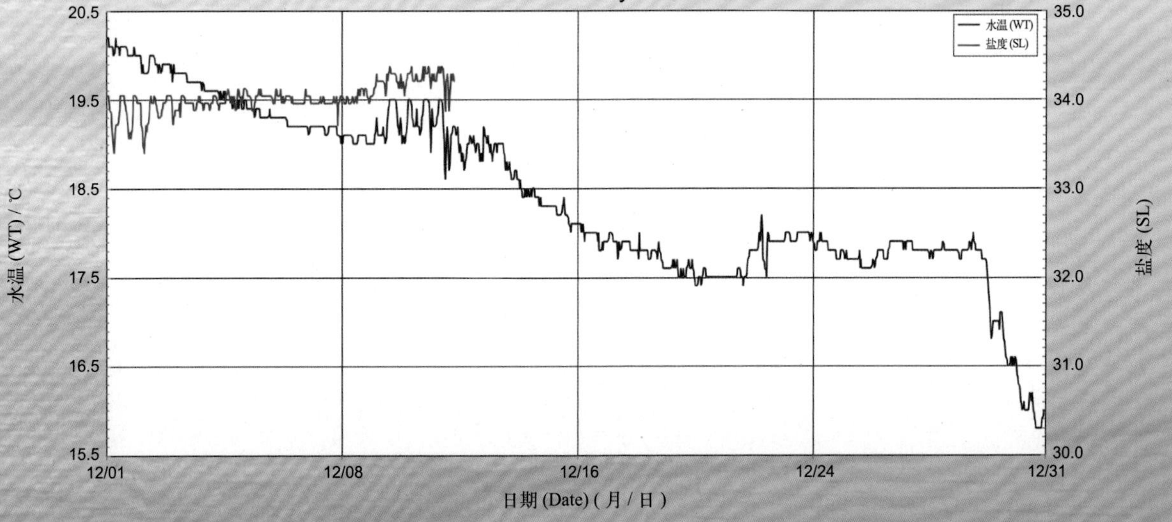

2020年度09号浮标观测数据概述及曲线
（水温和盐度）

2020年，09号浮标共获取286天的水温长序列观测数据和270天的盐度长序列观测数据。获取水温数据的主要区间共两个时间段，具体为1月3日11:40至8月23日13:30和11月10日09:30至12月31日23:30；获取盐度数据的主要区间共两个时间段，具体为1月3日11:40至8月7日21:50和11月10日09:30至12月31日23:30。通过对获取数据质量控制和分析，09号浮标观测海域2020年度水温、盐度数据和季节数据特征如下。

年度水温平均值为13.64℃，年度盐度平均值为31.59；测得的年度最高水温和最低水温分别为28.1℃和5.4℃；测得的年度最高盐度和最低盐度分别为33.0和30.1。以2月为冬季代表月，观测海域冬季的平均水温是6.09℃，平均盐度是32.07；以5月为春季代表月，观测海域春季的平均水温是14.86℃，平均盐度是31.21；以8月为夏季代表月，观测海域夏季的平均水温是25.55℃，平均盐度是30.82；以11月为秋季代表月，观测海域秋季的平均水温是16.16℃，平均盐度是31.25。

09号浮标布放海域月度水温、盐度变化特征与该海域的气温和降水等因素密切相关。2020年，09号浮标观测海域水温、盐度的月平均值、最高值和最低值数据参见表14。

2020年，09号浮标记录到1次寒潮过程和1次台风过程。寒潮的具体过程中，12月28—31日，水温降幅为2.1℃（从9.2℃降至7.1℃），盐度变化幅度为0.4（31.4 ~ 31.8）。台风的具体过程中，8月3—6日，受第4号台风“黑格比”的影响，09号浮标的水温发生振荡，最大幅度为1.3℃（24.1 ~ 25.4℃）；盐度发生下降后迅速上升，最后趋于平稳，8月4日05:10—05:50，从30.9降至30.2，之后于8月4日07:50升至30.9。

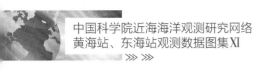

表 14　09 号浮标各月份水温、盐度观测数据

月份	水温 / ℃			盐度			备注
	平均	最高	最低	平均	最高	最低	
1	7.41	8.9	5.5	32.00	32.6	31.8	缺测 2 天数据
2	6.09	7.4	5.4	32.07	32.6	31.8	
3	7.06	10.2	5.5	32.18	33.0	31.7	
4	10.61	14.7	8.4	31.47	32.2	30.7	
5	14.86	18.0	12.4	31.21	31.7	30.1	
6	19.06	23.1	15.9	31.49	32.8	30.4	
7	22.59	25.9	19.8	31.32	32.0	30.7	
8	25.55	28.1	23.9	30.82	31.1	30.2	缺测 8 天水温数据，缺测盐度数据， 记录 1 次台风
9	—	—	—	—	—	—	缺测数据
10	—	—	—	—	—	—	缺测数据
11	16.16	17.8	13.3	31.25	31.42	31.03	缺测 9 天数据
12	10.37	13.8	7.1	31.49	31.78	31.258	记录 1 次寒潮

09 号浮标 2020 年水温、盐度观测数据曲线
WT and SL of 09 buoy in 2020

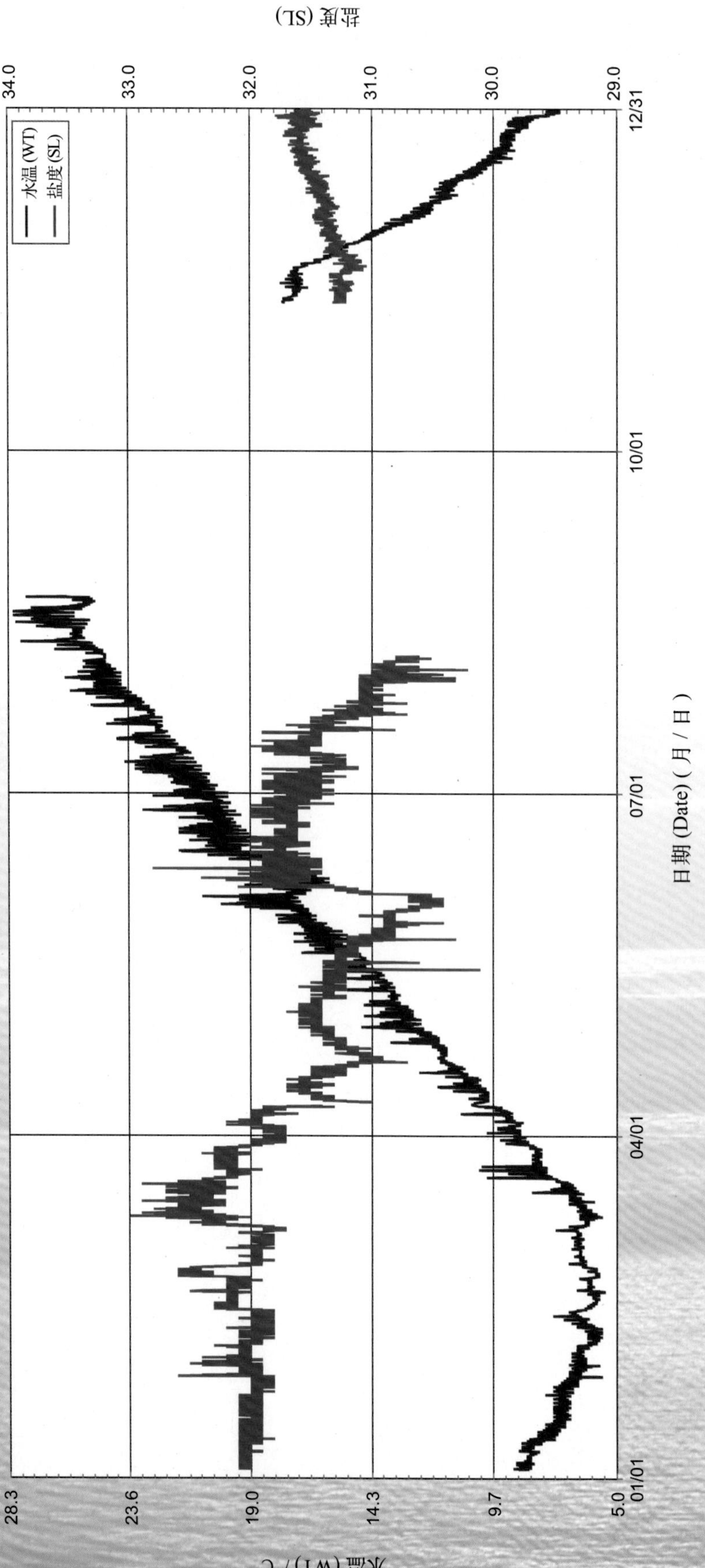

09 号浮标 2020 年 01 月水温、盐度观测数据曲线
WT and SL of 09 buoy in Jan. 2020

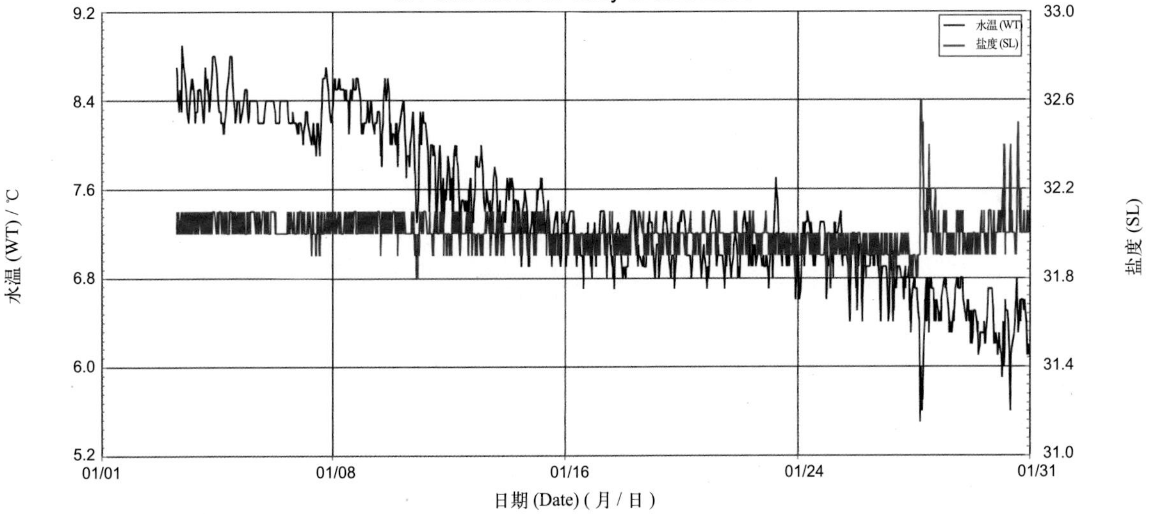

09 号浮标 2020 年 02 月水温、盐度观测数据曲线
WT and SL of 09 buoy in Feb. 2020

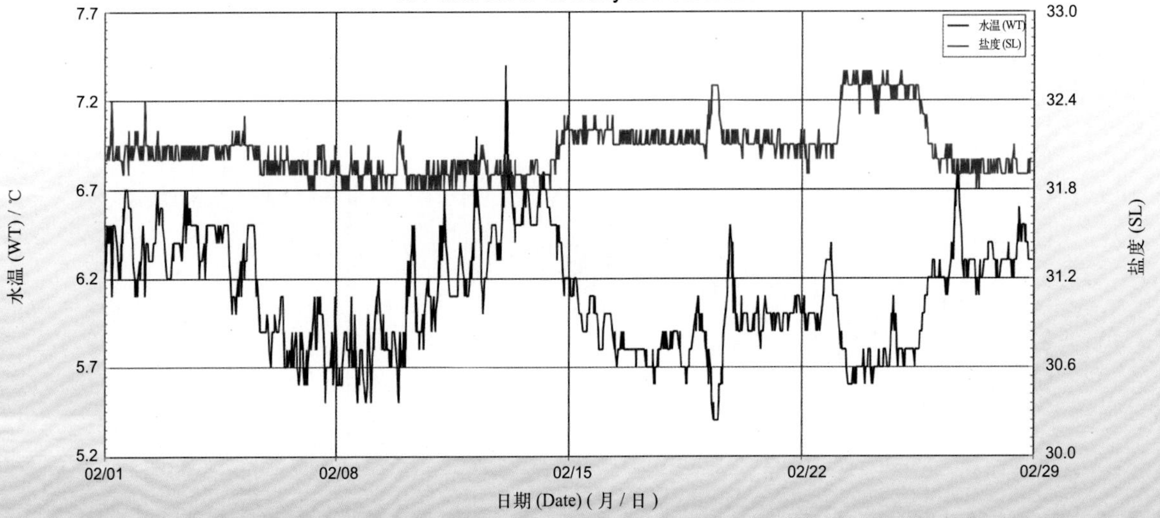

09 号浮标 2020 年 03 月水温、盐度观测数据曲线
WT and SL of 09 buoy in Mar. 2020

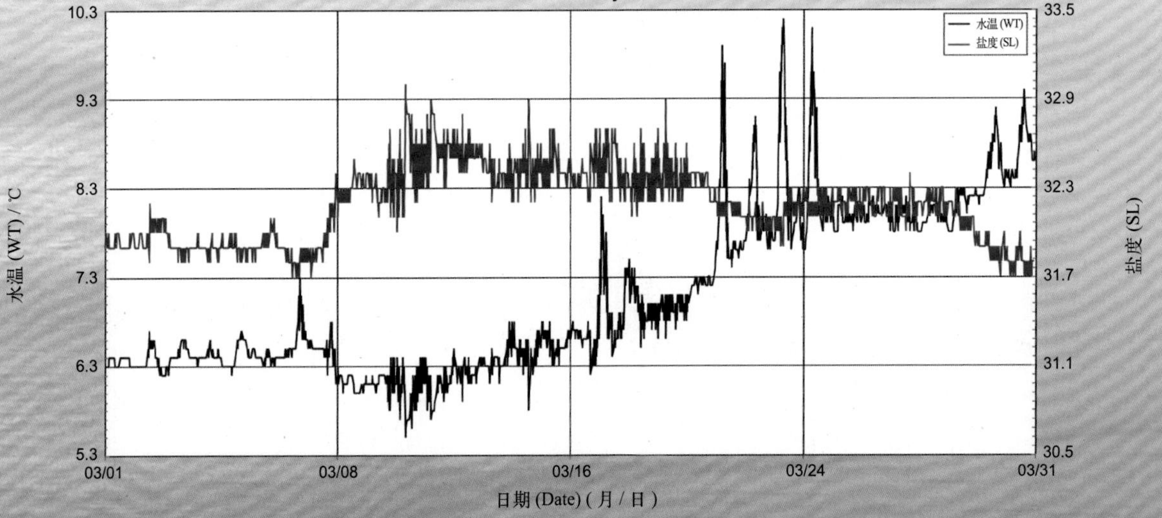

09号浮标2020年04月水温、盐度观测数据曲线
WT and SL of 09 buoy in Apr. 2020

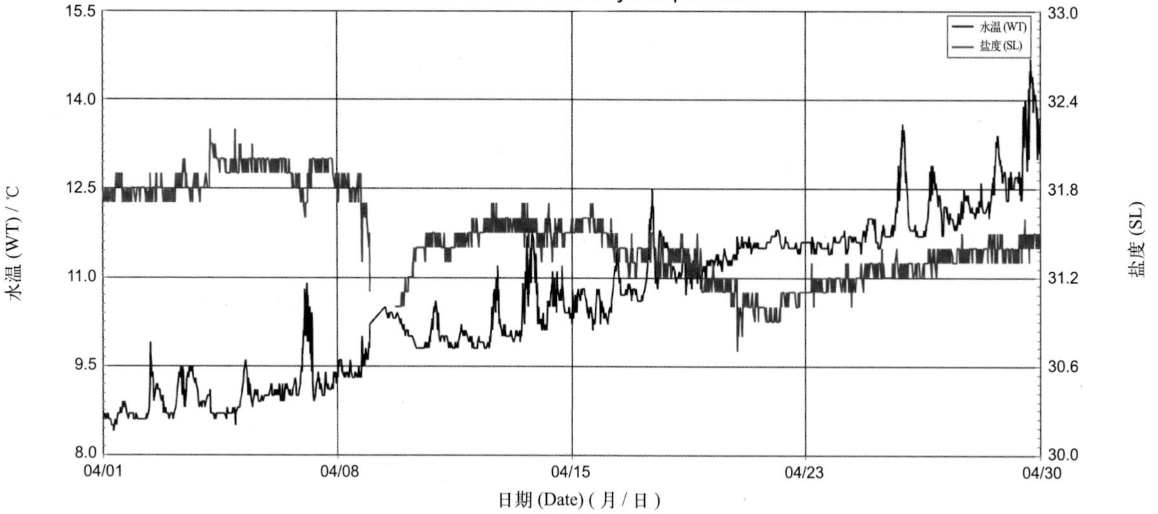

09号浮标2020年05月水温、盐度观测数据曲线
WT and SL of 09 buoy in May 2020

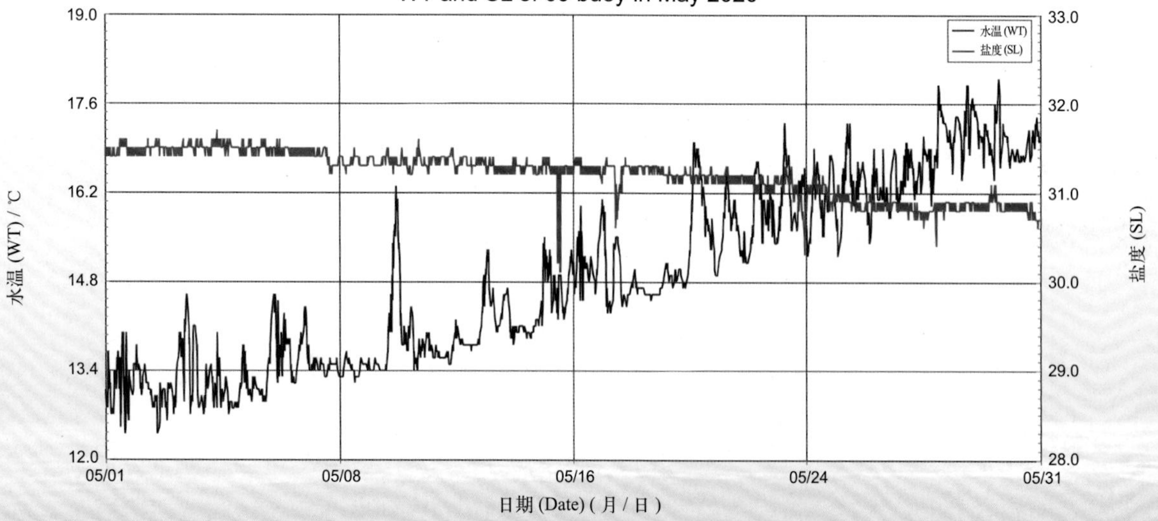

09号浮标2020年06月水温、盐度观测数据曲线
WT and SL of 09 buoy in Jun. 2020

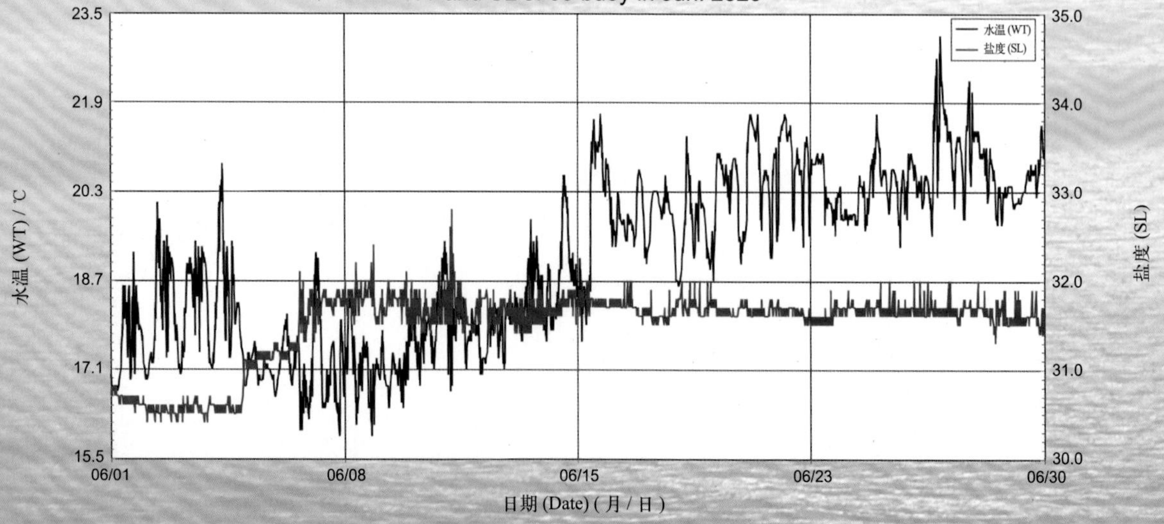

09 号浮标 2020 年 07 月水温、盐度观测数据曲线
WT and SL of 09 buoy in Jul. 2020

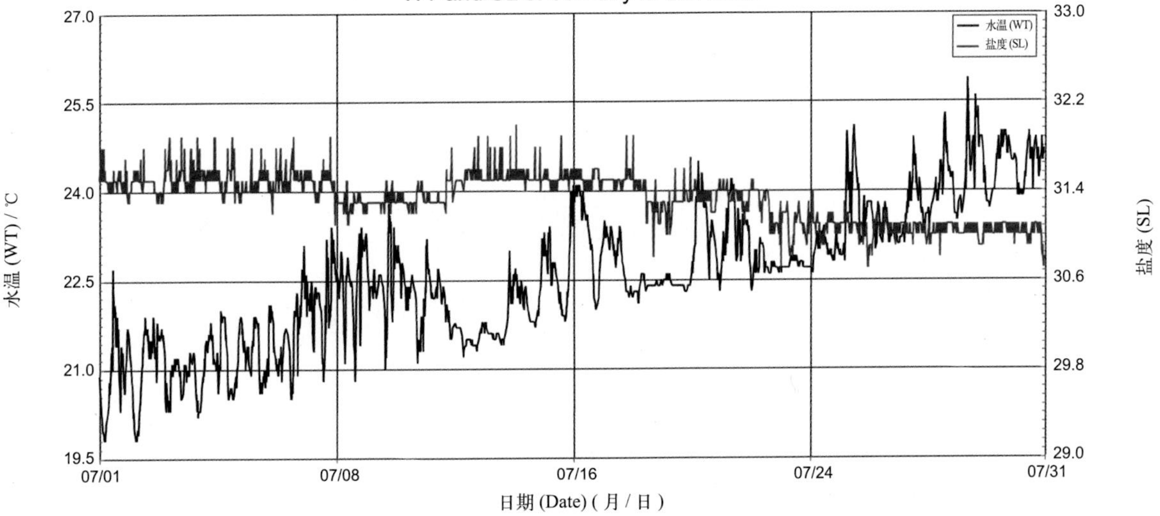

09 号浮标 2020 年 08 月水温、盐度观测数据曲线
WT and SL of 09 buoy in Aug. 2020

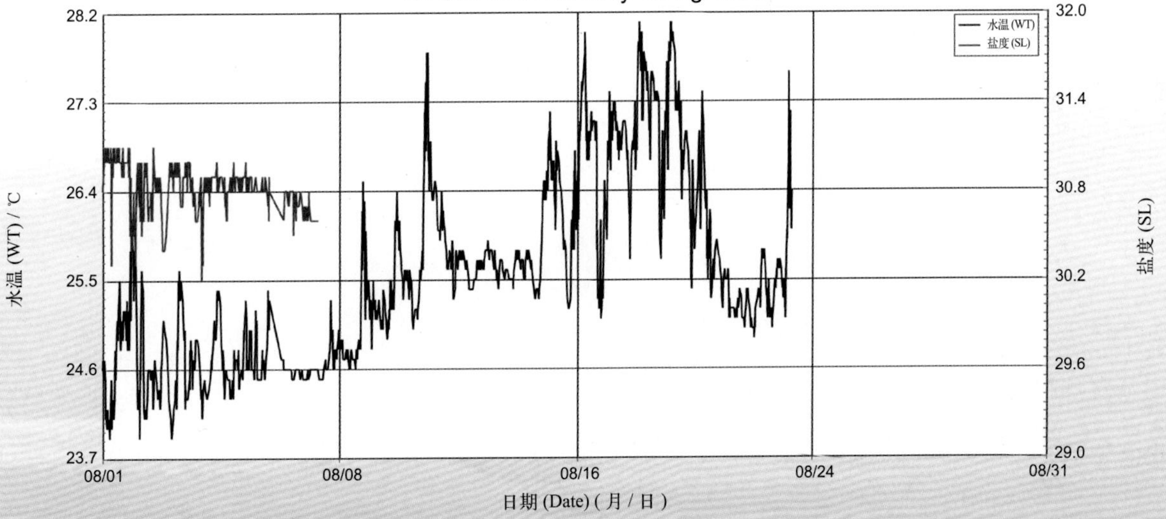

09 号浮标 2020 年 11 月水温、盐度观测数据曲线
WT and SL of 09 buoy in Nov. 2020

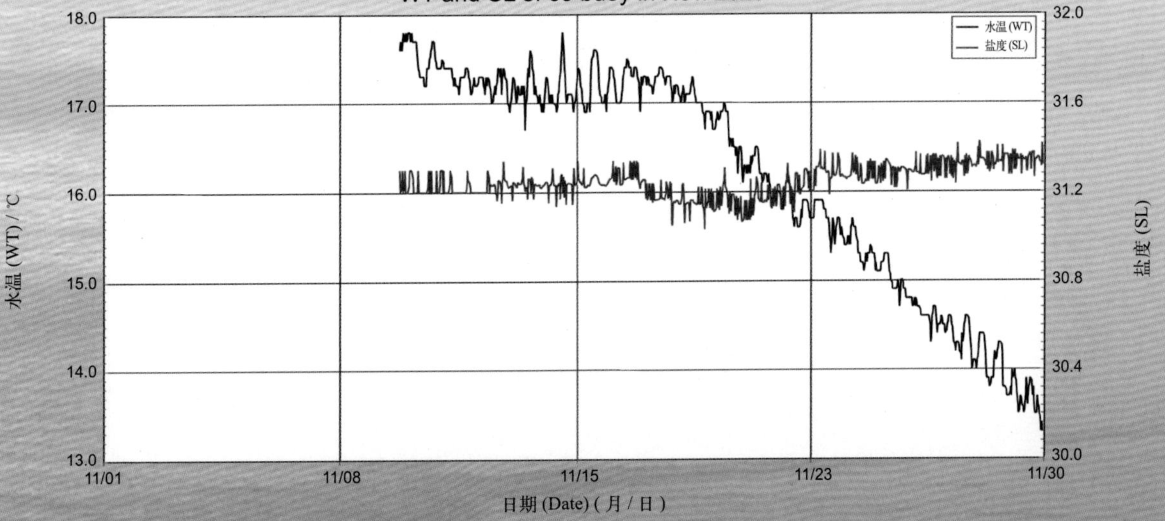

09 号浮标 2020 年 12 月水温、盐度观测数据曲线
WT and SL of 09 buoy in Dec. 2020

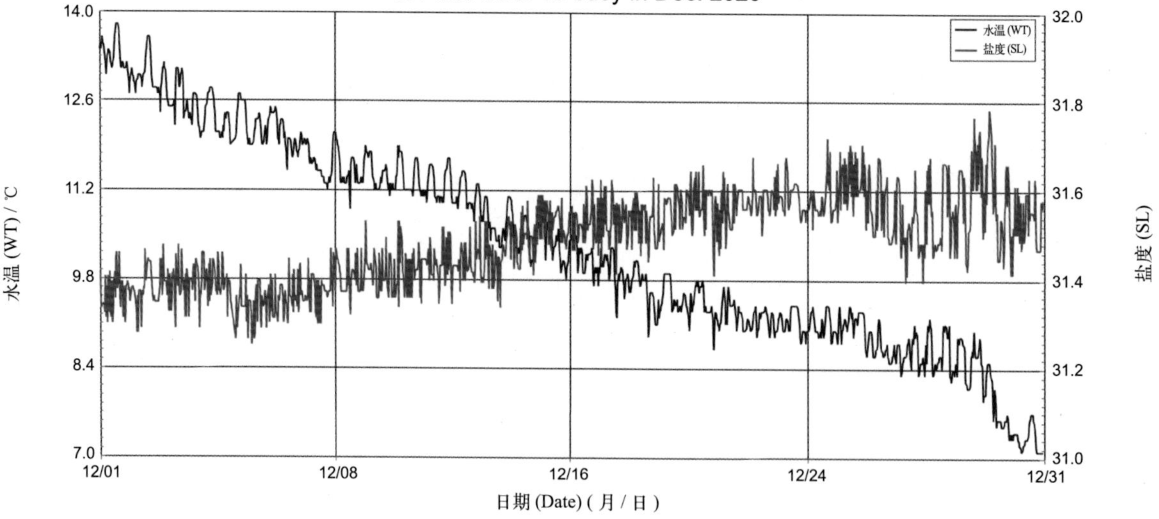

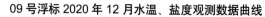

2020年度19号浮标观测数据概述及曲线
（水温和盐度）

2020年，19号浮标共获取330天的水温长序列观测数据和163天的盐度长序列观测数据。获取水温数据的主要区间为1月1日00:00至11月25日13:30；获取盐度数据的主要区间为1月1日00:00至6月11日20:40。通过对获取数据质量控制和分析，19号浮标观测海域2020年度水温、盐度数据和季节数据特征如下。

年度水温平均值为16.65℃，年度盐度平均值为30.99；测得的年度最高水温和最低水温分别为29.7℃和5.1℃；测得的年度最高盐度和最低盐度分别为31.4和30.2。以2月为冬季代表月，观测海域冬季的平均水温是5.89℃，平均盐度是31.16；以5月为春季代表月，观测海域春季的平均水温是16.59℃，平均盐度是30.76；以8月为夏季代表月，观测海域夏季的平均水温是26.14℃；以11月为秋季代表月，观测海域秋季的平均水温是16.50℃。

19号浮标布放海域月度水温、盐度变化特征与该海域的气温和降水等因素密切相关。2020年，19号浮标观测海域水温、盐度的月平均值、最高值和最低值数据参见表15。

2020年，19号浮标记录到4次台风过程。第一次台风过程，8月3—6日，受第4号台风“黑格比”的影响，19号浮标水温发生先上升再下降的变化，8月4日07:30至8月5日19:40，从24.5℃升至26.7℃，之后于8月6日16:20降至25.5℃。第二次台风过程，8月26—27日，受第8号强台风“巴威”的影响，19号浮标水温发生先下降再回升的变化，8月26日02:20—23:50，从26.3℃降至25.2℃，之后于8月27日15:10回升至26.4℃。第三次台风过程，9月2—4日，受第9号超强台风“美莎克”的影响，19号浮标水温发生先上升再下降的变化，9月2日07:00—11:40，从26.0℃升至27.1℃，之后于9月3日05:40降至25.9℃。第四次台风过程，9月6—7日，受第10号超强台风“海神”的影响，19号浮标水温发生先上升再下降的变化，9月6日07:10—14:40，从25.8℃升至27.2℃，之后于9月7日06:10降至25.9℃。

表15　19号浮标各月份水温、盐度观测数据

月份	水温/℃			盐度			备注
	平均	最高	最低	平均	最高	最低	
1	6.39	7.8	6.3	31.26	31.4	31.1	
2	5.89	7.2	5.1	31.16	31.3	30.9	
3	8.03	10.3	6.1	30.96	31.2	30.8	
4	11.61	16.7	9.5	30.87	31.1	30.6	
5	16.59	20.3	13.3	30.76	30.9	30.4	
6	21.49	23.8	18.0	—	—	—	缺测盐度数据
7	24.16	26.0	22.4	—	—	—	缺测盐度数据
8	26.14	29.7	24.2	—	—	—	缺测盐度数据，记录2次台风
9	25.47	27.9	23.7	—	—	—	缺测盐度数据，记录2次台风
10	20.81	24.1	18.4	—	—	—	缺测盐度数据
11	16.50	18.7	13.8	—	—	—	缺测5天水温数据，缺测盐度数据
12	—	—	—	—	—	—	缺测数据

19 号浮标 2020 年水温、盐度观测数据曲线
WT and SL of 19 buoy in 2020

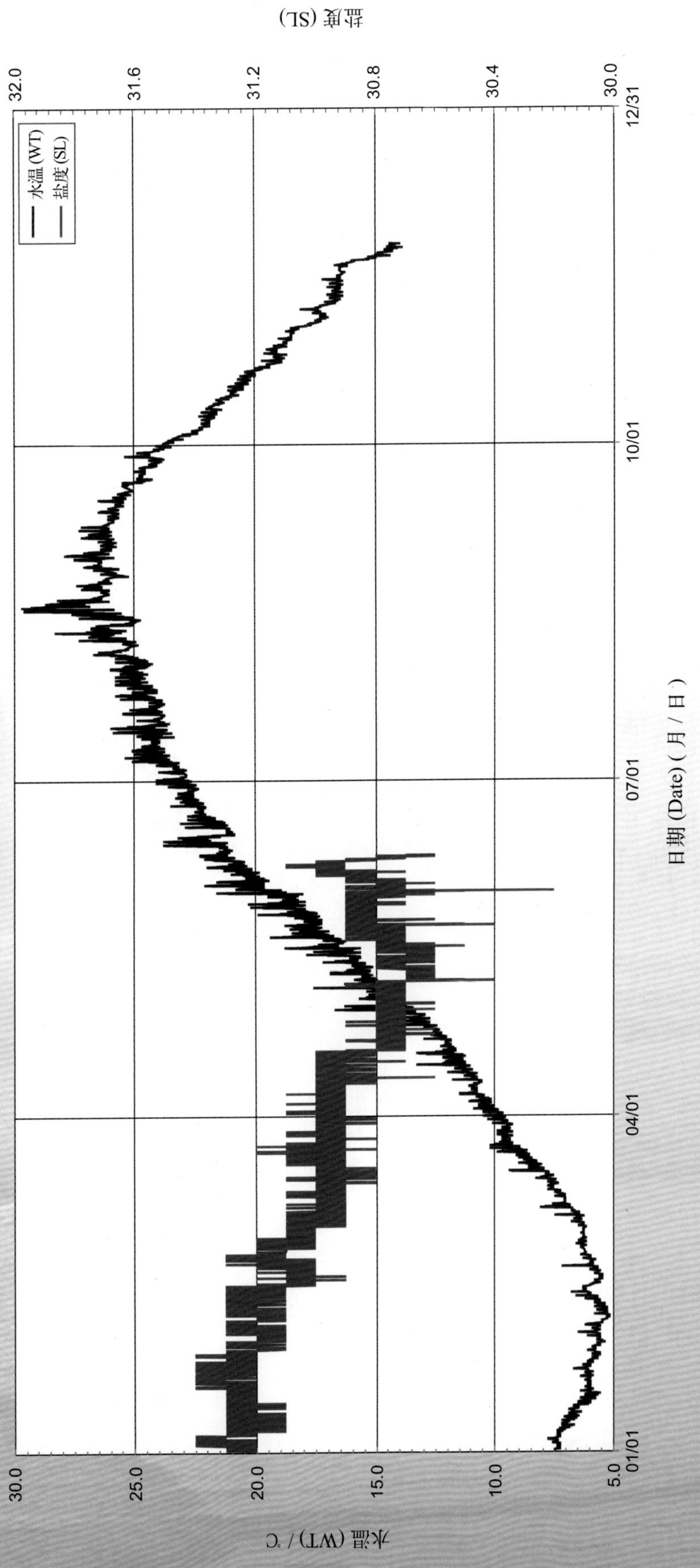

19 号浮标 2020 年 01 月水温、盐度观测数据曲线
WT and SL of 19 buoy in Jan. 2020

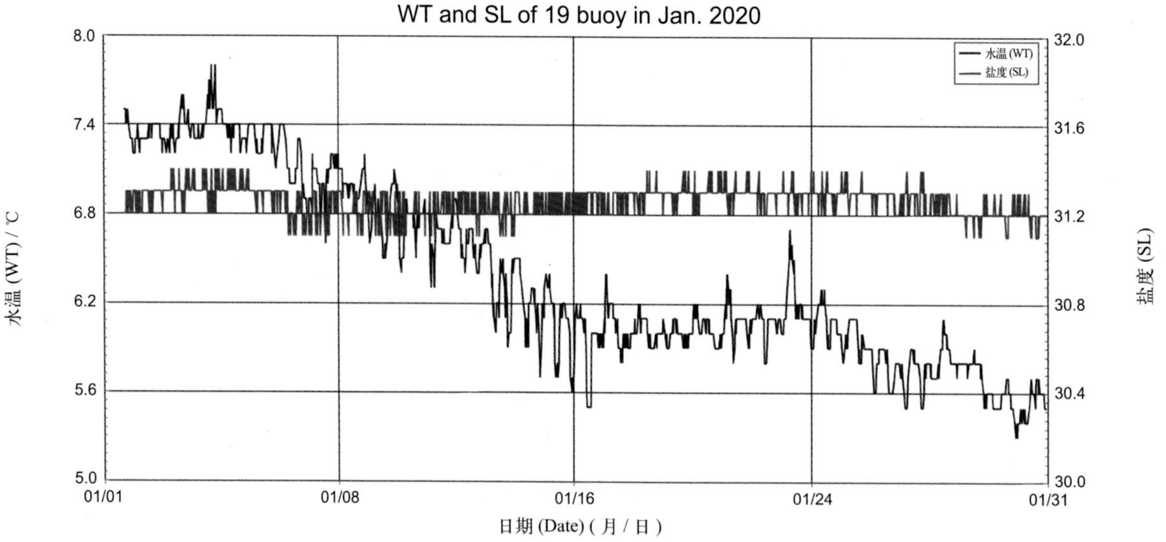

19 号浮标 2020 年 02 月水温、盐度观测数据曲线
WT and SL of 19 buoy in Feb. 2020

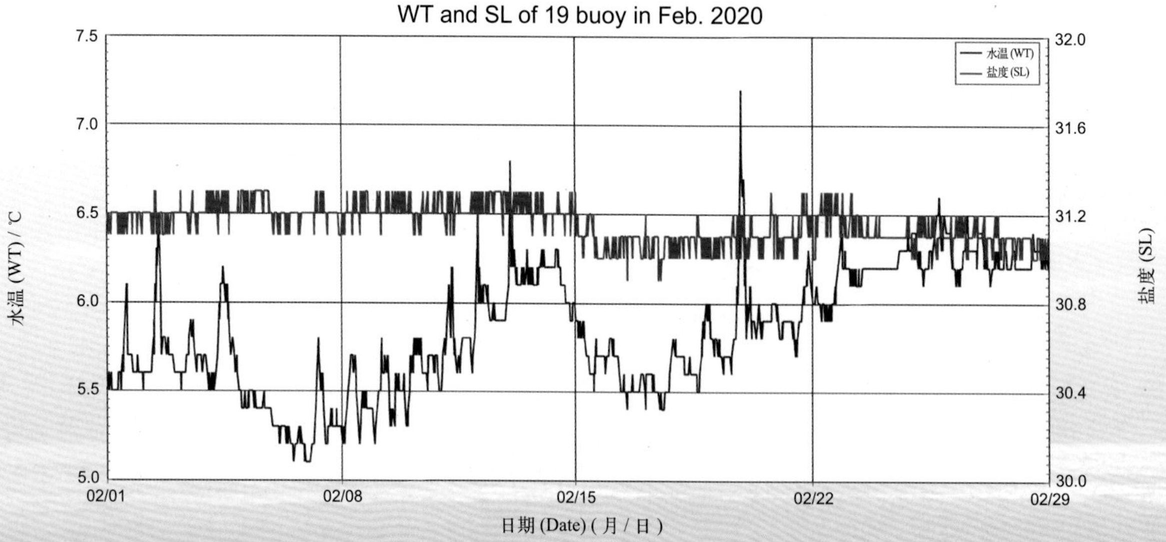

19 号浮标 2020 年 03 月水温、盐度观测数据曲线
WT and SL of 19 buoy in Mar. 2020

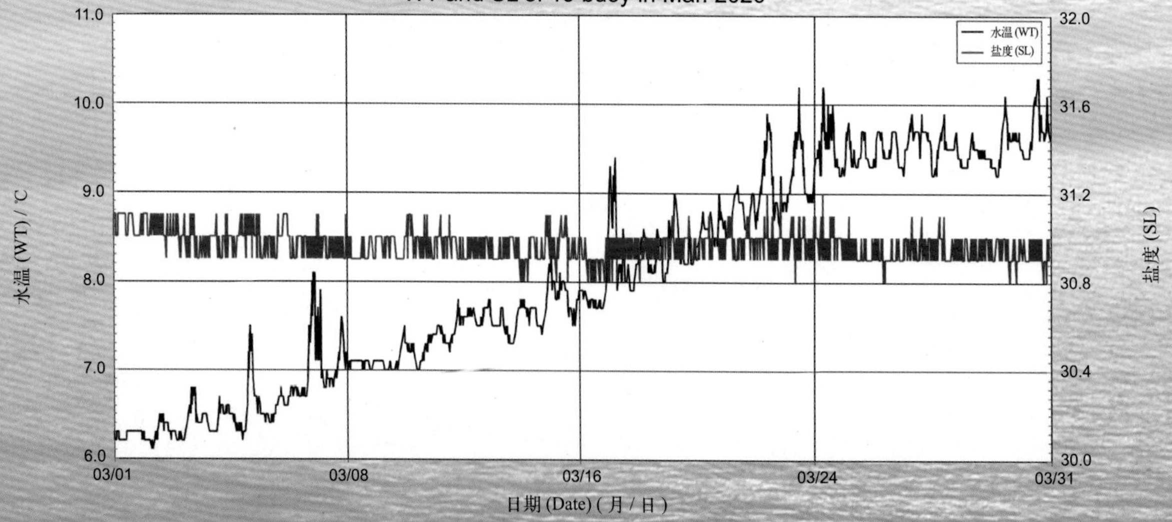

19 号浮标 2020 年 04 月水温、盐度观测数据曲线
WT and SL of 19 buoy in Apr. 2020

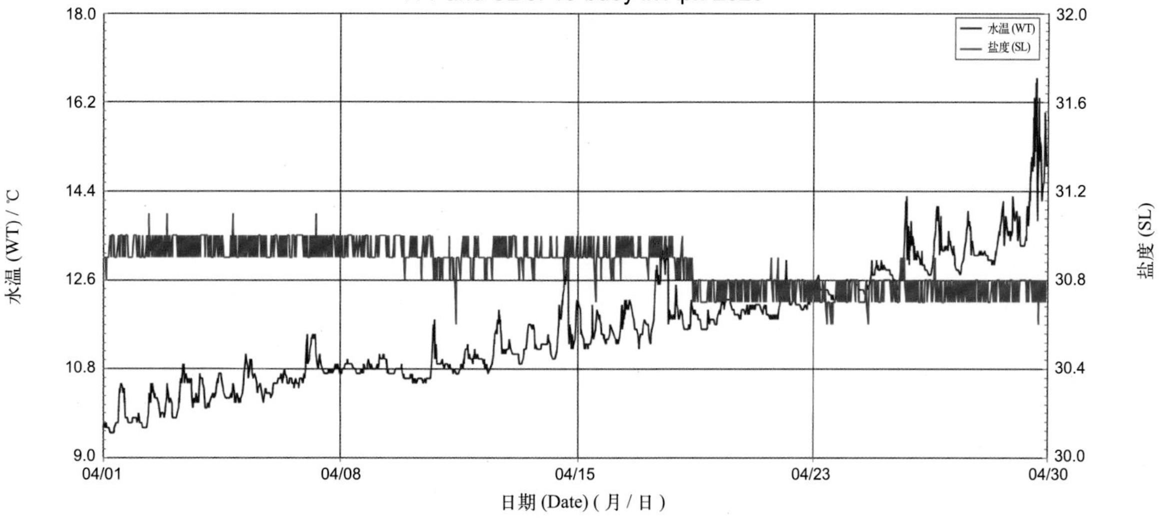

19 号浮标 2020 年 05 月水温、盐度观测数据曲线
WT and SL of 19 buoy in May 2020

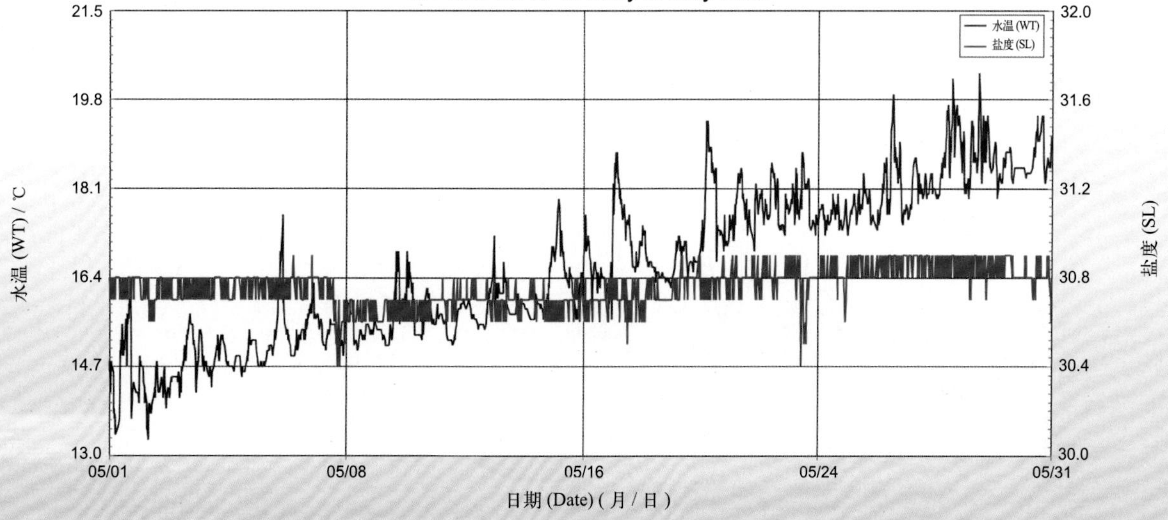

19 号浮标 2020 年 06 月水温、盐度观测数据曲线
WT and SL of 19 buoy in Jun. 2020

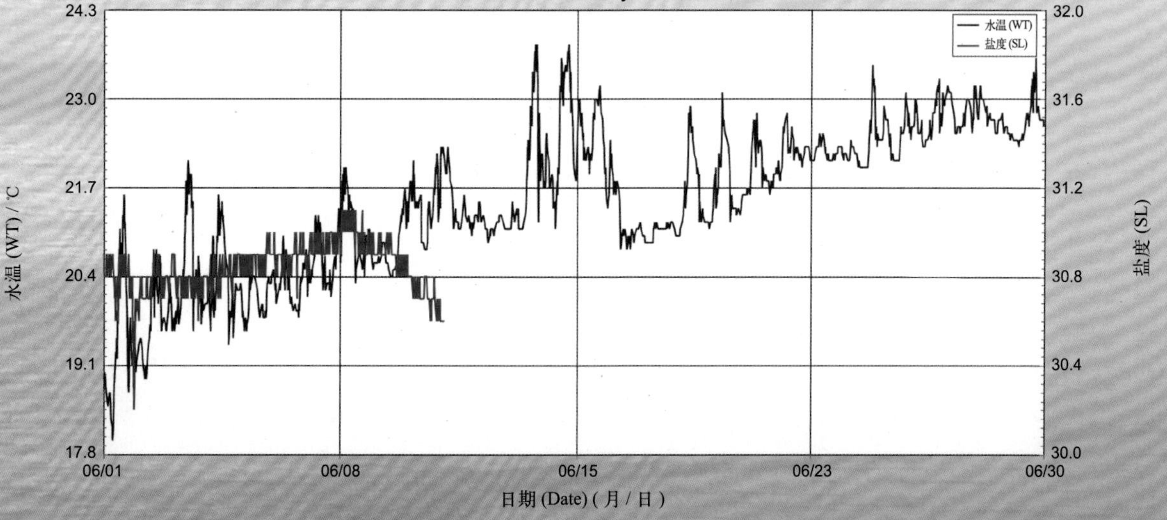

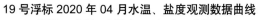

19 号浮标 2020 年 07 月水温观测数据曲线
WT of 19 buoy in Jul. 2020

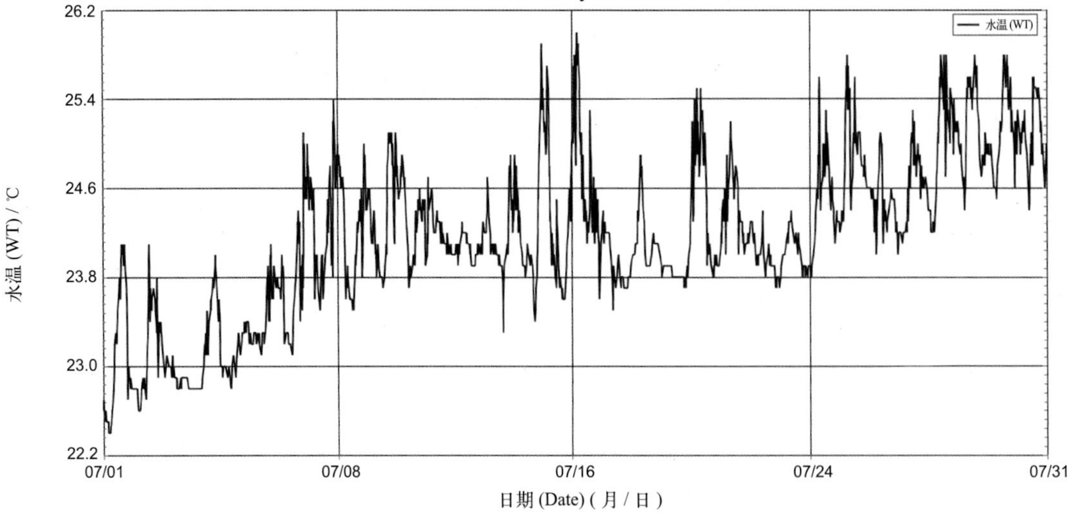

19 号浮标 2020 年 08 月水温观测数据曲线
WT of 19 buoy in Aug. 2020

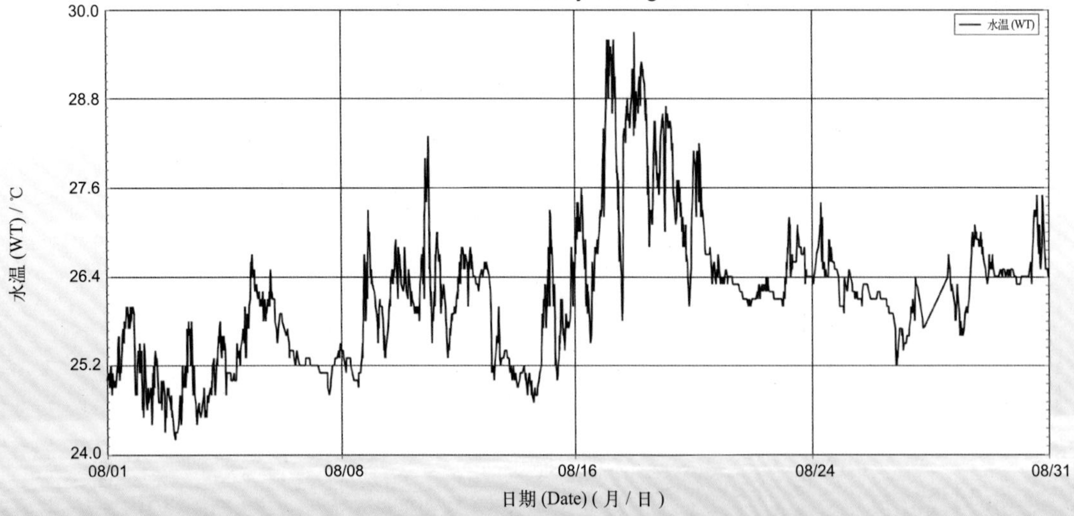

19 号浮标 2020 年 09 月水温观测数据曲线
WT of 19 buoy in Sep. 2020

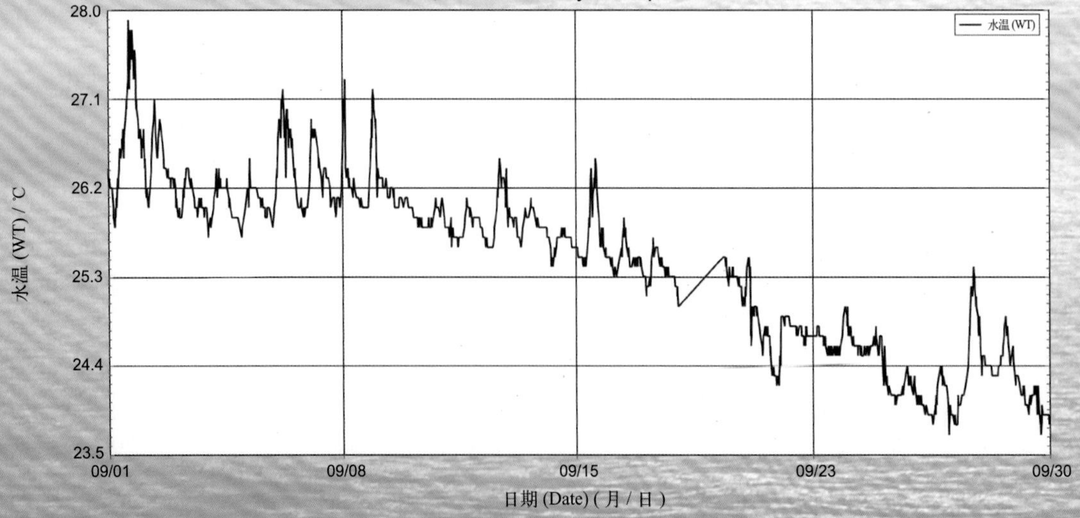

19 号浮标 2020 年 10 月水温观测数据曲线
WT of 19 buoy in Oct. 2020

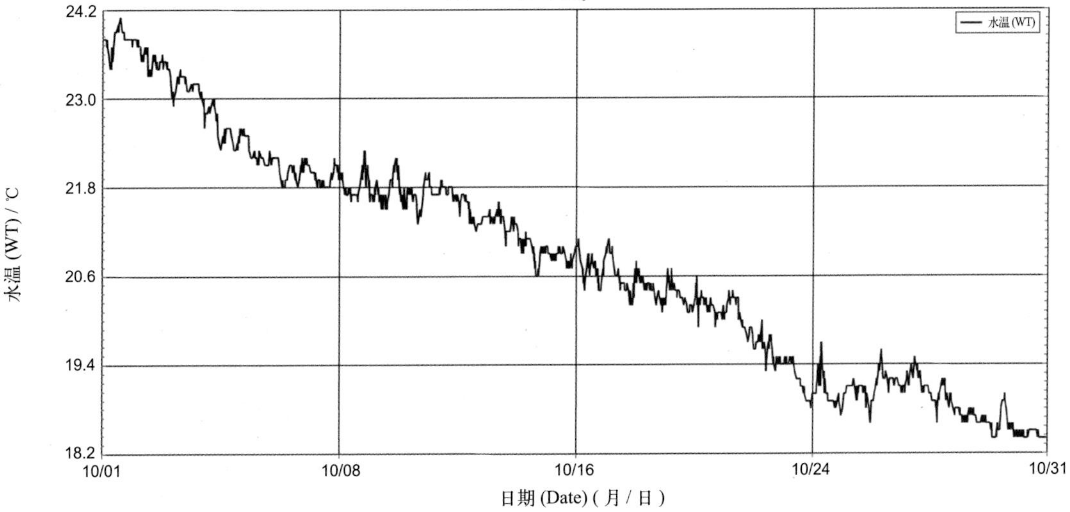

19 号浮标 2020 年 11 月水温观测数据曲线
WT of 19 buoy in Nov. 2020

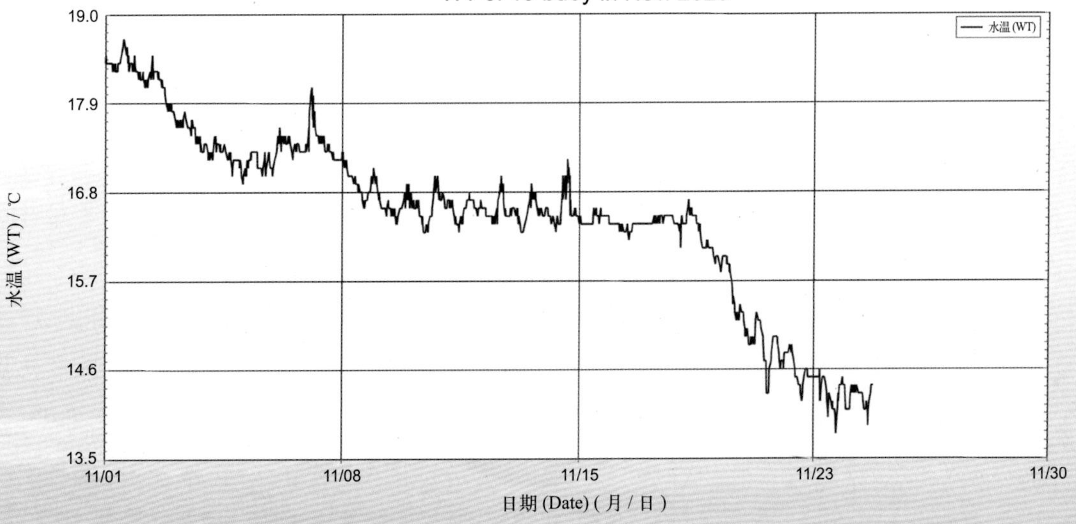

2020年度20号浮标观测数据概述及曲线
（水温）

2020年，20号浮标共获取366天的水温长序列观测数据，因传感器故障没能获取到有效的盐度数据。获取水温数据的主要区间为1月1日16:40至12月31日23:50。通过对获取数据质量控制和分析，20号浮标观测海域2020年度水温数据和季节数据特征如下。

年度水温平均值为20.05℃；测得的年度最高水温和最低水温分别为30.0℃和10.6℃。以2月为冬季代表月，观测海域冬季的平均水温是12.56℃；以5月为春季代表月，观测海域春季的平均水温是20.29℃；以8月为夏季代表月，观测海域夏季的平均水温是27.31℃；以11月为秋季代表月，观测海域秋季的平均水温是21.26℃。

20号浮标布放海域月度水温变化特征与该海域的气温等因素密切相关。2020年，20号浮标观测海域水温的月平均值、最高值和最低值数据参见表16。

2020年，20号浮标记录到1次寒潮过程和4次台风过程。寒潮的具体过程中，12月29—30日，水温降幅为3.2℃（从18.1℃降至14.9℃）。第一次台风过程，8月3—6日，受第4号台风“黑格比”的影响，20号浮标的水温发生先下降再回升的变化，8月3日15:20至8月4日21:30，从28.1℃降至25.0℃，之后于8月6日15:20回升至27.7℃。第二次台风过程，8月24—27日，受第8号强台风“巴威”的影响，20号浮标的水温发生先下降再回升的变化，8月24日15:40至8月27日06:20，从28.8℃降至24.8℃，之后于8月27日17:40回升至28.6℃。第三次台风过程，8月31日至9月3日，受第9号超强台风“美莎克”的影响，20号浮标的水温发生先下降再回升的变化，8月31日12:50至9月2日13:40，从29.1℃降至26.0℃，之后于9月3日12:00回升至28.0℃。第四次台风过程，9月6—7日，受第10号超强台风“海神”的影响，20号浮标的水温发生先下降再回升的变化，9月6日02:40至9月7日05:20，从26.5℃降至25.5℃，之后于9月7日14:40回升至26.7℃。

表 16　20 号浮标各月份水温观测数据

月份	水温 / ℃			备注
	平均	最高	最低	
1	15.04	16.7	12.7	
2	12.56	14.9	10.8	
3	12.57	14.5	10.6	
4	15.24	17.9	13.4	
5	20.29	25.3	17.3	
6	23.74	27.3	21.3	
7	24.83	28.0	23.0	
8	27.31	30.0	24.6	记录 2 次台风
9	25.60	28.8	23.4	记录 2 次台风
10	23.64	25.2	20.3	
11	21.26	22.9	19.5	
12	18.18	20.5	14.9	记录 1 次寒潮

20 号浮标 2020 年水温观测数据曲线
WT of 20 buoy in 2020

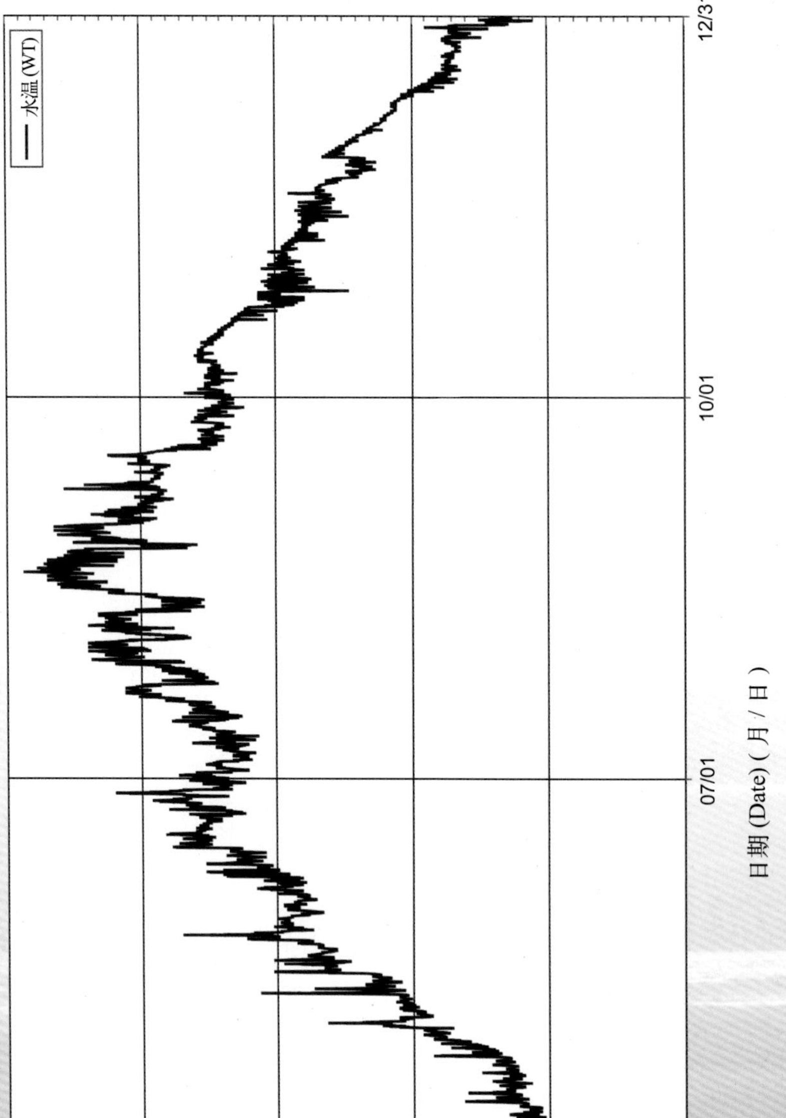

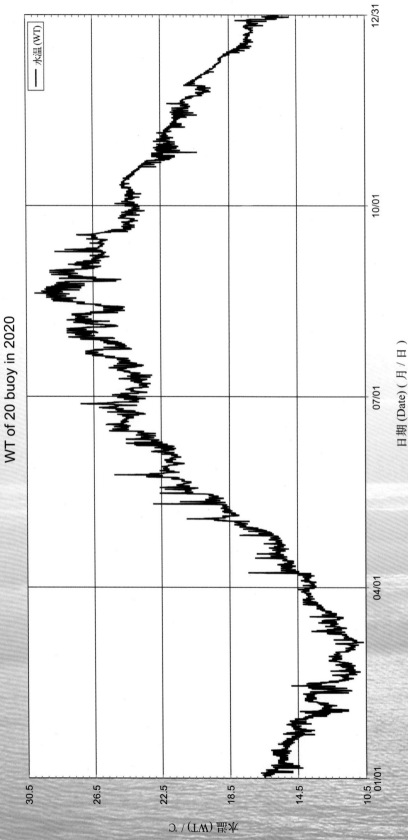

20 号浮标 2020 年 01 月水温观测数据曲线

WT of 20 buoy in Jan. 2020

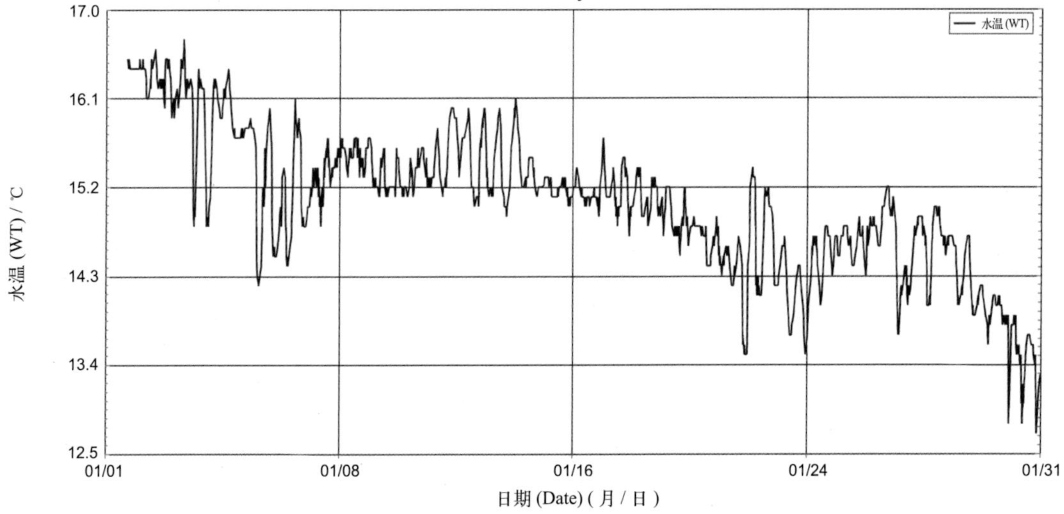

20 号浮标 2020 年 02 月水温观测数据曲线

WT of 20 buoy in Feb. 2020

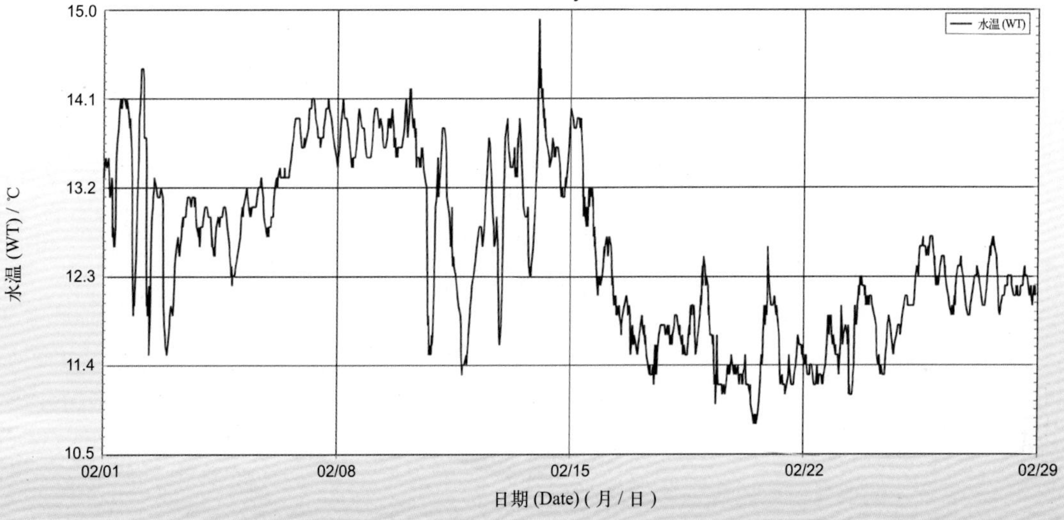

20 号浮标 2020 年 03 月水温观测数据曲线

WT of 20 buoy in Mar. 2020

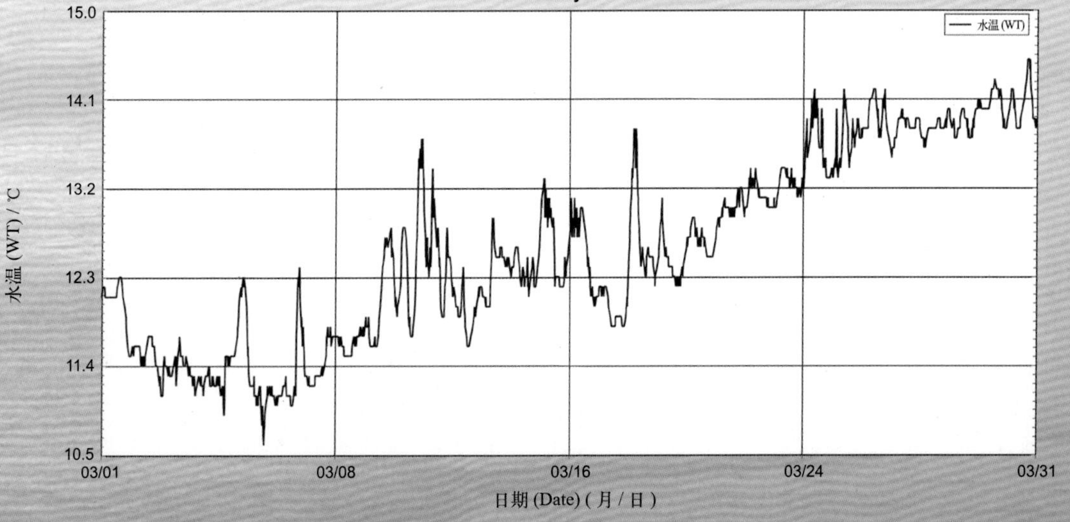

20 号浮标 2020 年 04 月水温观测数据曲线
WT of 20 buoy in Apr. 2020

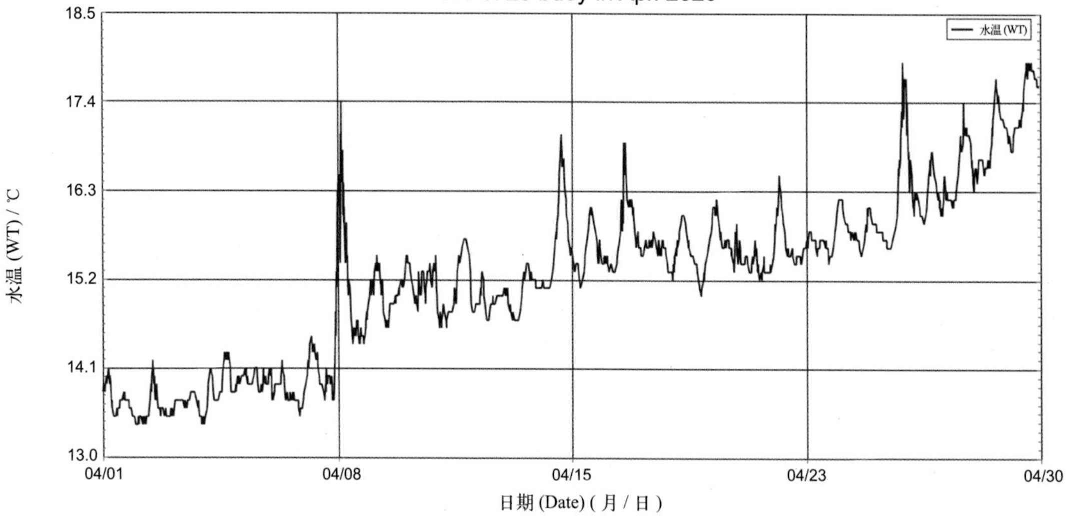

20 号浮标 2020 年 05 月水温观测数据曲线
WT of 20 buoy in May 2020

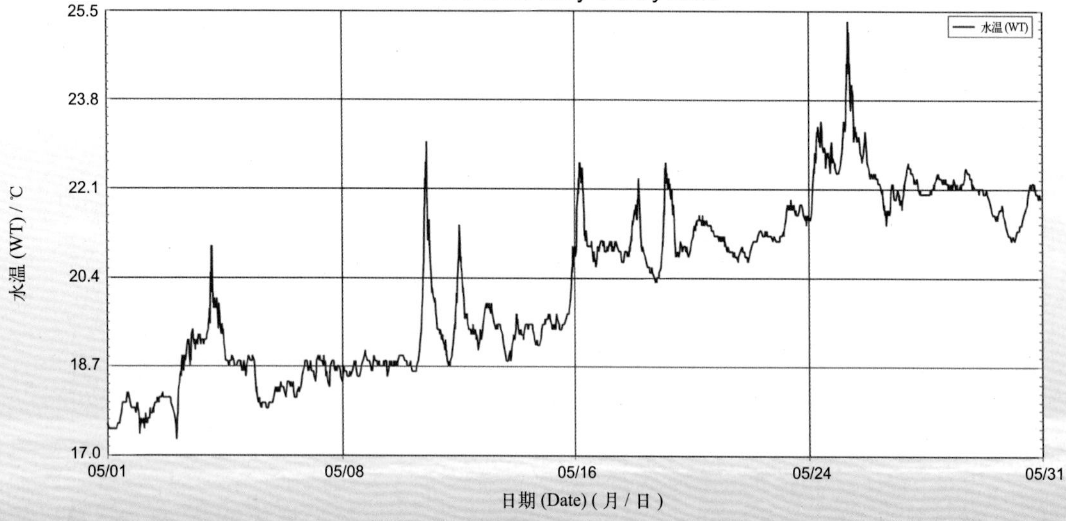

20 号浮标 2020 年 06 月水温观测数据曲线
WT of 20 buoy in Jun. 2020

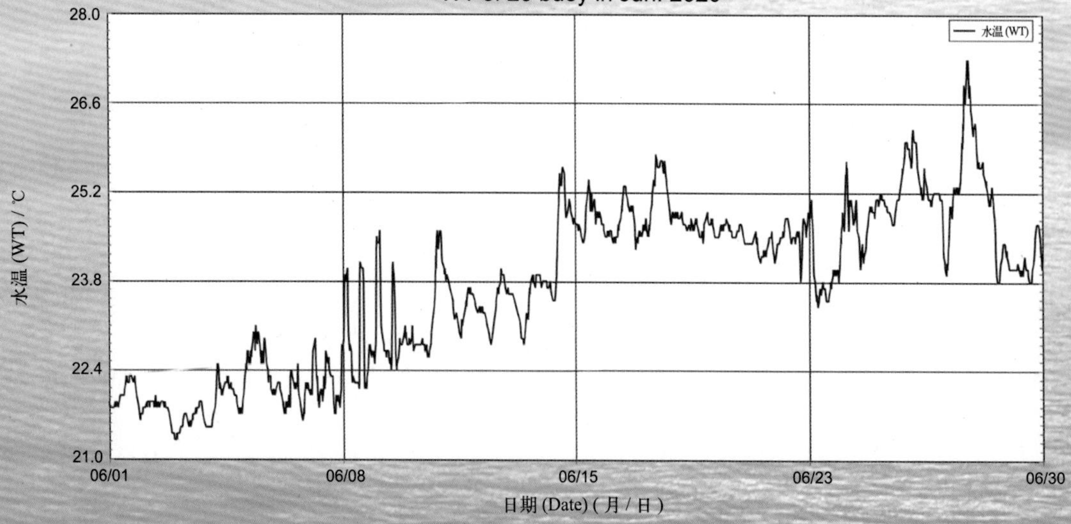

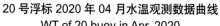

20号浮标2020年07月水温观测数据曲线
WT of 20 buoy in Jul. 2020

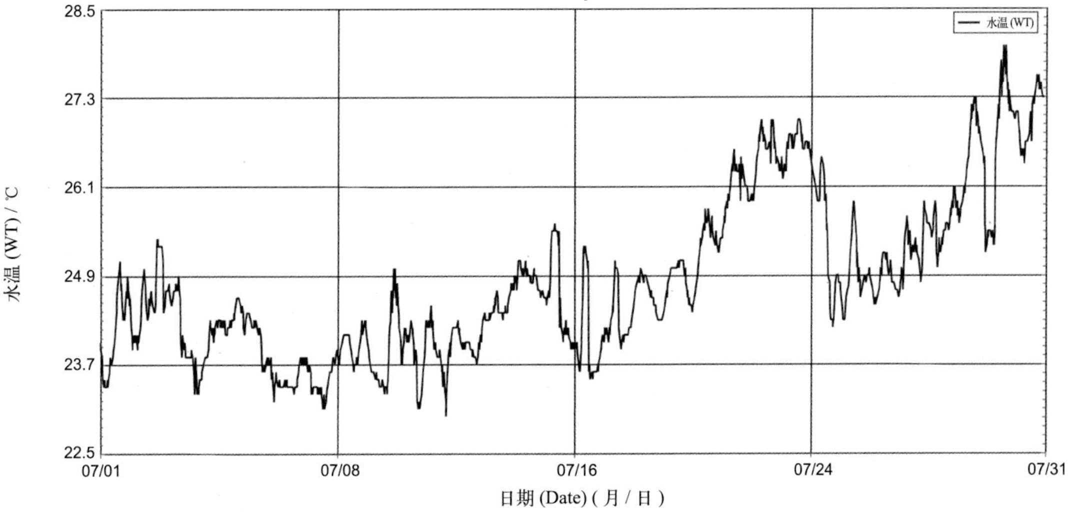

20号浮标2020年08月水温观测数据曲线
WT of 20 buoy in Aug. 2020

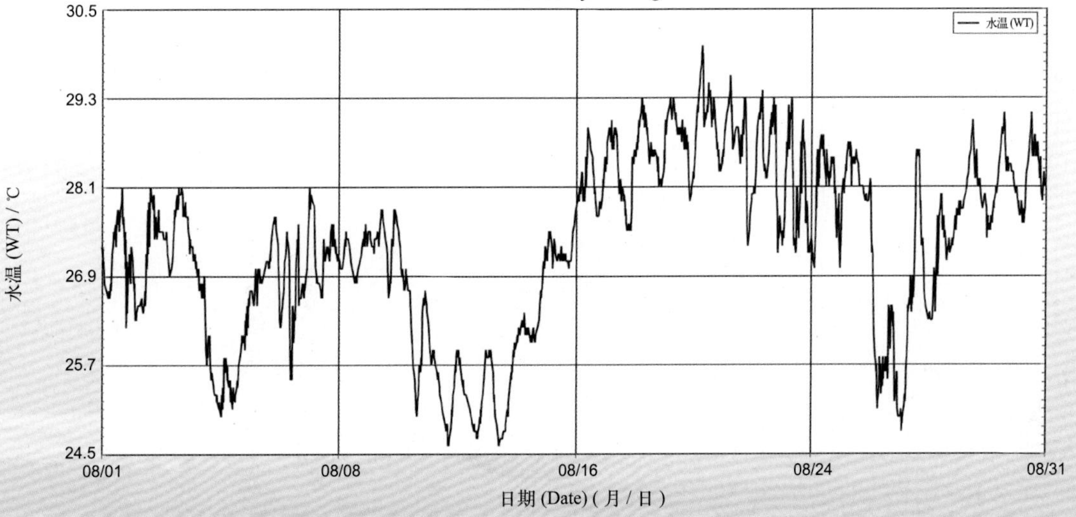

20号浮标2020年09月水温观测数据曲线
WT of 20 buoy in Sep. 2020

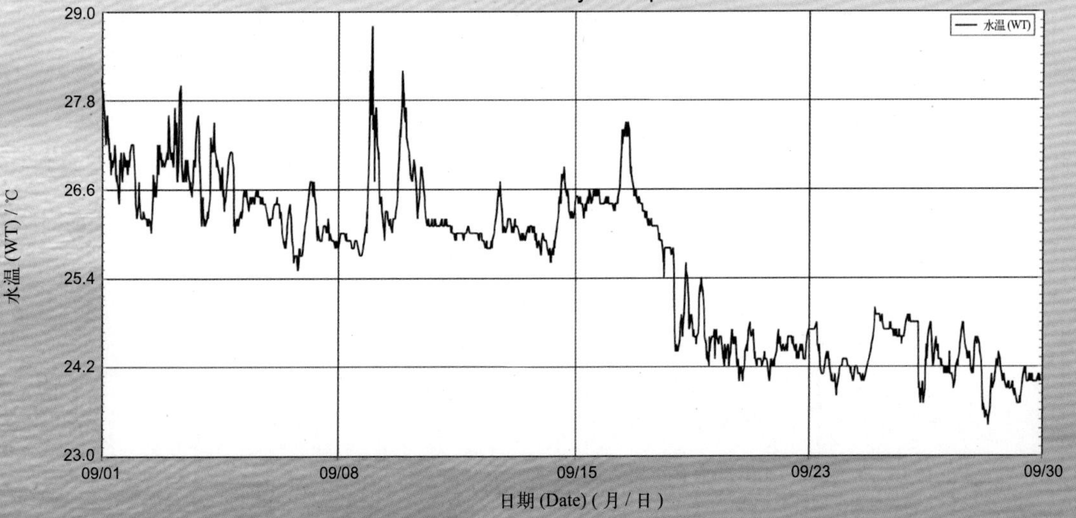

20 号浮标 2020 年 10 月水温观测数据曲线
WT of 20 buoy in Oct. 2020

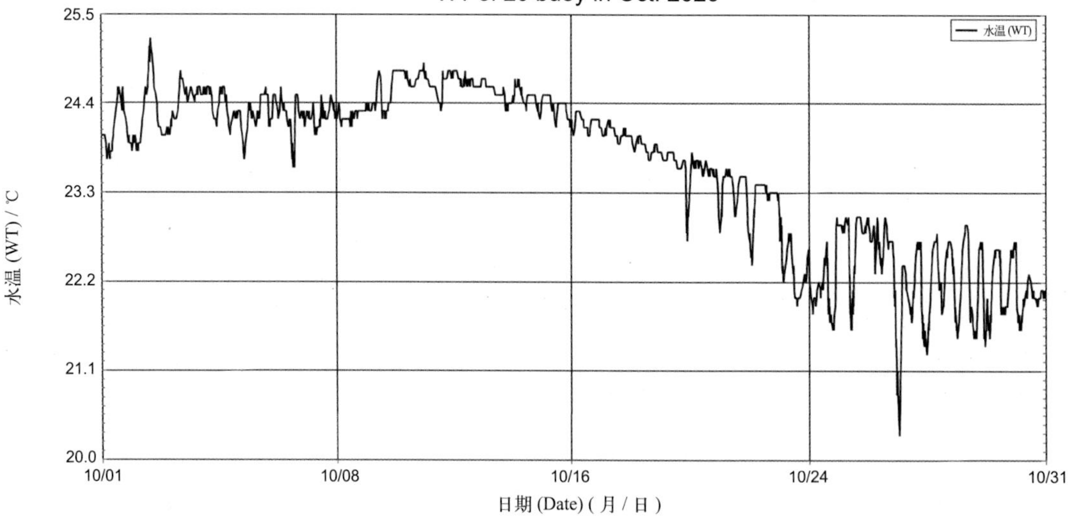

20 号浮标 2020 年 11 月水温观测数据曲线
WT of 20 buoy in Nov. 2020

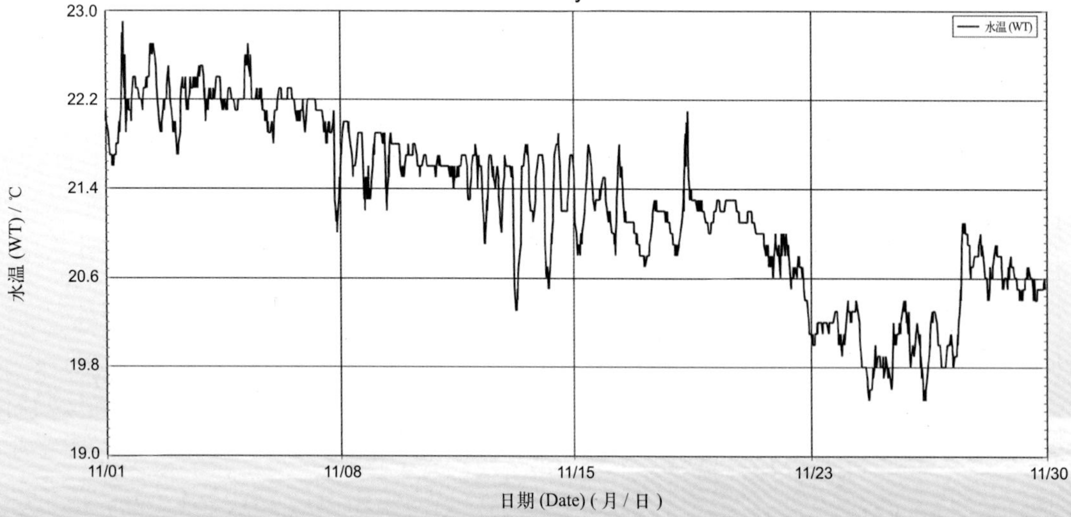

20 号浮标 2020 年 12 月水温观测数据曲线
WT of 20 buoy in Dec. 2020

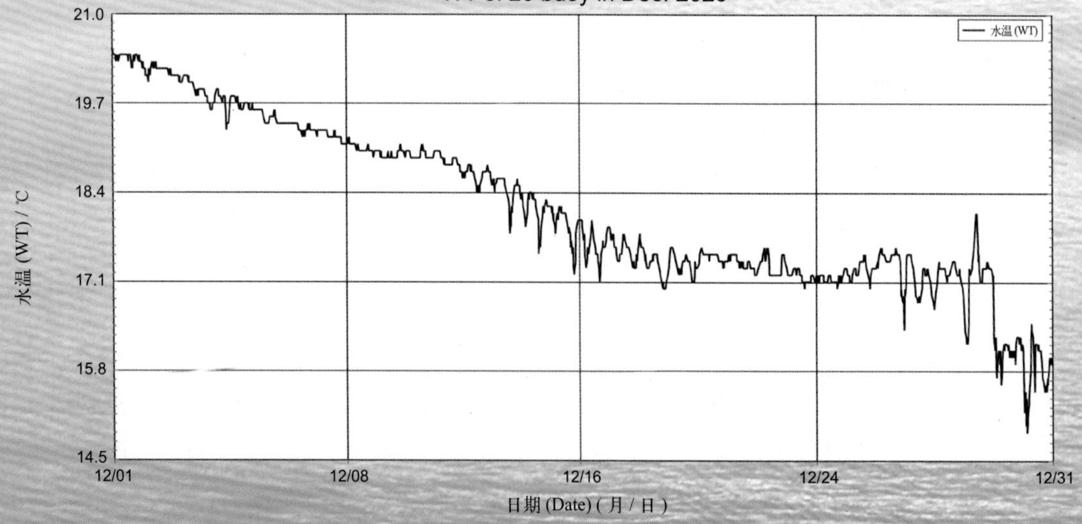

2020 年度 02 号浮标观测数据概述及曲线（有效波高和有效波周期）

2020 年，02 号浮标共获取 270 天的有效波高和有效波周期长序列观测数据。获取数据的主要区间共两个时间段，具体为 1 月 1 日 00:00 至 8 月 26 日 00:30 和 12 月 1 日 09:00 至 12 月 31 日 23:30。通过对获取数据质量控制和分析，02 号浮标观测海域 2020 年度有效波高、有效波周期数据和季节数据特征如下。

年度有效波高平均值为 0.65 m，年度有效波周期平均值为 4.57 s；测得的年度最大有效波高为 2.7 m（6 月 24 日），对应的有效波周期为 6.8 s，当时有效波高≥ 2 m 以上的海浪持续了 10.0 h；测得的年度最长有效波周期为 9.4 s（8 月 25 日）。以 2 月为冬季代表月，观测海域冬季的平均有效波高是 0.74 m，平均有效波周期是 4.29 s；以 5 月为春季代表月，观测海域春季的平均有效波高是 0.68 m，平均有效波周期是 4.87 s；以 8 月为夏季代表月，观测海域夏季的平均有效波高是 0.85 m，平均有效波周期是 5.58 s。

2020 年，02 号浮标观测海域有效波高、有效波周期的月平均值、最大值和最小值数据参见表 17。

2020 年，02 号浮标获取到有效波高≥ 2 m 的海浪过程共有 10 次，记录到 1 次寒潮过程和 1 次台风过程。寒潮的具体过程中，12 月 28—31 日，02 号浮标获取到的最大有效波高为 1.9 m（12 月 29 日 20:00），对应的有效波周期为 6.3 s。台风的具体过程中，8 月 3—6 日，受第 4 号台风“黑格比”的影响，02 号浮标获取到的最大有效波高为 2.4 m（8 月 4 日 03:30），对应的有效波周期为 6.3 s。

表 17　02 号浮标各月份有效波高、有效波周期观测数据

月份	有效波高 / m			有效波周期 / s			备注
	平均	最大	最小	平均	最大	最小	
1	0.62	2.5	0.1	3.85	6.2	2.4	记录 1 次有效波高≥ 2 m 过程
2	0.74	2.3	0.2	4.29	7.2	2.5	记录 1 次有效波高≥ 2 m 过程
3	0.68	2.3	0.1	4.22	6.7	2.5	记录 1 次有效波高≥ 2 m 过程
4	0.60	1.9	0.1	4.18	7.7	2.4	
5	0.68	2.6	0.1	4.87	8.2	2.6	记录 2 次有效波高≥ 2 m 过程
6	0.51	2.7	0.2	5.17	8.7	2.8	记录 1 次有效波高≥ 2 m 过程
7	0.51	2.4	0.1	5.16	7.9	2.7	记录 1 次有效波高≥ 2 m 过程
8	0.85	2.4	0.1	5.58	9.4	2.5	缺测 5 天数据，记录 1 次台风，记录 2 次有效波高≥ 2 m 过程
9	—	—	—	—	—	—	缺测数据
10	—	—	—	—	—	—	缺测数据
11	—	—	—	—	—	—	缺测数据
12	0.70	2.6	0.2	4.13	6.3	2.5	记录 1 次寒潮，记录 1 次有效波高≥ 2 m 过程

02 号浮标 2020 年有效波高、有效波周期观测数据曲线

SignWH and SignWP of 02 buoy in 2020

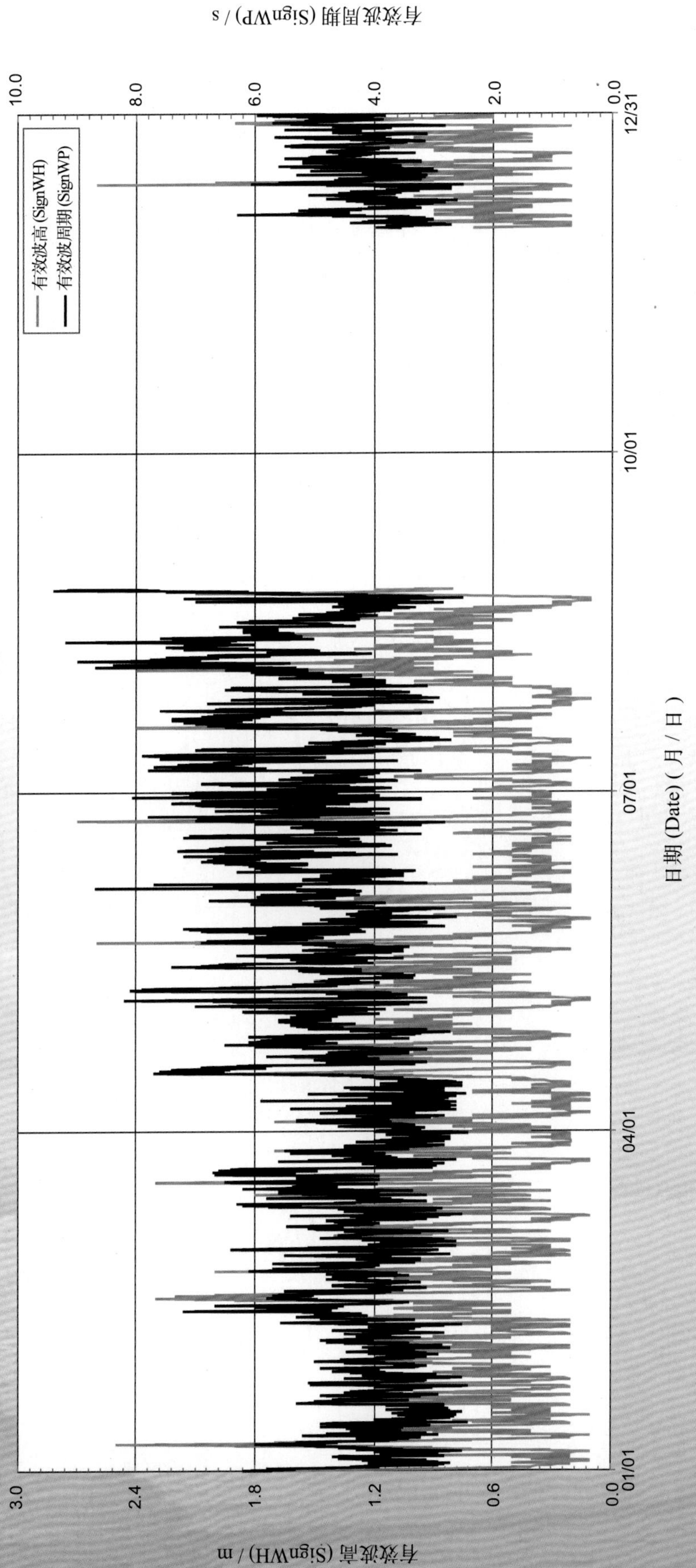

02 号浮标 2020 年 01 月有效波高、有效波周期观测数据曲线
SignWH and SignWP of 02 buoy in Jan. 2020

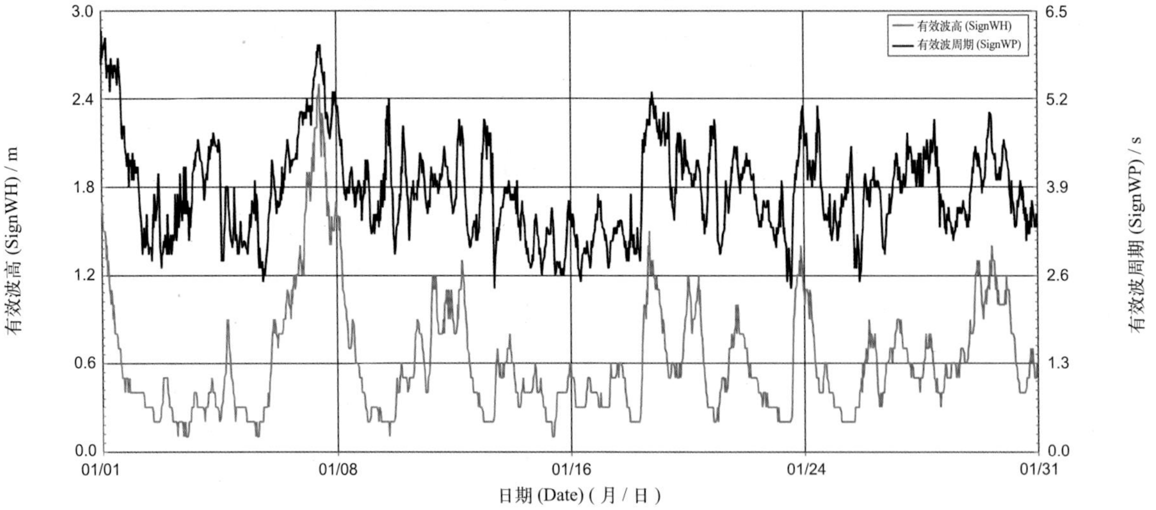

02 号浮标 2020 年 02 月有效波高、有效波周期观测数据曲线
SignWH and SignWP of 02 buoy in Feb. 2020

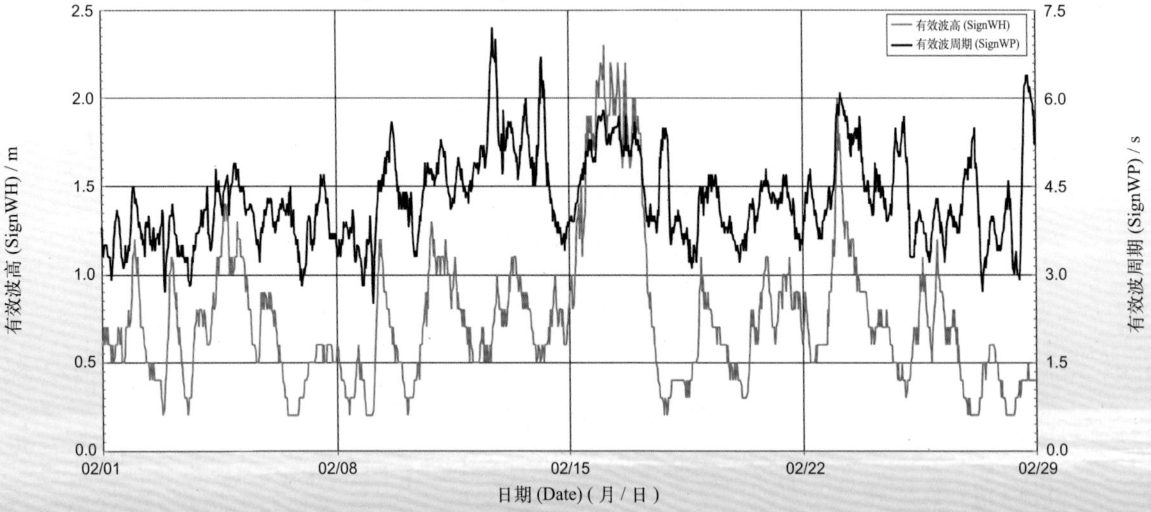

02 号浮标 2020 年 03 月有效波高、有效波周期观测数据曲线
SignWH and SignWP of 02 buoy in Mar. 2020

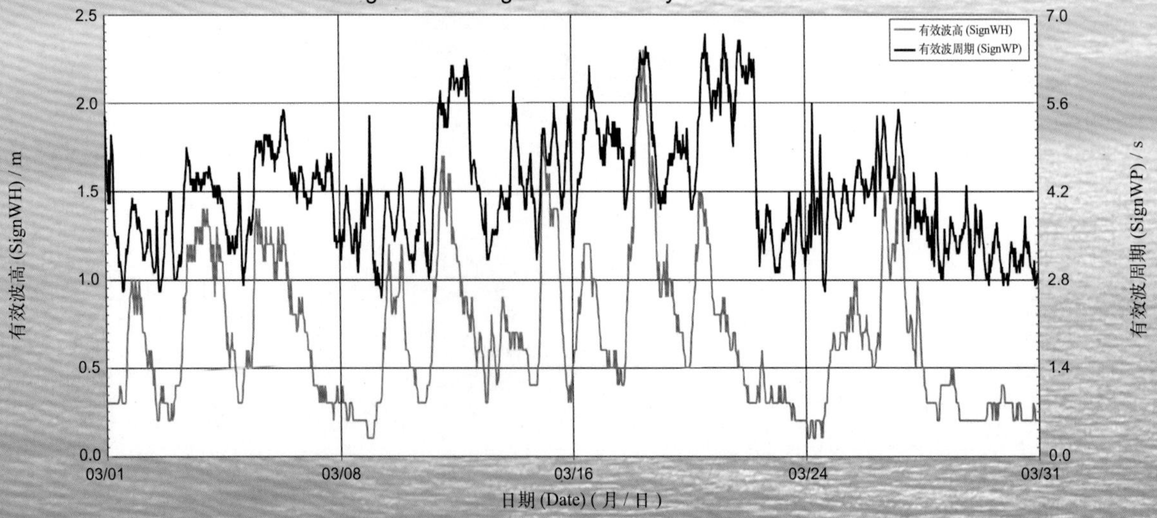

02 号浮标 2020 年 04 月有效波高、有效波周期观测数据曲线
SignWH and SignWP of 02 buoy in Apr. 2020

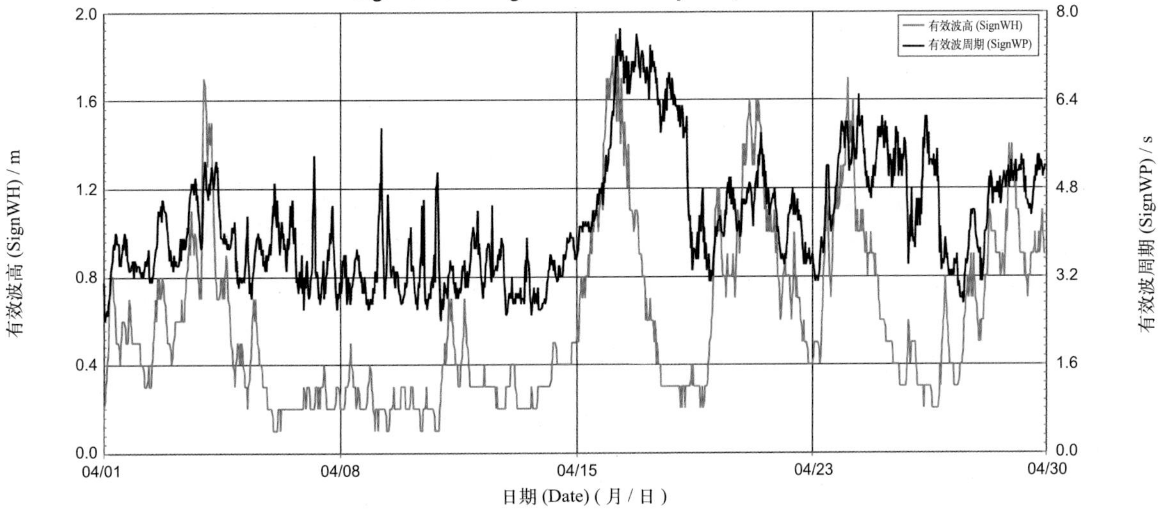

02 号浮标 2020 年 05 月有效波高、有效波周期观测数据曲线
SignWH and SignWP of 02 buoy in May 2020

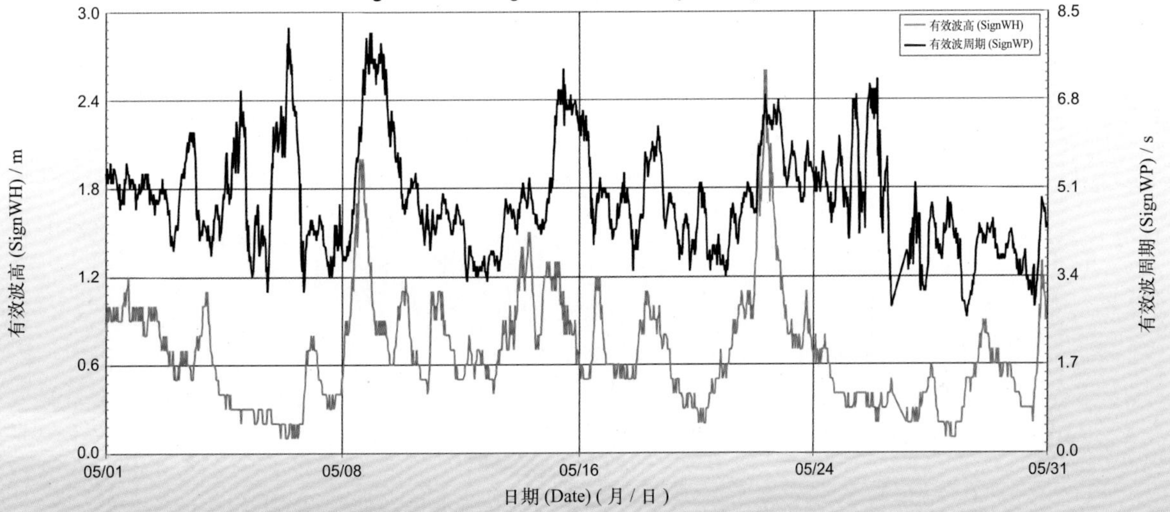

02 号浮标 2020 年 06 月有效波高、有效波周期观测数据曲线
SignWH and SignWP of 02 buoy in Jun. 2020

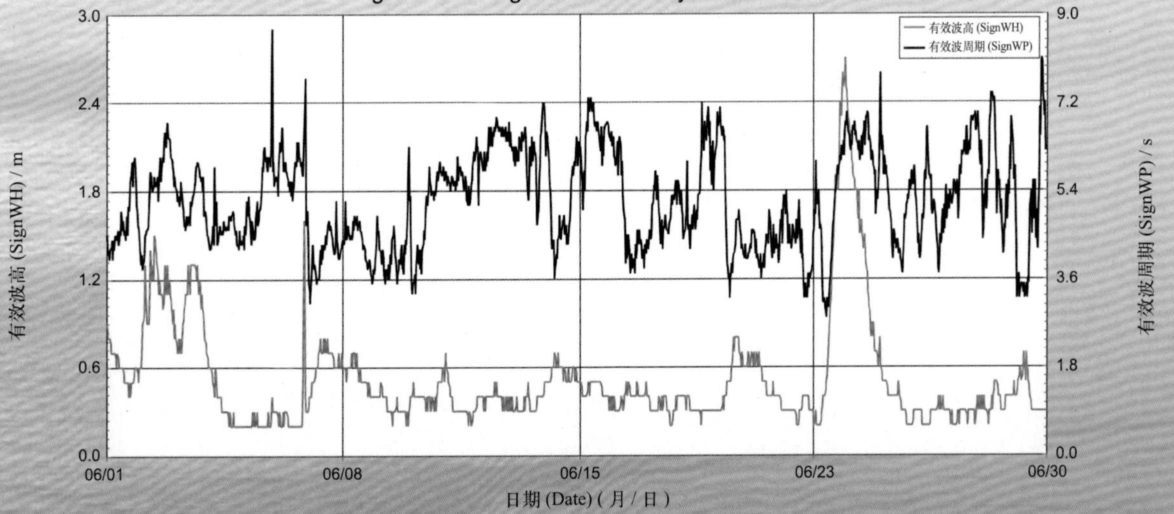

02 号浮标 2020 年 07 月有效波高、有效波周期观测数据曲线
SignWH and SignWP of 02 buoy in Jul. 2020

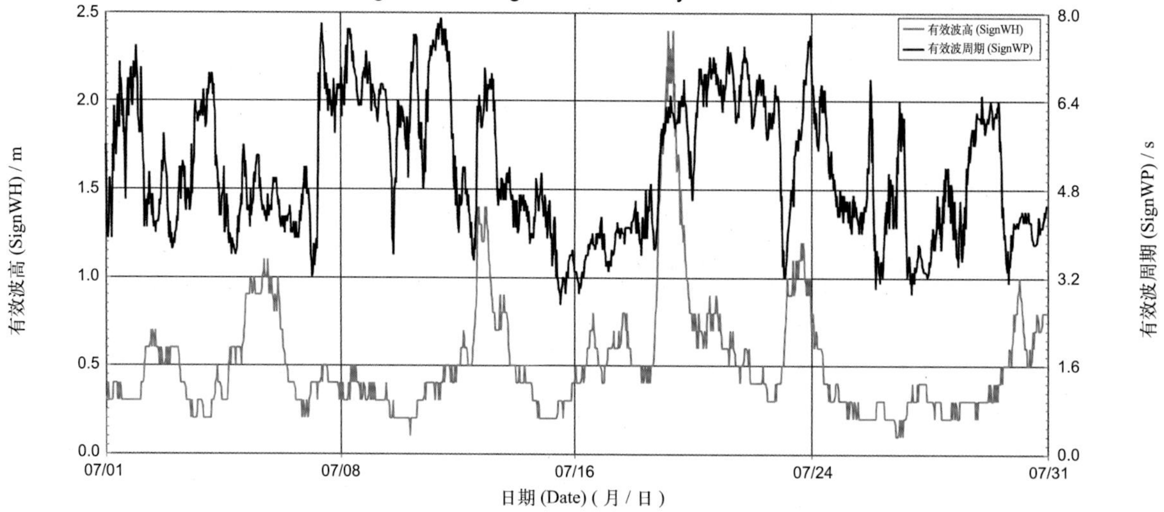

02 号浮标 2020 年 08 月有效波高、有效波周期观测数据曲线
SignWH and SignWP of 02 buoy in Aug. 2020

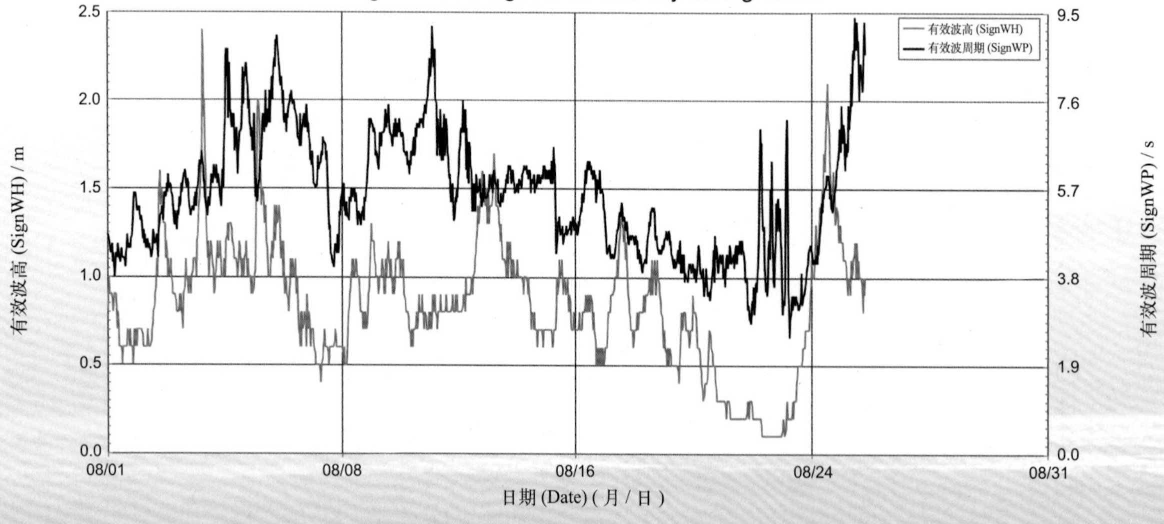

02 号浮标 2020 年 12 月有效波高、有效波周期观测数据曲线
SignWH and SignWP of 02 buoy in Dec. 2020

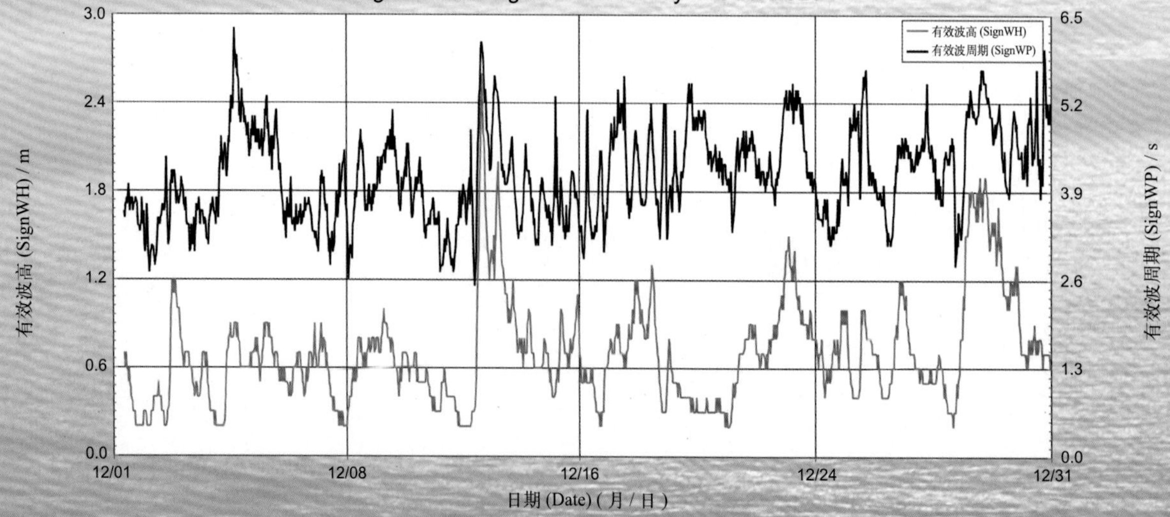

2020 年度 05 号浮标观测数据概述及曲线
（有效波高和有效波周期）

2020 年，05 号浮标共获取 366 天的有效波高和有效波周期长序列观测数据。通过对获取数据质量控制和分析，05 号浮标观测海域 2020 年度有效波高、有效波周期数据和季节数据特征如下。

年度有效波高平均值为 0.65 m，年度有效波周期平均值为 4.47 s；测得的年度最大有效波高为 3.0 m（11 月 18 日），对应的有效波周期为 7.1 s，当时有效波高≥ 2 m 以上的海浪持续了 12.0 h；测得的年度最长有效波周期为 12.7 s（8 月 27 日）。以 2 月为冬季代表月，观测海域冬季的平均有效波高是 0.72 m，平均有效波周期是 4.21 s；以 5 月为春季代表月，观测海域春季的平均有效波高是 0.69 m，平均有效波周期是 4.76 s；以 8 月为夏季代表月，观测海域夏季的平均有效波高是 0.82 m，平均有效波周期是 5.76 s；以 11 月为秋季代表月，观测海域秋季的平均有效波高是 0.76 m，平均有效波周期是 4.27 s。

2020 年，05 号浮标观测海域有效波高、有效波周期的月平均值、最大值和最小值数据参见表 18。

2020 年，05 号浮标获取到有效波高≥ 2 m 的海浪过程共有 13 次，记录到 1 次寒潮过程和 3 次台风过程。寒潮的具体过程中，12 月 28—31 日，05 号浮标获取的最大有效波高为 1.6 m（12 月 29 日 07:00 至 12 月 30 日 17:00 期间多个时间点），对应的有效波周期为 4.8 ~ 5.5 s。第一次台风过程，8 月 4—6 日，受第 4 号台风“黑格比”的影响，05 号浮标获取到的最大有效波高为 2.1 m（8 月 4 日 02:30 和 03:00），对的应有效波周期为 6.4 s 和 6.5 s。第二次台风过程，8 月 26—27 日，受第 8 号强台风“巴威”的影响，05 号浮标获取到的最大有效波高为 2.4 m（8 月 27 日 02:30），对应的有效波周期为 11.4 s。第三次台风过程，9 月 2—4 日，受第 9 号超强台风“美莎克”的影响，05 号浮标获取到的最大有效波高为 1.4 m（9 月 4 日 02:00），对应的有效波周期为 6.0 s。

表 18　05 号浮标各月份有效波高、有效波周期观测数据

月份	有效波高 / m			有效波周期 / s			备注
	平均	最大	最小	平均	最大	最小	
1	0.62	2.2	0.1	3.87	6.2	2.4	记录 1 次有效波高≥ 2 m 过程
2	0.72	2.4	0.2	4.21	6.4	2.6	记录 2 次有效波高≥ 2 m 过程
3	0.65	2.1	0.1	4.14	6.7	2.4	记录 1 次有效波高≥ 2 m 过程
4	0.61	1.9	0.1	4.11	7.6	2.3	
5	0.69	2.4	0.1	4.76	7.9	2.6	记录 2 次有效波高≥ 2 m 过程
6	0.50	2.6	0.2	5.04	8.3	2.7	记录 1 次有效波高≥ 2 m 过程
7	0.54	2.3	0.1	5.06	7.9	2.6	记录 1 次有效波高≥ 2 m 过程
8	0.82	2.4	0.1	5.76	12.7	2.6	记录 2 次台风，记录 3 次有效波高≥ 2 m 过程
9	0.60	1.8	0.1	4.26	11.7	2.5	记录 1 次台风
10	0.60	2.0	0.2	3.98	5.7	2.6	记录 1 次有效波高≥ 2 m 过程
11	0.76	3.0	0.2	4.27	7.9	2.6	记录 1 次有效波高≥ 2 m 过程
12	0.73	1.8	0.1	4.15	6.1	2.6	记录 1 次寒潮

05 号浮标 2020 年有效波高、有效波周期观测数据曲线
SignWH and SignWP of 05 buoy in 2020

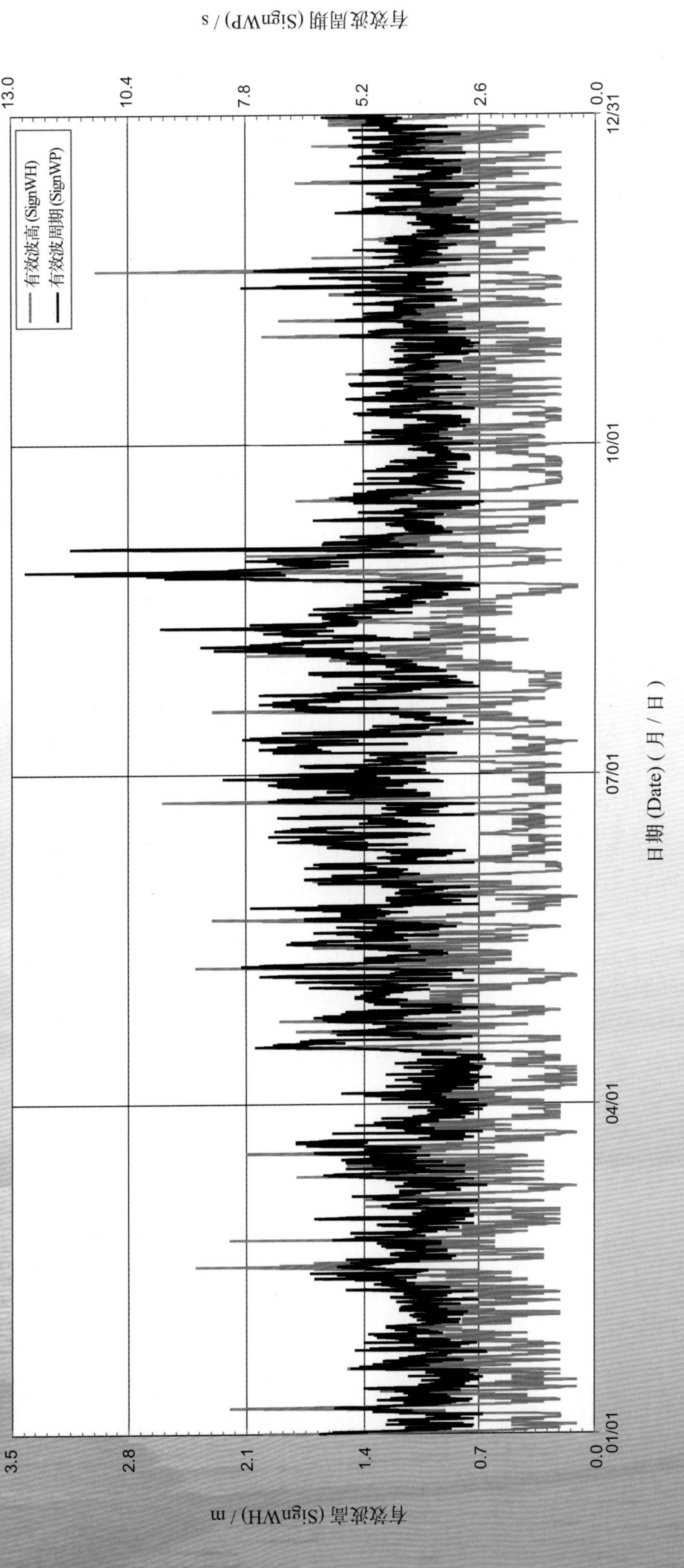

05 号浮标 2020 年 01 月有效波高、有效波周期观测数据曲线
SignWH and SignWP of 05 buoy in Jan. 2020

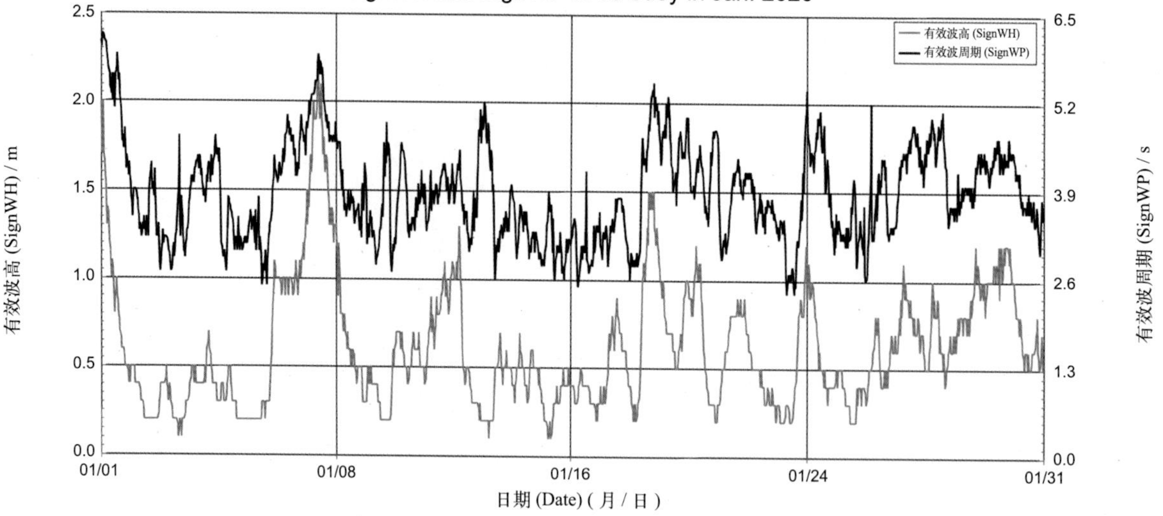

05 号浮标 2020 年 02 月有效波高、有效波周期观测数据曲线
SignWH and SignWP of 05 buoy in Feb. 2020

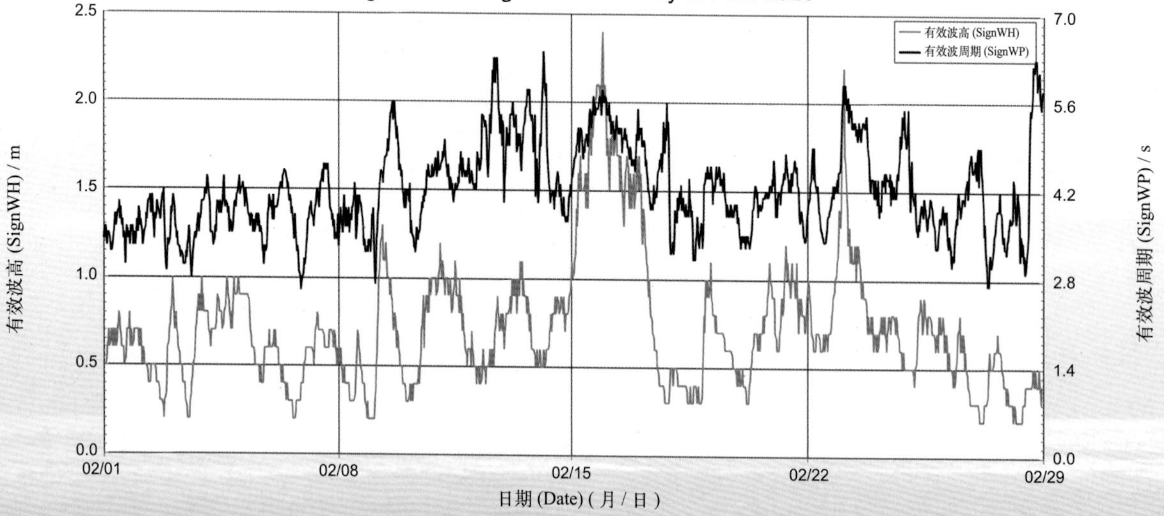

05 号浮标 2020 年 03 月有效波高、有效波周期观测数据曲线
SignWH and SignWP of 05 buoy in Mar. 2020

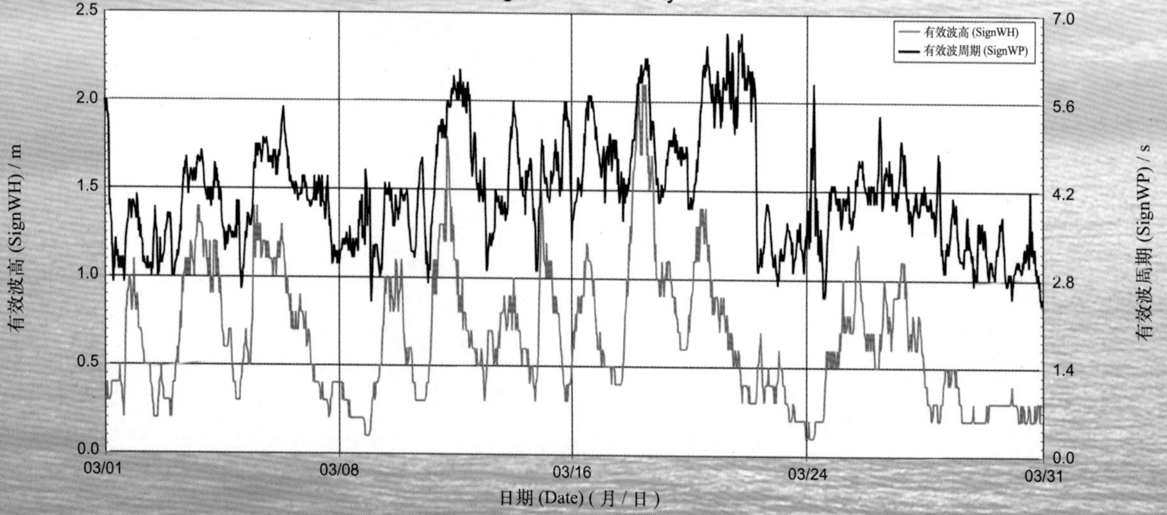

05 号浮标 2020 年 04 月有效波高、有效波周期观测数据曲线
SignWH and SignWP of 05 buoy in Apr. 2020

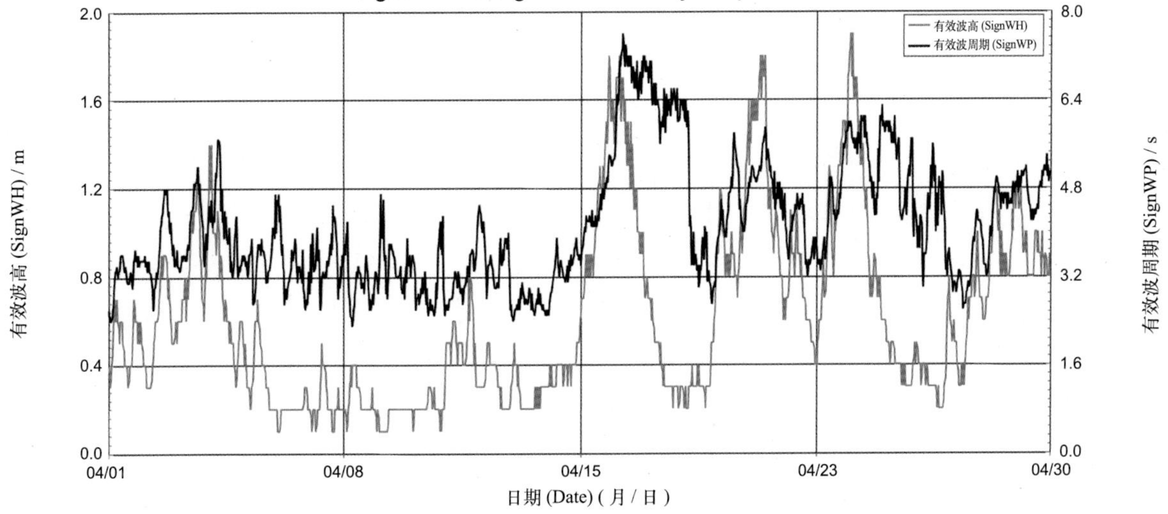

05 号浮标 2020 年 05 月有效波高、有效波周期观测数据曲线
SignWH and SignWP of 05 buoy in May 2020

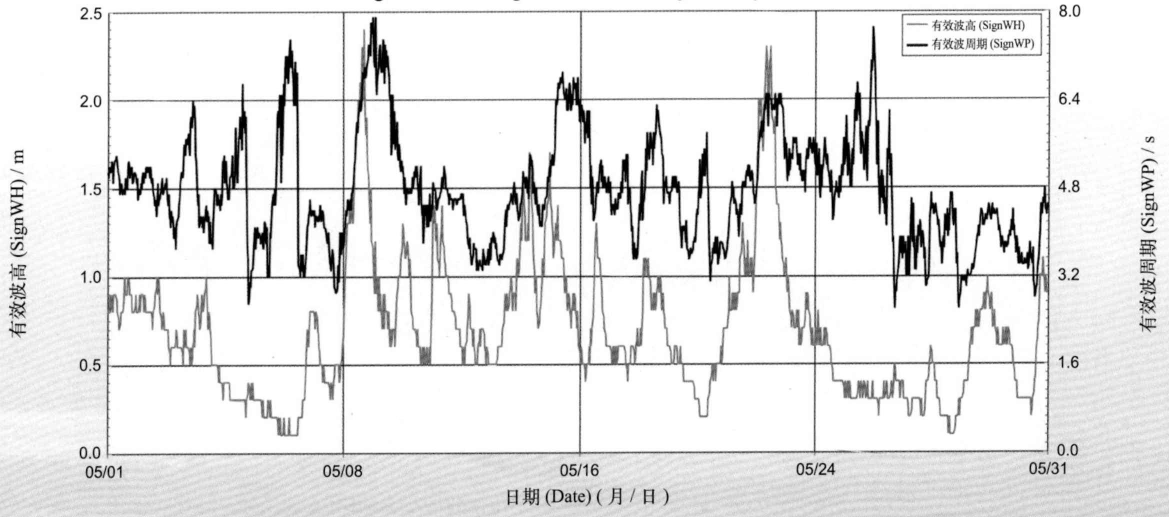

05 号浮标 2020 年 06 月有效波高、有效波周期观测数据曲线
SignWH and SignWP of 05 buoy in Jun. 2020

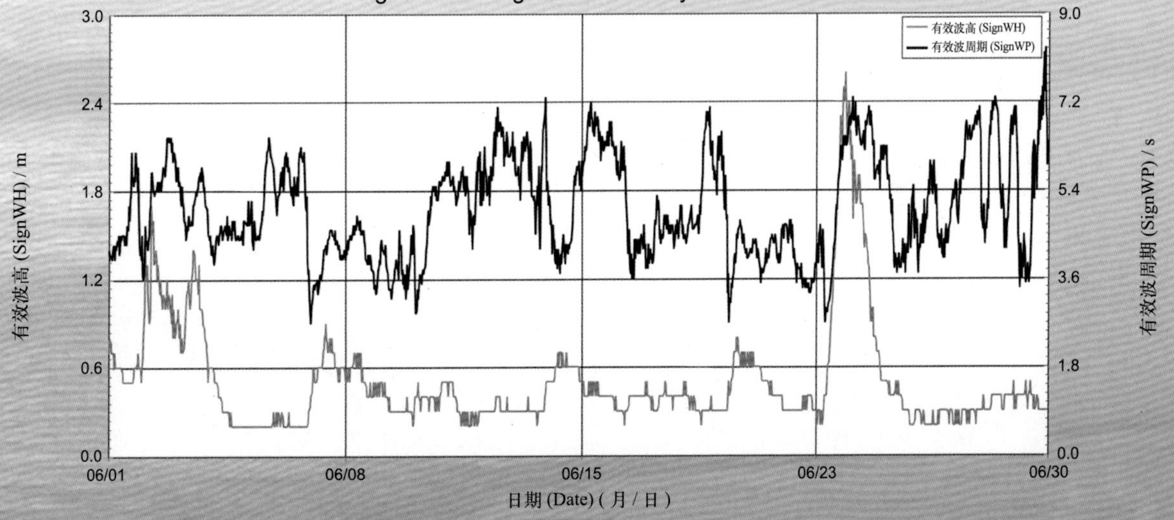

05 号浮标 2020 年 07 月有效波高、有效波周期观测数据曲线
SignWH and SignWP of 05 buoy in Jul. 2020

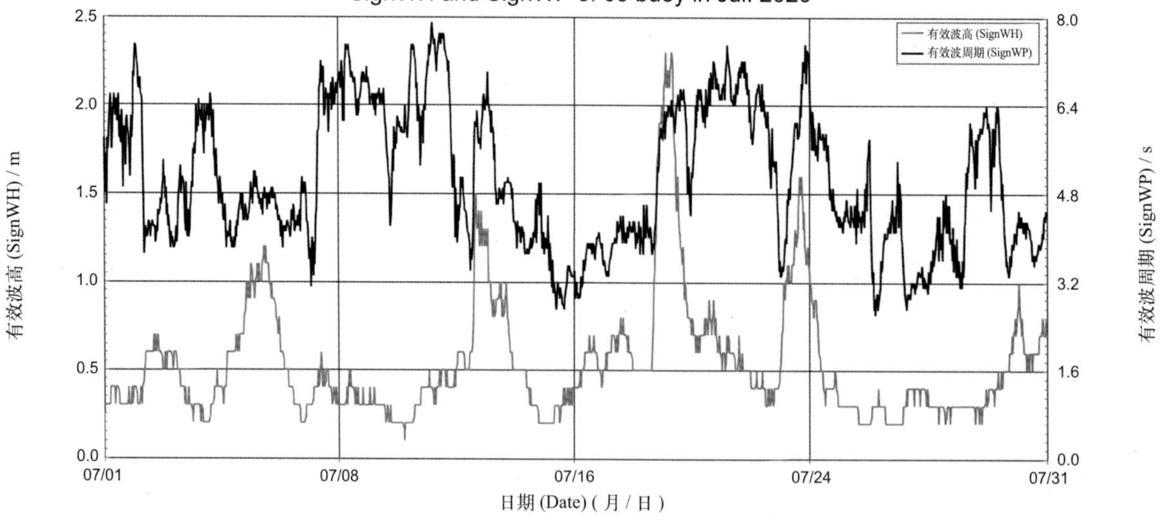

05 号浮标 2020 年 08 月有效波高、有效波周期观测数据曲线
SignWH and SignWP of 05 buoy in Aug. 2020

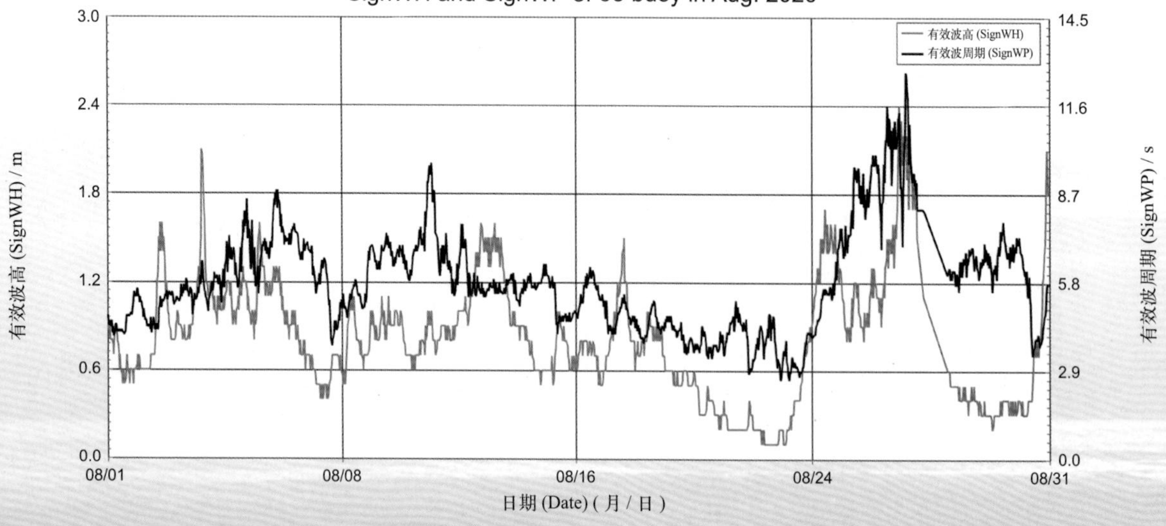

05 号浮标 2020 年 09 月有效波高、有效波周期观测数据曲线
SignWH and SignWP of 05 buoy in Sep. 2020

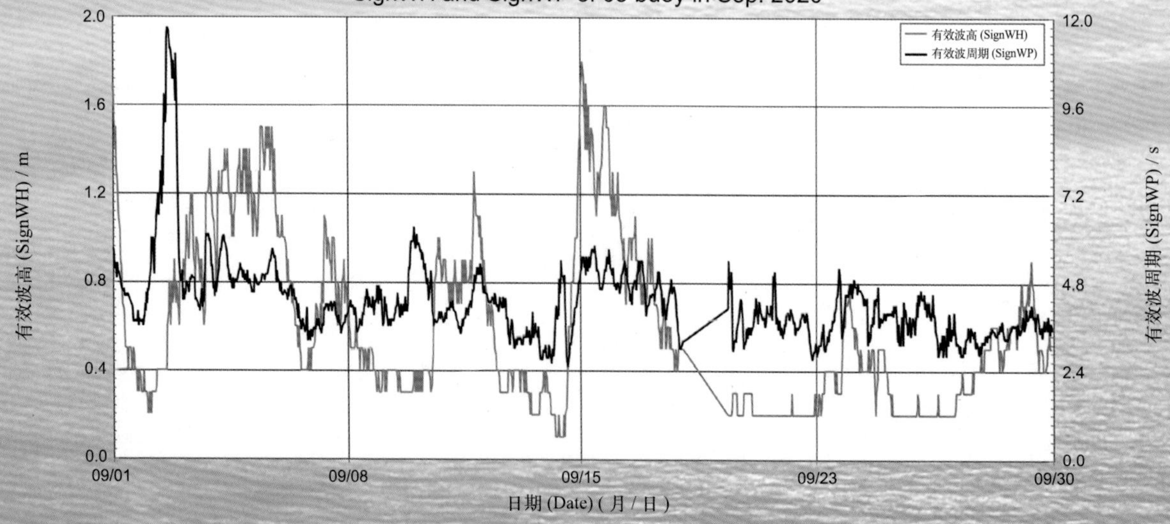

05 号浮标 2020 年 10 月有效波高、有效波周期观测数据曲线
SignWH and SignWP of 05 buoy in Oct. 2020

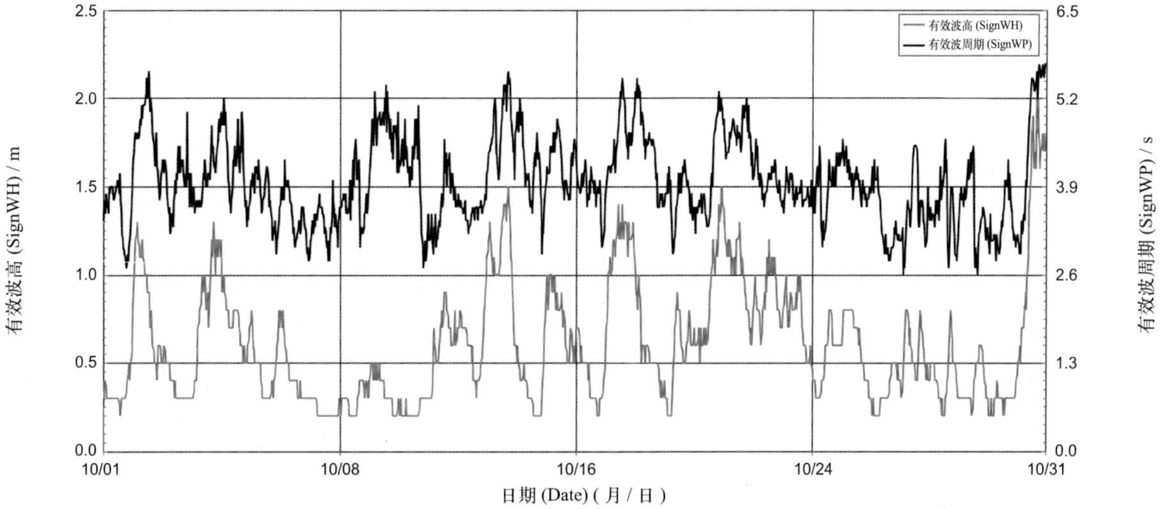

05 号浮标 2020 年 11 月有效波高、有效波周期观测数据曲线
SignWH and SignWP of 05 buoy in Nov. 2020

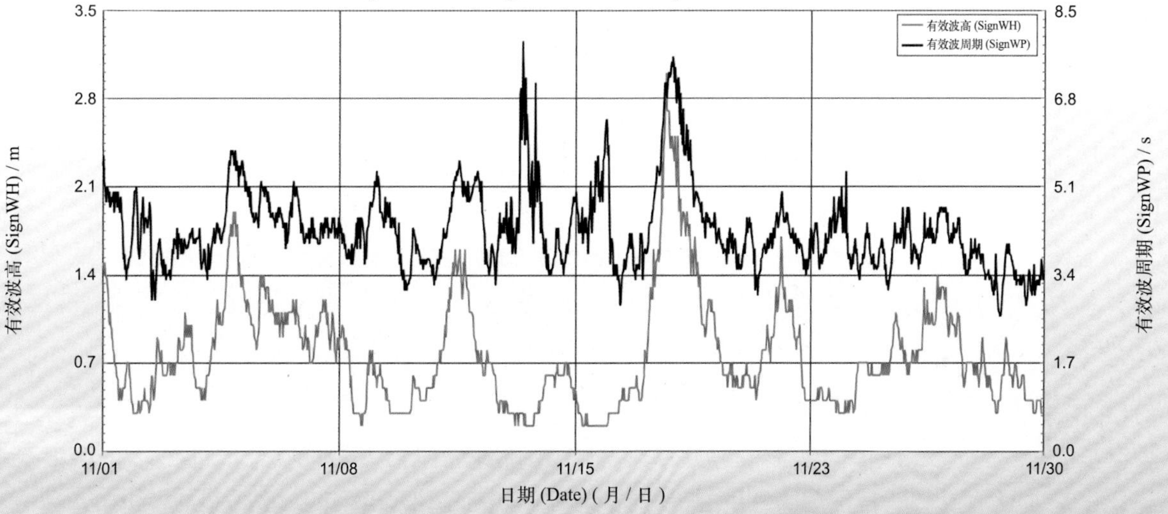

05 号浮标 2020 年 12 月有效波高、有效波周期观测数据曲线
SignWH and SignWP of 05 buoy in Dec. 2020

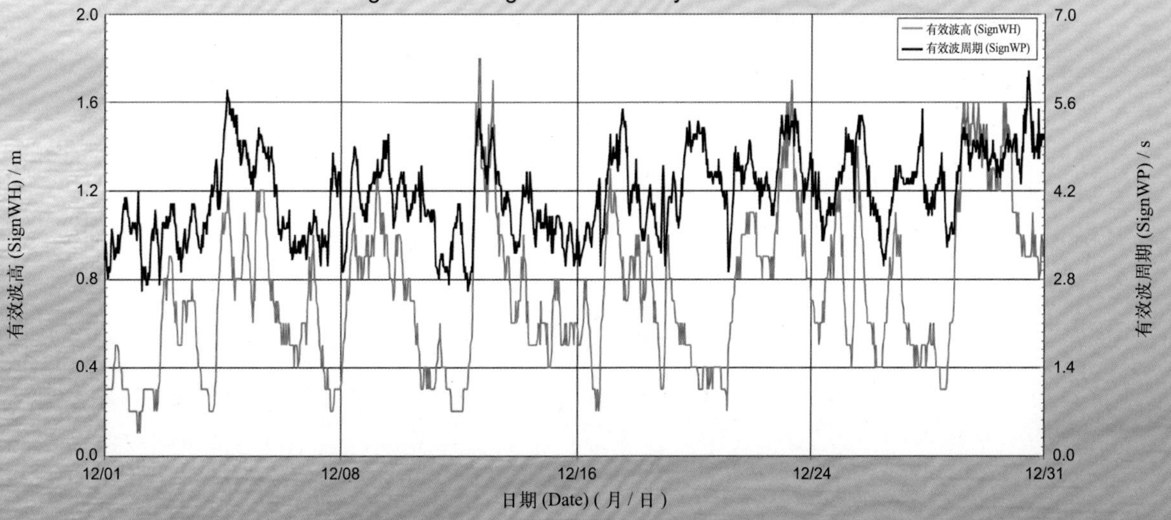

2020 年度 06 号浮标观测数据概述及曲线
（有效波高和有效波周期）

2020 年，06 号浮标共获取 366 天的有效波高和有效波周期长序列观测数据。通过对获取数据质量控制和分析，06 号浮标观测海域 2020 年度有效波高、有效波周期数据和季节数据特征如下。

年度有效波高平均值为 1.13 m，年度有效波周期平均值为 6.33 s；测得的年度最大有效波高为 6.5 m（7 月 24 日），对应的有效波周期为 27.1 s；测得的年度最长有效波周期为 29.1 s（7 月 29 日）。以 2 月为冬季代表月，观测海域冬季的平均有效波高是 1.15 m，平均有效波周期是 6.32 s；以 5 月为春季代表月，观测海域春季的平均有效波高是 0.84 m，平均有效波周期是 6.20 s；以 8 月为夏季代表月，观测海域夏季的平均有效波高是 1.27 m，平均有效波周期是 6.18 s；以 11 月为秋季代表月，观测海域秋季的平均有效波高是 1.26 m，平均有效波周期是 6.41 s。

2020 年，06 号浮标观测海域有效波高、有效波周期的月平均值、最大值和最小值数据参见表 19。

2020 年，06 号浮标获取到有效波高≥ 4 m 的灾害性海浪过程共有 10 次，记录到 1 次寒潮过程和 4 次台风过程。寒潮的具体过程中，12 月 29—31 日，06 号浮标获取到的最大有效波高为 5.9 m（12 月 29 日 22:30），对应有效波周期为 9.5 s。第一次台风过程，受第 4 号台风“黑格比”的影响，06 号浮标获取到的最大有效波高为 4.3 m（8 月 4 日 10:30），对应有效波周期为 8.8 s。第二次台风过程，受第 8 号强台风“巴威”的影响，06 号浮标获取到的最大有效波高为 3.6 m（8 月 25 日 21:00），对应有效波周期为 9.3 s。第三次台风过程，受第 9 号超强台风“美莎克”的影响，06 号浮标获取到的最大有效波高为 5.7 m（9 月 2 日 07:30），对应有效波周期为 11.2 s。第四次台风过程，受第 10 号超强台风“海神”的影响，06 号浮标获取到的最大有效波高为 3.2 m（9 月 7 日 00:00），对应有效波周期为 8.4 s。

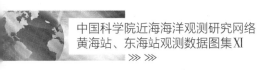

表 19　06 号浮标各月份有效波高、有效波周期观测数据

月份	有效波高 / m			有效波周期 / s			备注
	平均	最大	最小	平均	最大	最小	
1	1.39	4.5	0.4	6.21	9.6	4.2	记录 1 次有效波高≥ 4 m 过程
2	1.15	4.8	0.3	6.32	9.2	3.7	记录 1 次有效波高≥ 4 m 过程
3	1.11	3.4	0.3	5.93	8.4	3.6	
4	0.83	2.8	0.3	5.75	9.0	3.8	
5	0.84	2.5	0.2	6.20	8.9	3.8	
6	0.86	3.7	0.3	7.51	28.8	4.1	
7	1.06	6.5	0.3	7.90	29.1	4.4	记录 1 次有效波高≥ 4 m 过程
8	1.27	4.3	0.2	6.18	10.8	3.9	记录 2 次台风， 记录 2 次有效波高≥ 4 m 过程
9	1.30	5.7	0.4	6.90	12.8	4.1	记录 2 次台风， 记录 2 次有效波高≥ 4 m 过程
10	1.31	4.2	0.3	6.66	11.1	4.3	记录 1 次有效波高≥ 4 m 过程
11	1.26	3.1	0.7	6.41	9.6	4.3	
12	1.39	5.9	0.4	6.26	9.6	4.1	记录 1 次寒潮， 记录 2 次有效波高≥ 4 m 过程

06 号浮标 2020 年有效波高、有效波周期观测数据曲线
SignWH and SignWP of 06 buoy in 2020

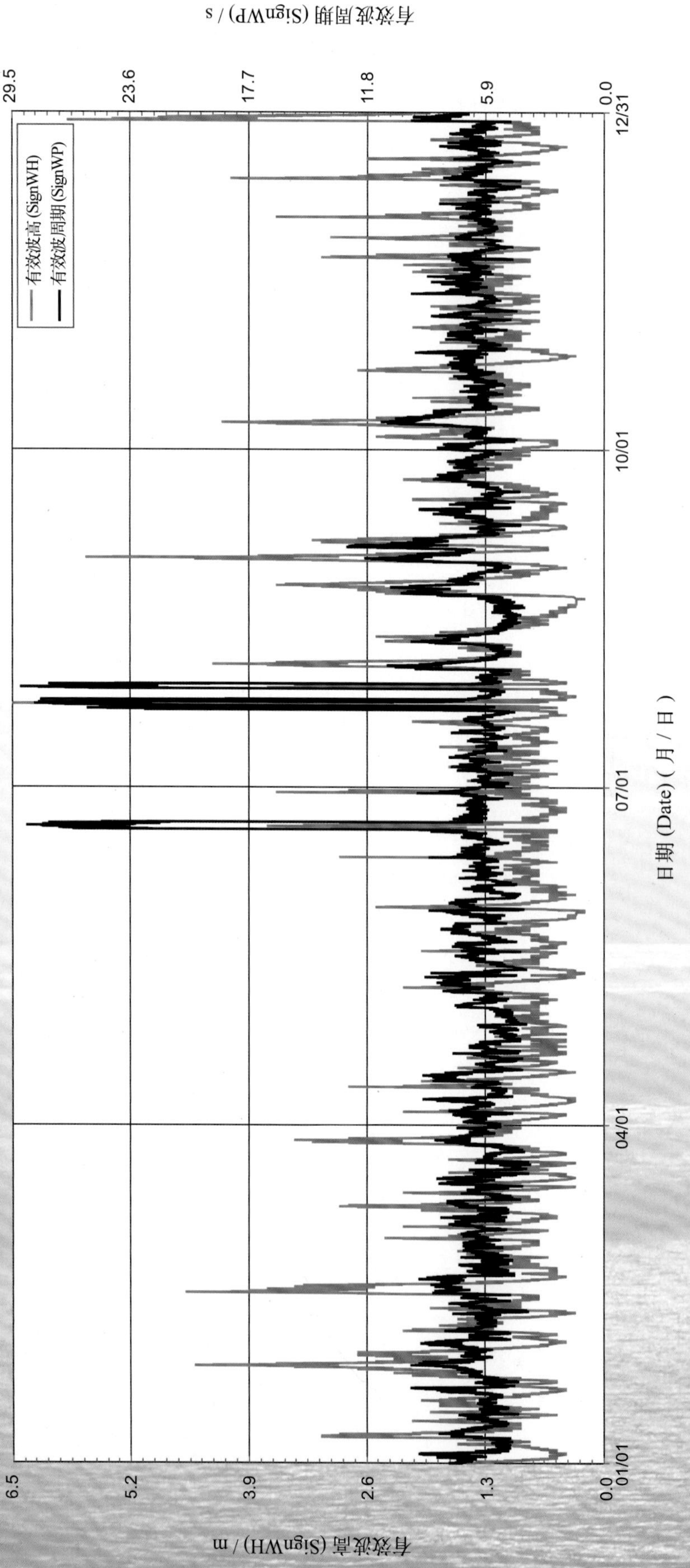

06 号浮标 2020 年 01 月有效波高、有效波周期观测数据曲线
SignWH and SignWP of 06 buoy in Jan. 2020

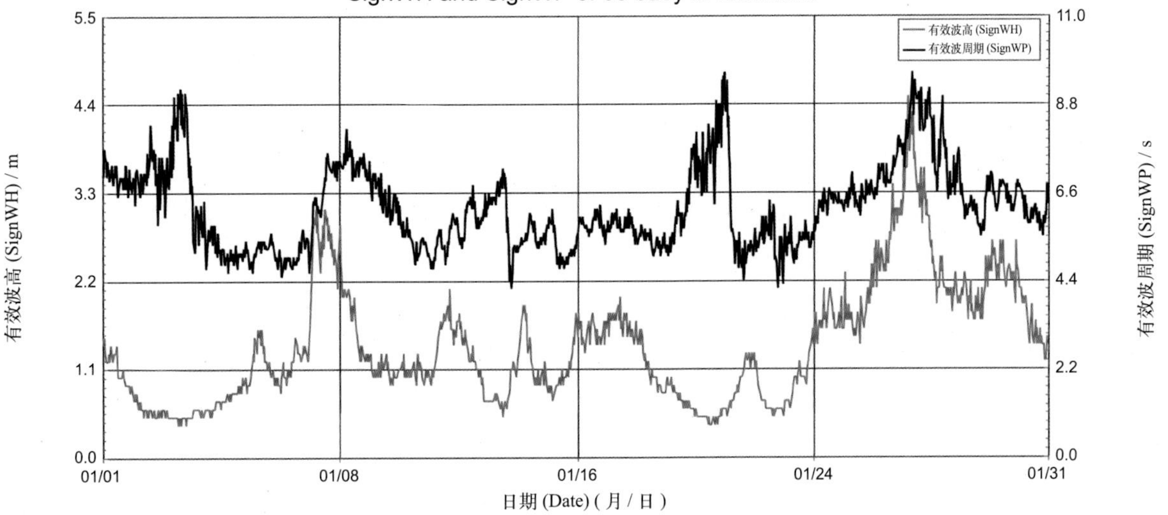

06 号浮标 2020 年 02 月有效波高、有效波周期观测数据曲线
SignWH and SignWP of 06 buoy in Feb. 2020

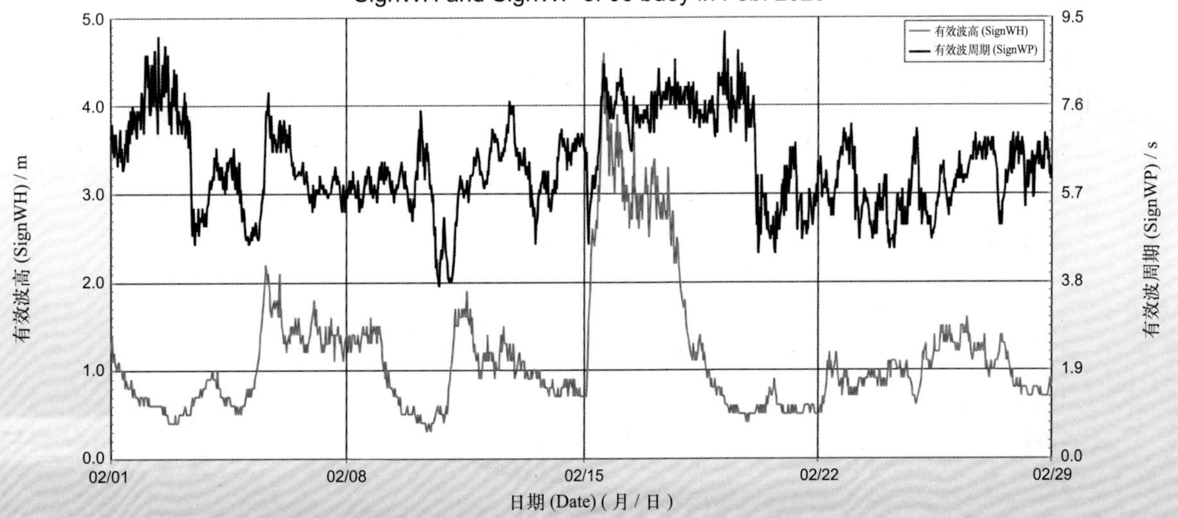

06 号浮标 2020 年 03 月有效波高、有效波周期观测数据曲线
SignWH and SignWP of 06 buoy in Mar. 2020

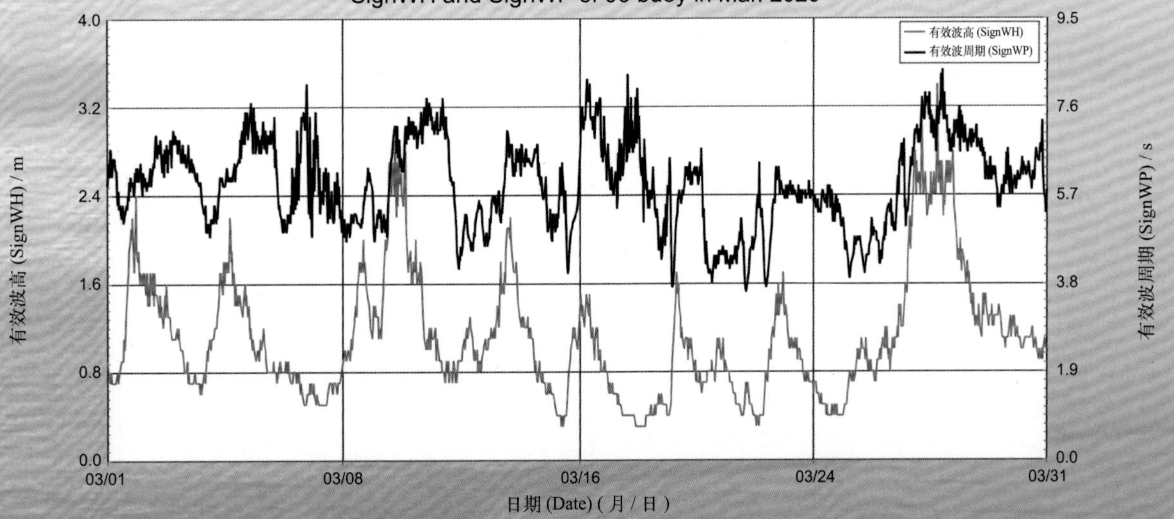

06 号浮标 2020 年 04 月有效波高、有效波周期观测数据曲线
SignWH and SignWP of 06 buoy in Apr. 2020

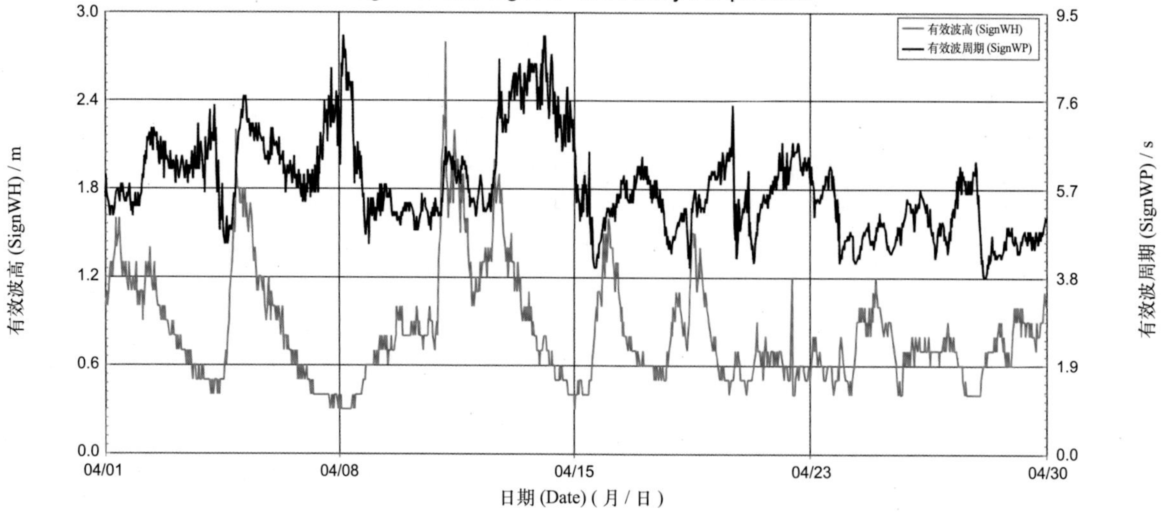

06 号浮标 2020 年 05 月有效波高、有效波周期观测数据曲线
SignWH and SignWP of 06 buoy in May 2020

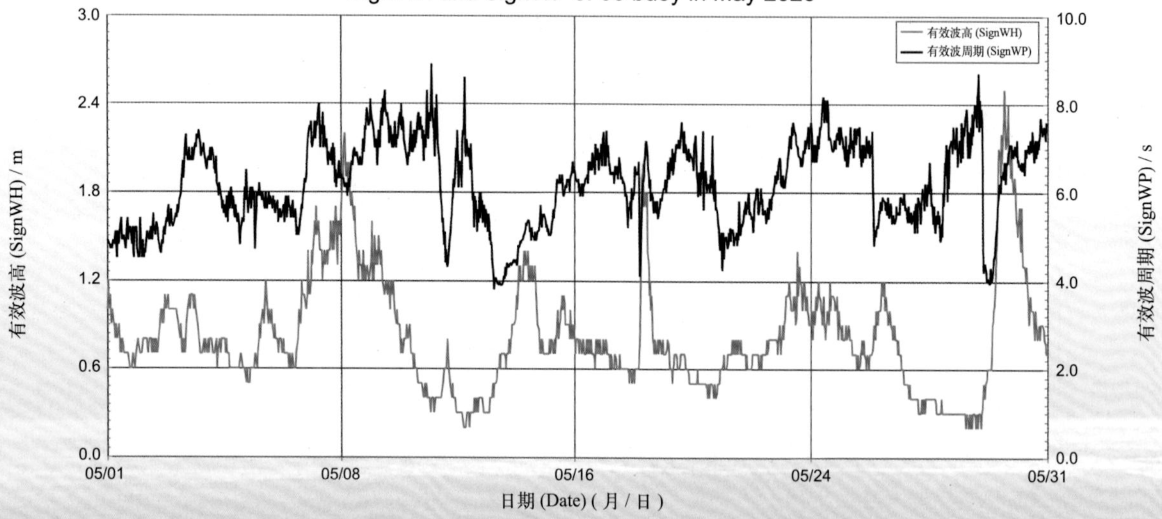

06 号浮标 2020 年 06 月有效波高、有效波周期观测数据曲线
SignWH and SignWP of 06 buoy in Jun. 2020

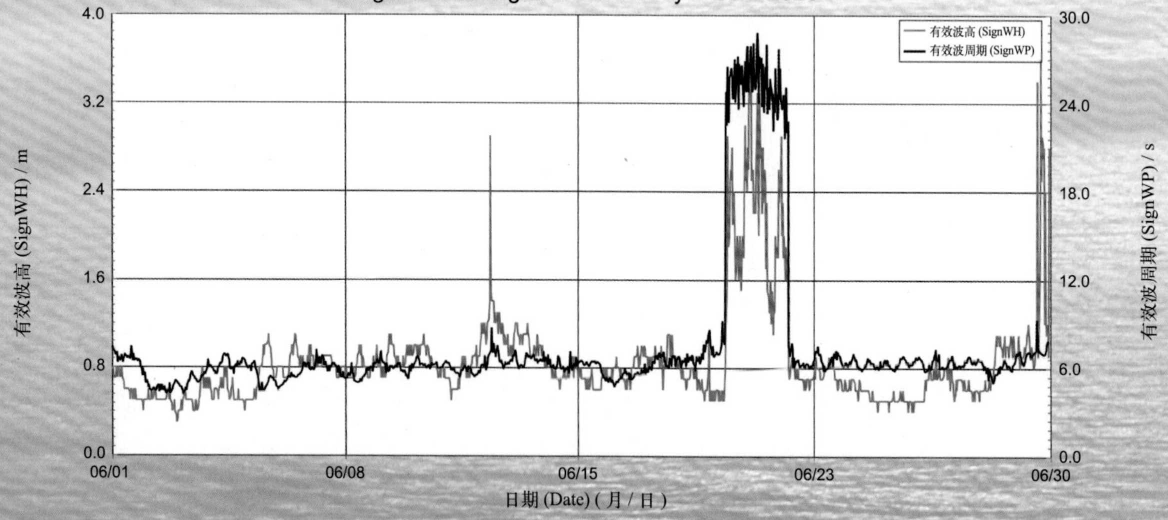

06 号浮标 2020 年 07 月有效波高、有效波周期观测数据曲线
SignWH and SignWP of 06 buoy in Jul. 2020

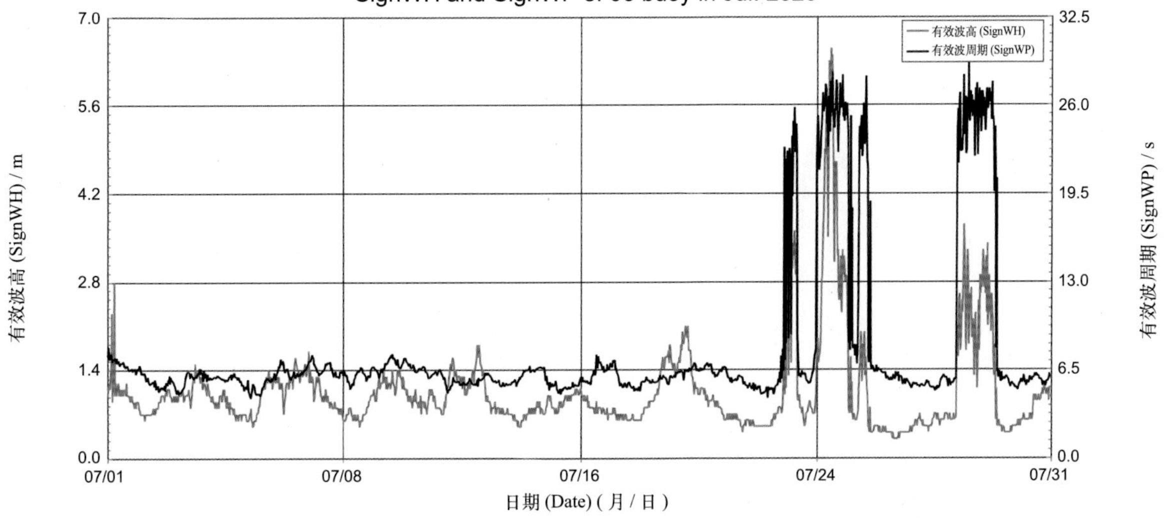

06 号浮标 2020 年 08 月有效波高、有效波周期观测数据曲线
SignWH and SignWP of 06 buoy in Aug. 2020

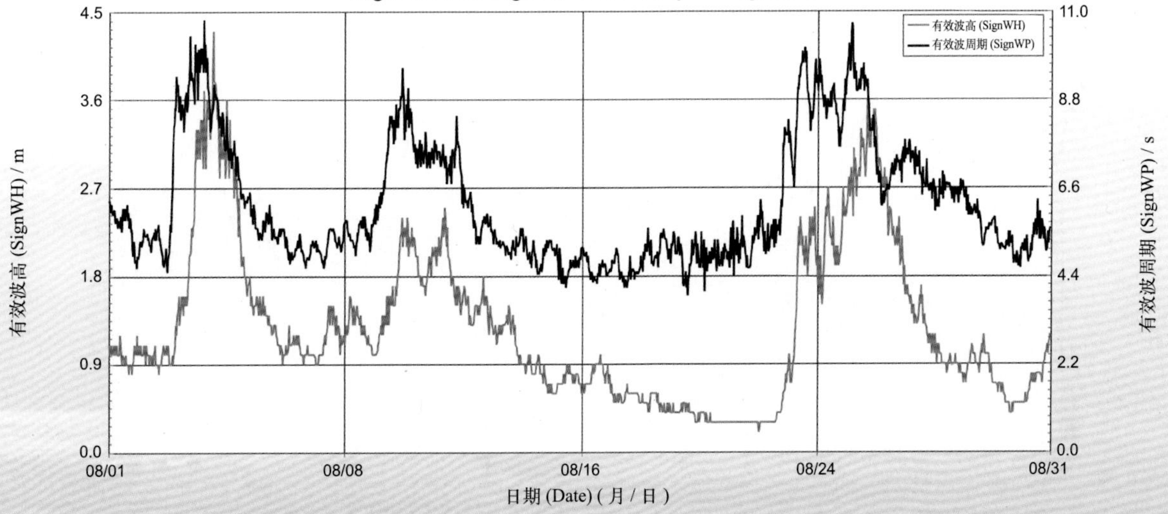

06 号浮标 2020 年 09 月有效波高、有效波周期观测数据曲线
SignWH and SignWP of 06 buoy in Sep. 2020

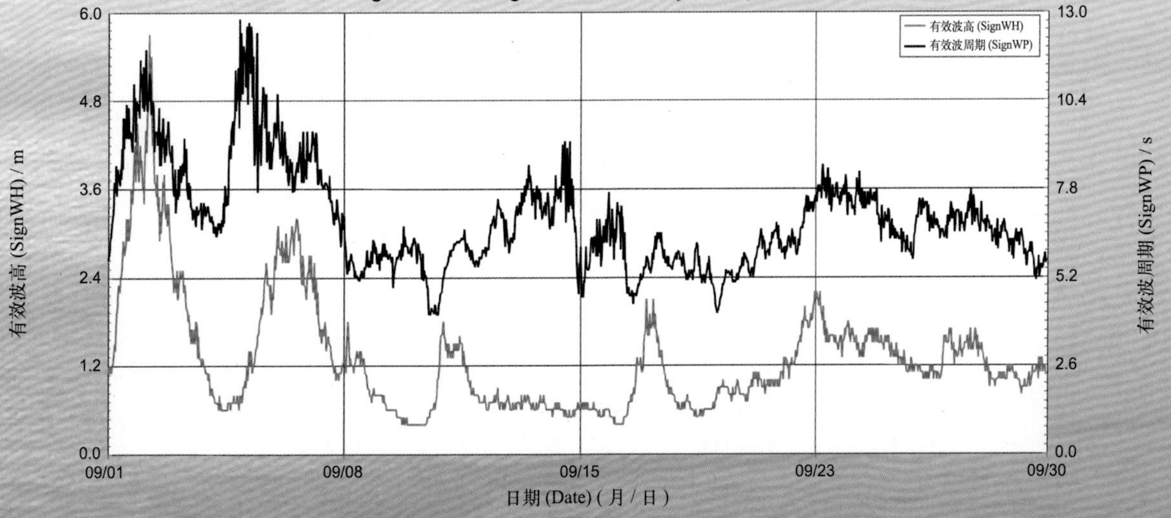

06 号浮标 2020 年 10 月有效波高、有效波周期观测数据曲线
SignWH and SignWP of 06 buoy in Oct. 2020

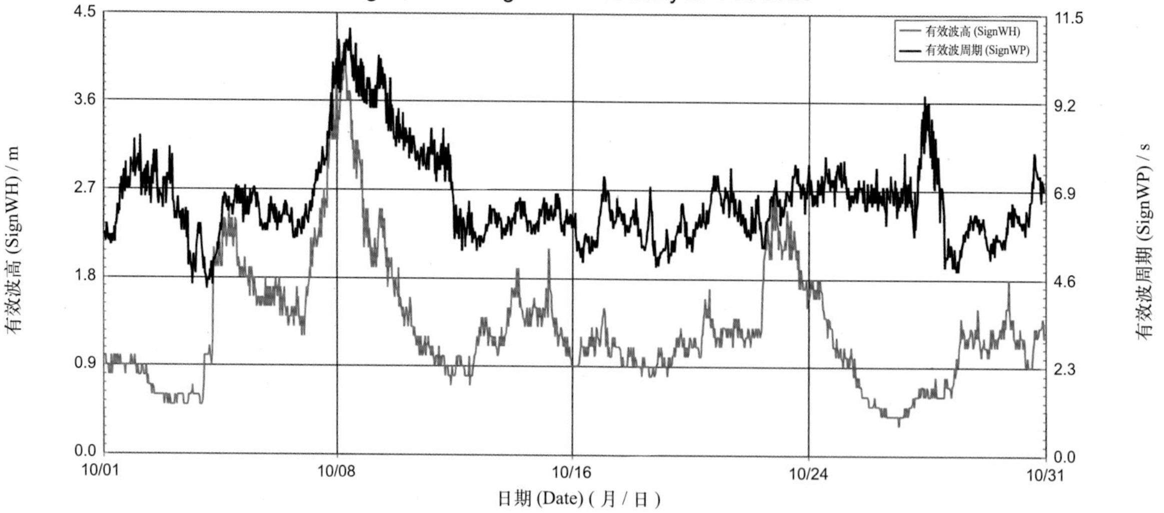

06 号浮标 2020 年 11 月有效波高、有效波周期观测数据曲线
SignWH and SignWP of 06 buoy in Nov. 2020

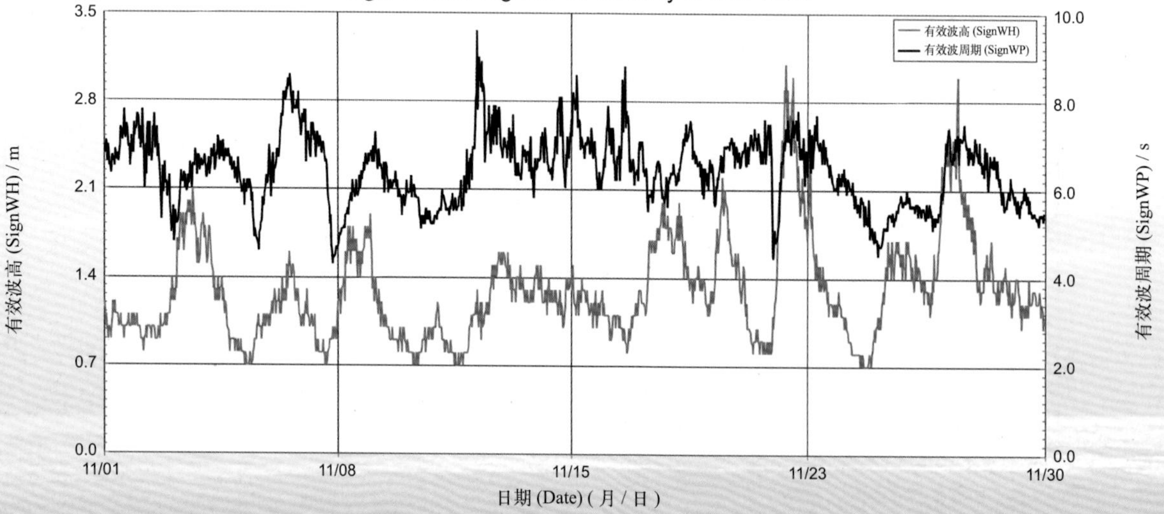

06 号浮标 2020 年 12 月有效波高、有效波周期观测数据曲线
SignWH and SignWP of 06 buoy in Dec. 2020

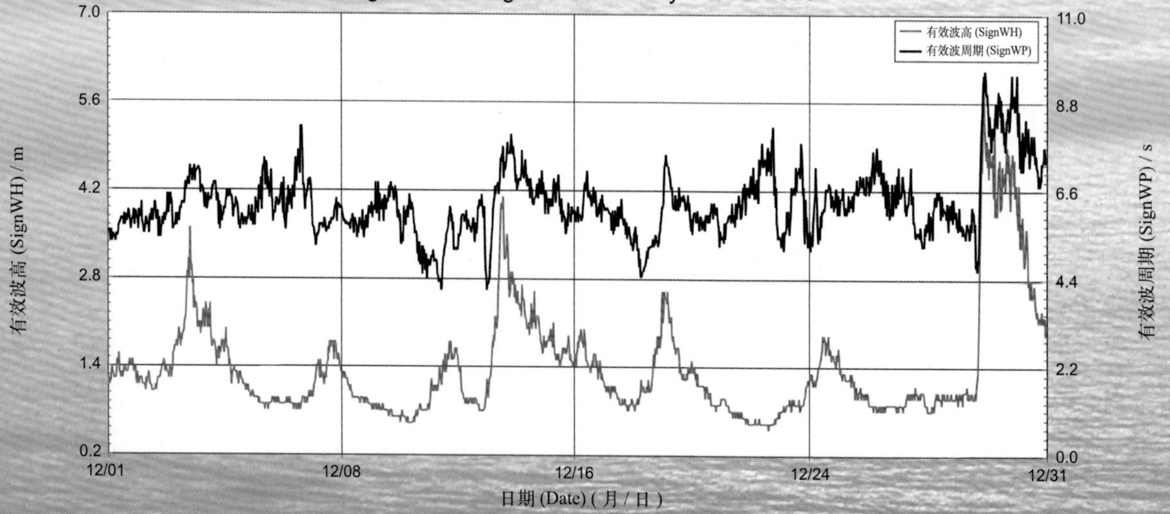

2020 年度 09 号浮标观测数据概述及曲线
（有效波高和有效波周期）

2020 年，09 号浮标共获取 286 天的有效波高和有效波周期长序列观测数据。获取数据的主要区间为 1 月 3 日 11:40 至 8 月 23 日 13:30 和 11 月 10 日 09:30 至 12 月 31 日 23:30。通过对获取数据质量控制和分析，09 号浮标观测海域 2020 年度有效波高、有效波周期数据和季节数据特征如下。

年度有效波高平均值为 0.50 m，年度有效波周期平均值为 4.66 s；测得的年度最大有效波高为 2.6 m（5 月 8 日、7 月 12 日和 7 月 23 日），对应的有效波周期分别为 7.1 s、6.8 s 和 6.4 s；测得的年度最长有效波周期为 9.5 s（1 月 8 日和 2 月 17 日）。以 2 月为冬季代表月，观测海域冬季的平均有效波高是 0.49 m，平均有效波周期是 4.34 s；以 5 月为春季代表月，观测海域春季的平均有效波高是 0.61 m，平均有效波周期是 5.00 s；以 8 月为夏季代表月，观测海域夏季的平均有效波高是 0.62 m，平均有效波周期是 5.03 s；以 11 月为秋季代表月，观测海域秋季的平均有效波高是 0.43 m，平均有效波周期是 4.50 s。

2020 年，09 号浮标观测海域有效波高、有效波周期的月平均值、最大值和最小值数据参见表 20。

2020 年，09 号浮标获取到有效波高≥ 2 m 的海浪过程共有 6 次，记录到 1 次寒潮过程和 1 次台风过程。寒潮的具体过程中，获取到的最大有效波高为 1.6 m（12 月 29 日 13:00），对应有效波周期为 5.5 s。台风的具体过程中，8 月 3—6 日，受第 4 号台风“黑格比”的影响，09 号浮标获取到的最大有效波高为 1.5 m（8 月 7 日 07:10），对应有效波周期为 4.4 s。

表20　09号浮标各月份有效波高、有效波周期观测数据

月份	有效波高 / m			有效波周期 / s			备注
	平均	最大	最小	平均	最大	最小	
1	0.45	2.1	0.1	4.75	9.5	2.5	记录1次有效波高≥ 2 m过程
2	0.49	1.4	0.1	4.34	9.5	2.3	
3	0.53	1.8	0.1	4.46	8.3	2.6	
4	0.43	1.5	0.1	4.19	7.2	2.4	
5	0.61	2.6	0.2	5.00	8.3	2.8	记录1次有效波高≥ 2 m过程
6	0.55	2.2	0.2	5.10	8.0	3.0	记录1次有效波高≥ 2 m过程
7	0.54	2.6	0.1	5.10	9.1	2.9	记录2次有效波高≥ 2 m过程
8	0.62	1.5	0.2	5.03	8.4	3.0	记录1次台风
9	—	—	—	—	—	—	缺测数据
10	—	—	—	—	—	—	缺测数据
11	0.43	2.1	0.1	4.50	7.9	2.6	记录1次有效波高≥ 2 m过程
12	0.34	1.6	0.1	4.21	7.4	2.4	记录1次寒潮

09 号浮标 2020 年有效波高、有效波周期观测数据曲线
SignWH and SignWP of 09 buoy in 2020

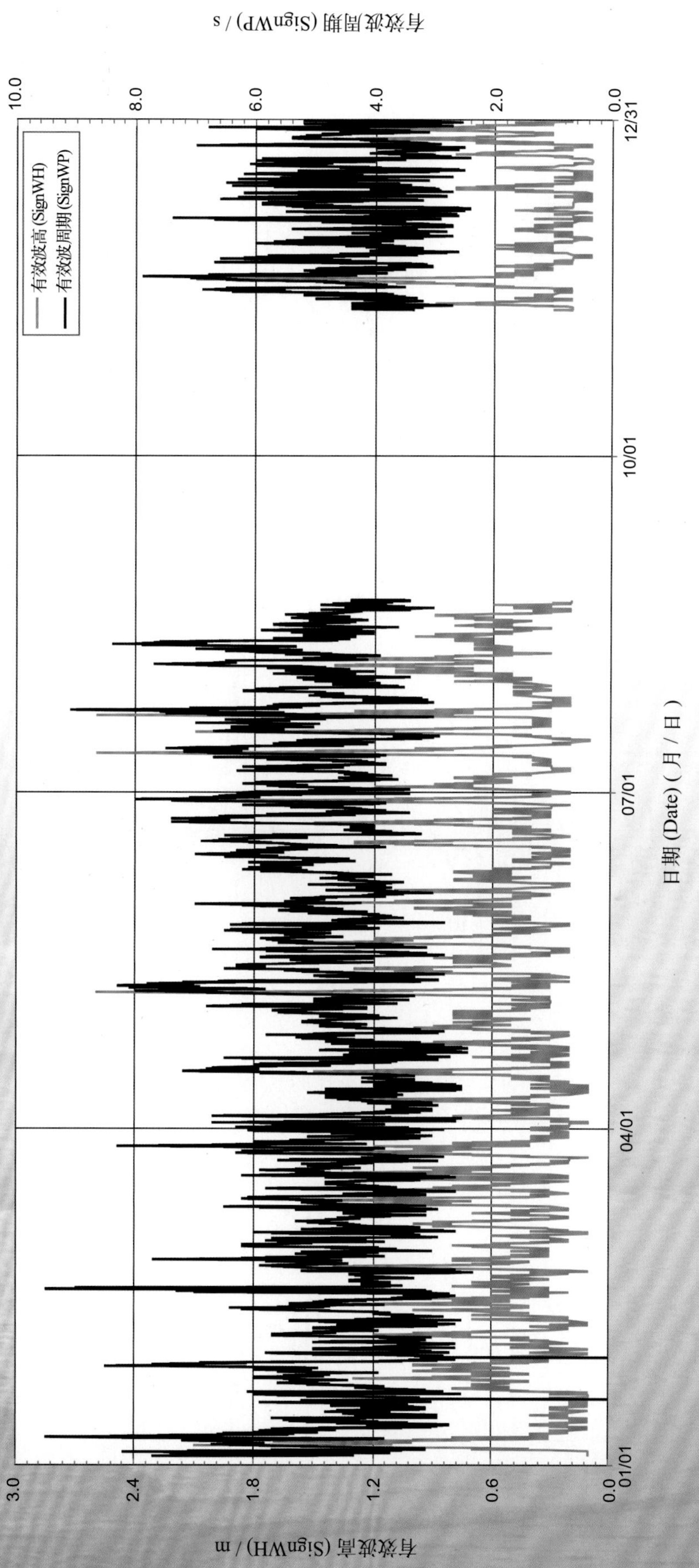

09 号浮标 2020 年 01 月有效波高、有效波周期观测数据曲线
SignWH and SignWP of 09 buoy in Jan. 2020

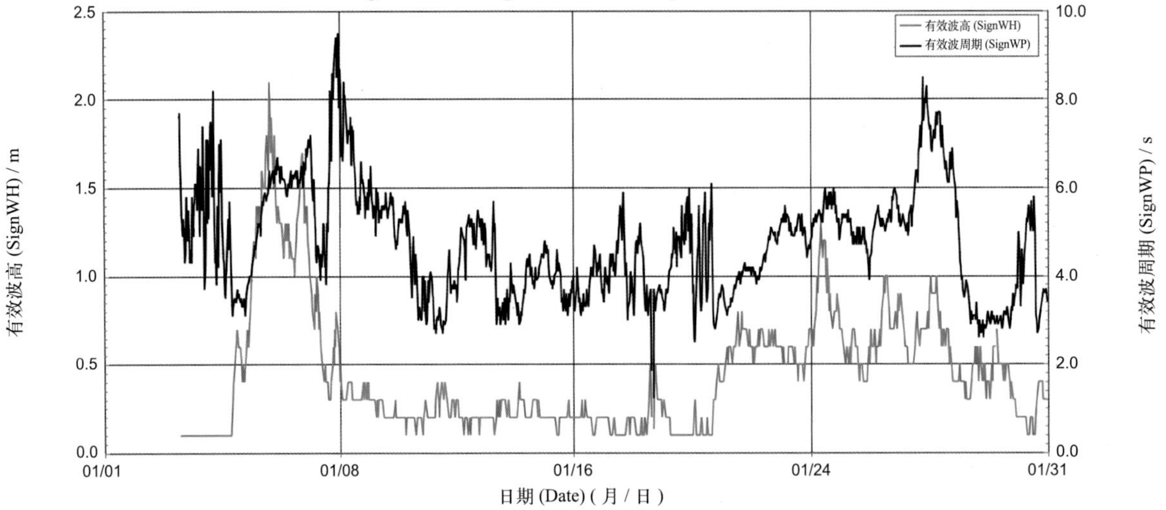

09 号浮标 2020 年 02 月有效波高、有效波周期观测数据曲线
SignWH and SignWP of 09 buoy in Feb. 2020

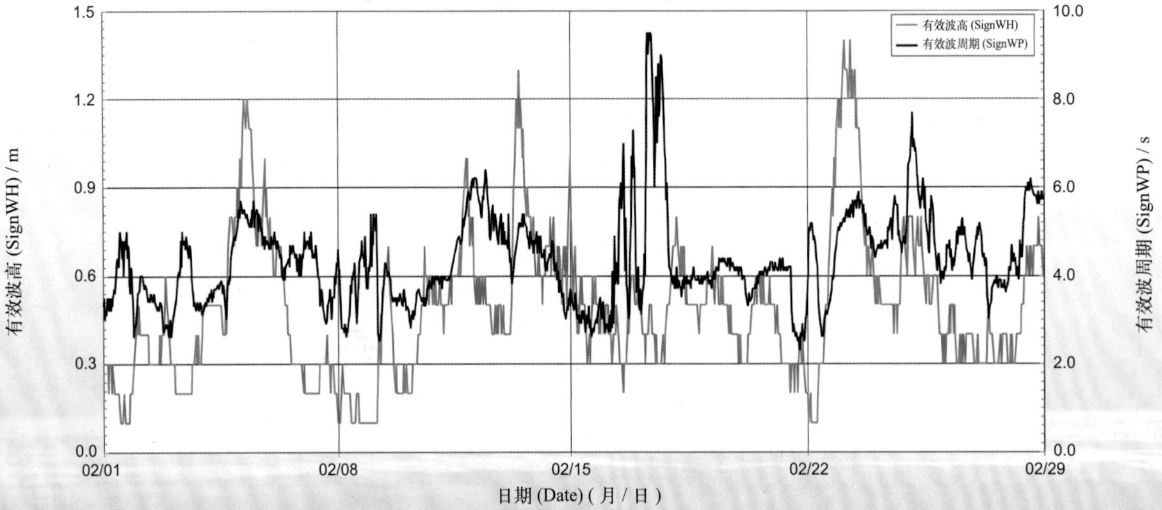

09 号浮标 2020 年 03 月有效波高、有效波周期观测数据曲线
SignWH and SignWP of 09 buoy in Mar. 2020

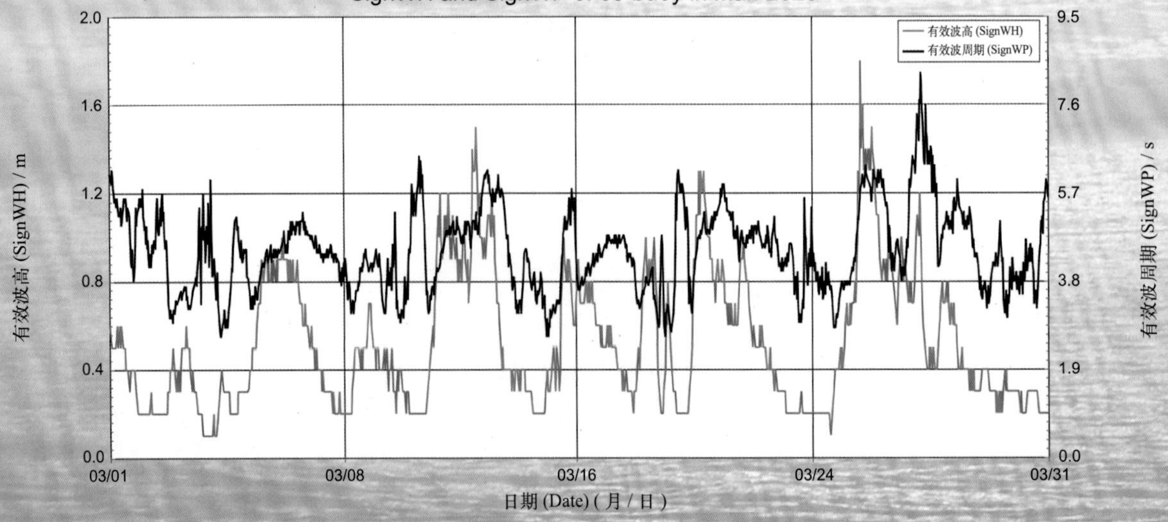

09 号浮标 2020 年 04 月有效波高、有效波周期观测数据曲线
SignWH and SignWP of 09 buoy in Apr. 2020

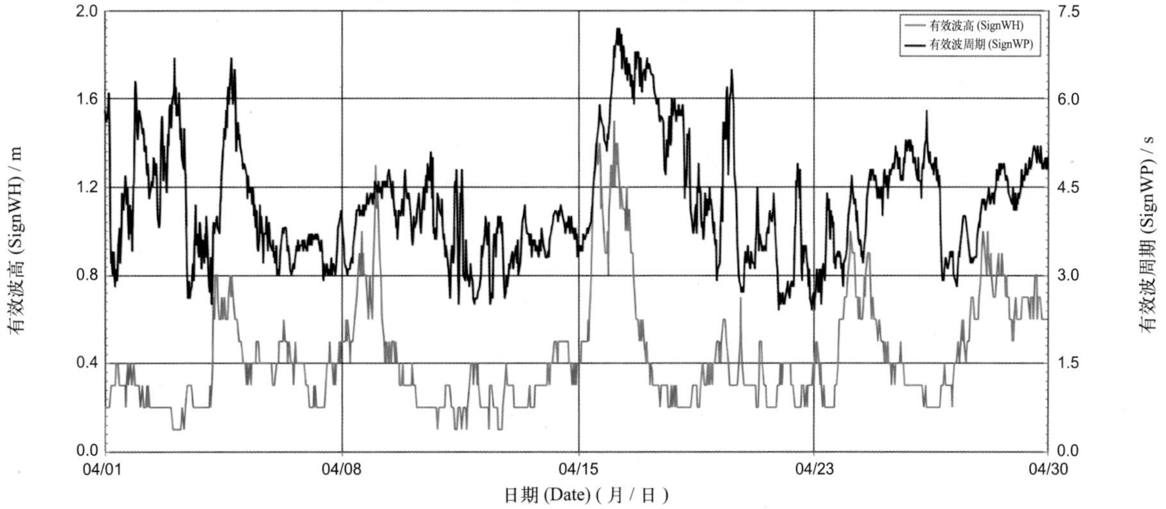

09 号浮标 2020 年 05 月有效波高、有效波周期观测数据曲线
SignWH and SignWP of 09 buoy in May 2020

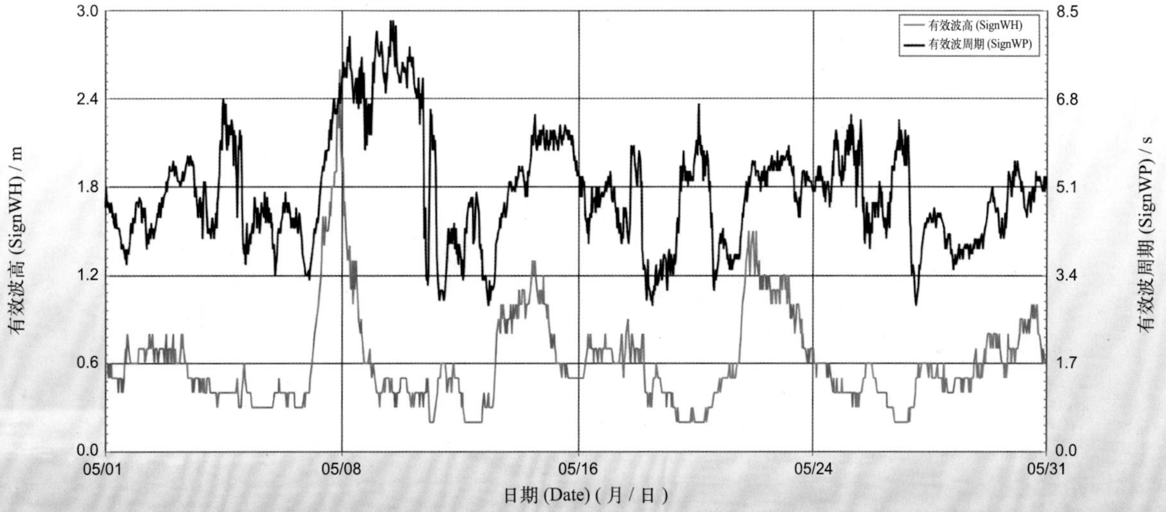

09 号浮标 2020 年 06 月有效波高、有效波周期观测数据曲线
SignWH and SignWP of 09 buoy in Jun. 2020

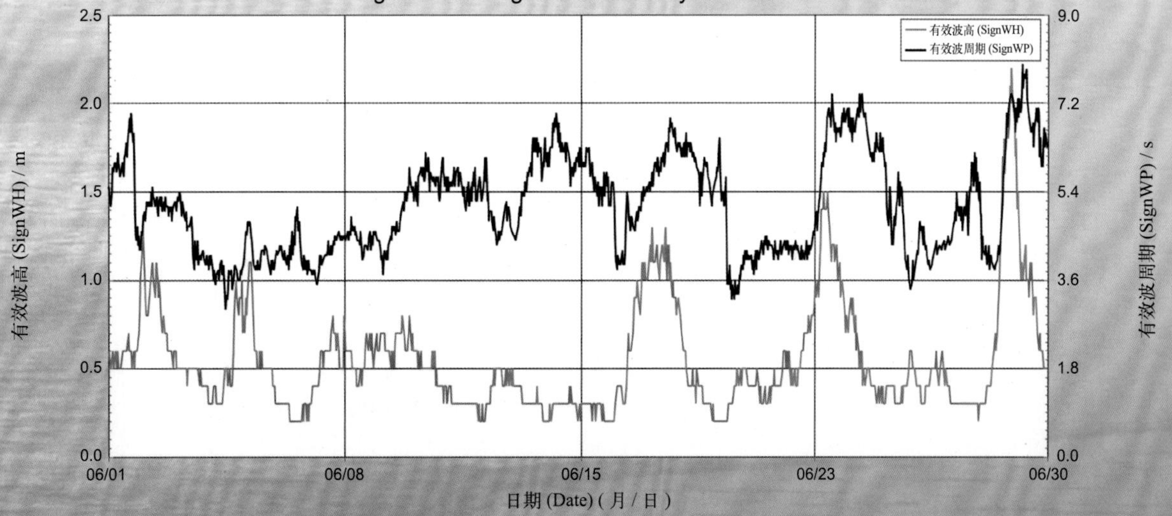

09 号浮标 2020 年 07 月有效波高、有效波周期观测数据曲线
SignWH and SignWP of 09 buoy in Jul. 2020

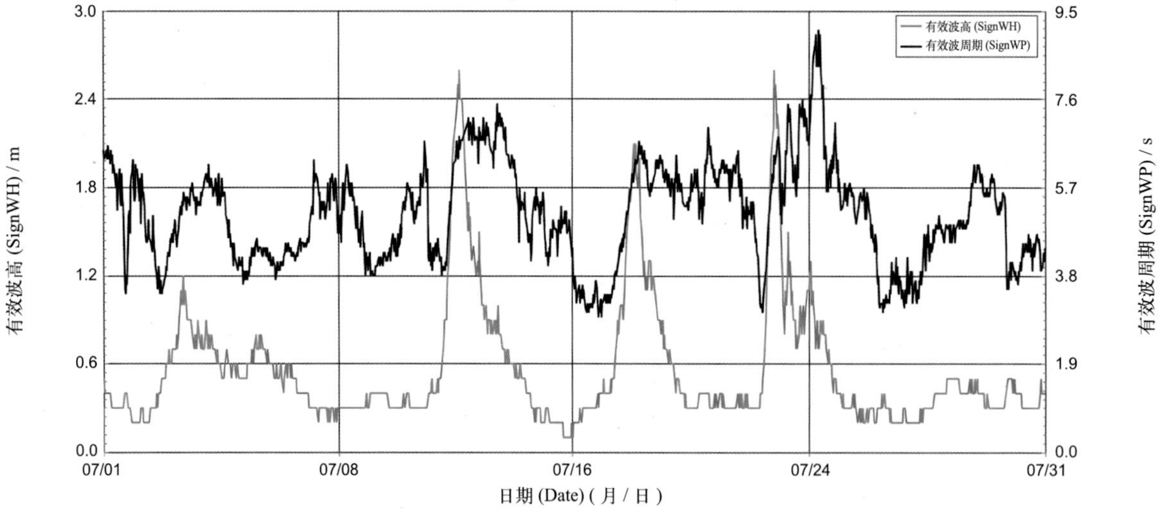

09 号浮标 2020 年 08 月有效波高、有效波周期观测数据曲线
SignWH and SignWP of 09 buoy in Aug. 2020

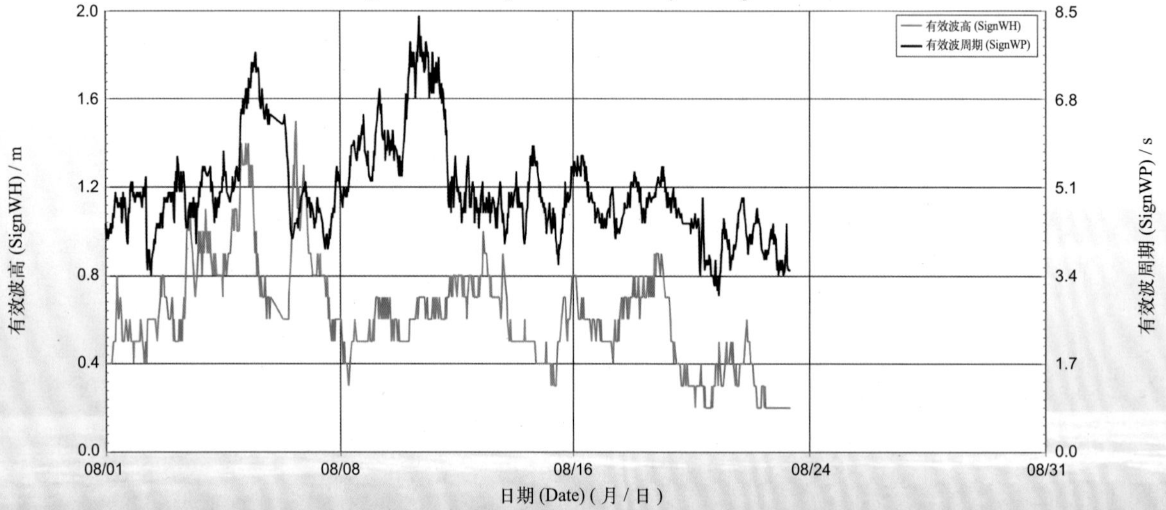

09 号浮标 2020 年 11 月有效波高、有效波周期观测数据曲线
SignWH and SignWP of 09 buoy in Nov. 2020

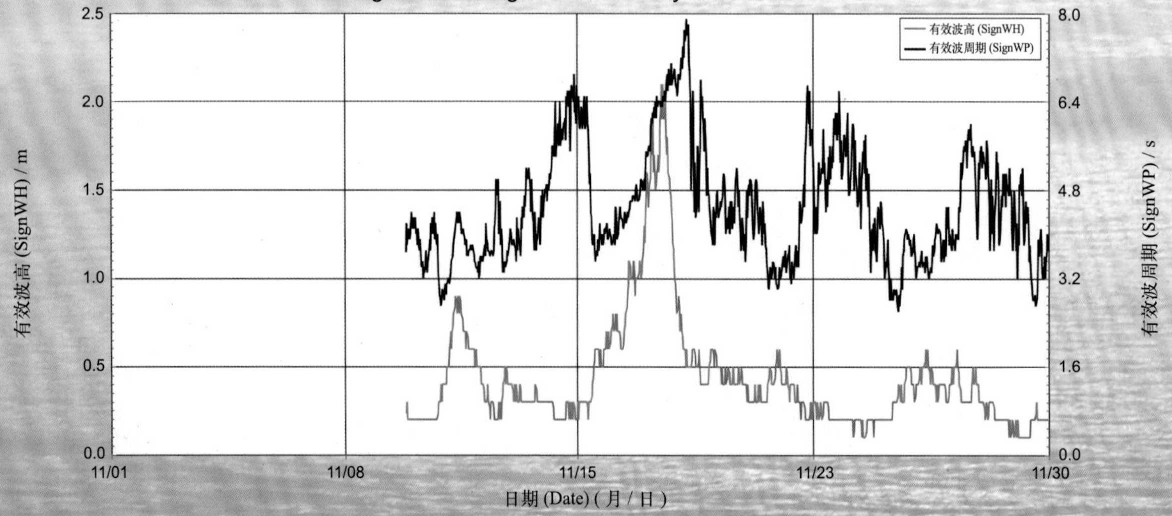

09 号浮标 2020 年 12 月有效波高、有效波周期观测数据曲线
SignWH and SignWP of 09 buoy in Dec. 2020

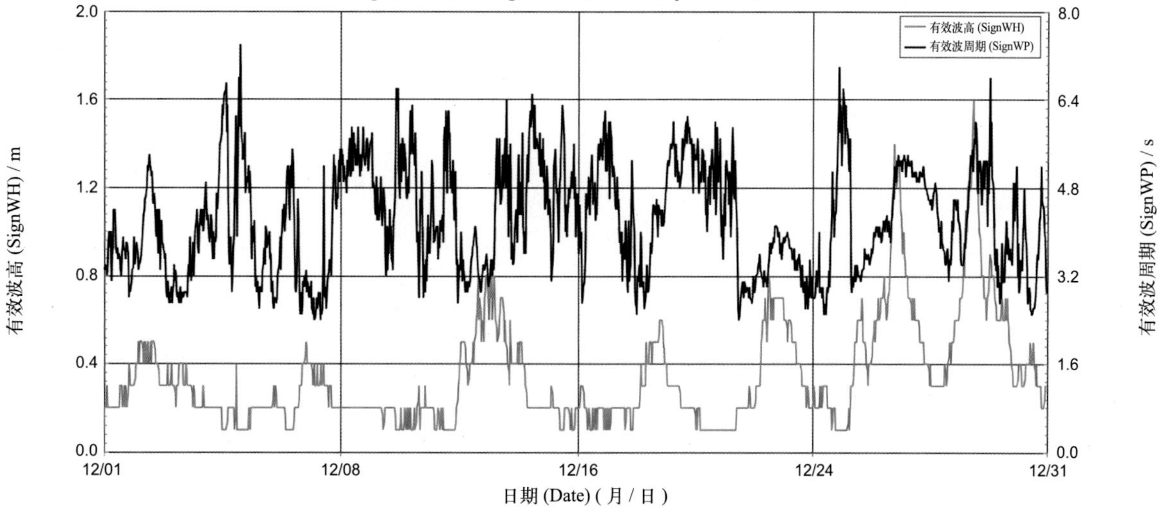

2020 年度 12 号浮标观测数据概述及曲线
（有效波高和有效波周期）

2020 年，12 号浮标共获取 247 天的有效波高和有效波周期长序列观测数据。获取数据的主要区间共四个时间段，具体为 1 月 1 日 15:50 至 3 月 2 日 09:40、3 月 31 日 18:00 至 6 月 1 日 16:00、6 月 19 日 16:30 至 8 月 31 日 10:40、9 月 14 日 15:00 至 11 月 10 日 10:00。通过对获取数据质量控制和分析，12 号浮标观测海域 2020 年度有效波高、有效波周期数据和季节数据特征如下。

年度有效波高平均值为 0.65 m，年度有效波周期平均值为 6.46 s；测得的年度最大有效波高为 3.2 m（8 月 4 日），对应的有效波周期为 9.8 s，当时有效波高≥ 2 m 以上的海浪持续了 15.5 h；测得的年度最长有效波周期为 11.5 s（8 月 4 日）。以 2 月为冬季代表月，观测海域冬季的平均有效波高是 0.58 m，平均有效波周期是 6.75 s；以 5 月为春季代表月，观测海域春季的平均有效波高是 0.66 m，平均有效波周期是 6.49 s；以 8 月为夏季代表月，观测海域夏季的平均有效波高是 0.77 m，平均有效波周期是 6.41 s。

2020 年，12 号浮标观测海域有效波高、有效波周期的月平均值、最大值和最小值数据参见表 21。

2020 年，12 号浮标获取到有效波高≥ 2 m 的海浪过程共有 7 次，记录到 2 次台风过程。第一次台风过程，8 月 3—6 日，受第 4 号台风“黑格比”的影响，12 号浮标获取到的最大有效波高为 3.2 m（8 月 4 日 06:30—06:50），对应有效波周期为 9.8 s。第二次台风过程，8 月 24—27 日，受第 8 号强台风“巴威”的影响， 12 号浮标获取到的最大有效波高为 2.3 m（8 月 26 日 01:30—01:50），对应有效波周期为 9.2 s。

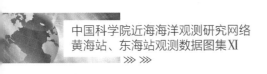

表 21　12 号浮标各月份有效波高、有效波周期观测数据

月份	有效波高 / m			有效波周期 / s			备注
	平均	最大	最小	平均	最大	最小	
1	0.71	3.0	0.2	6.34	11.4	4.0	记录 1 次有效波高≥ 2 m 过程
2	0.58	1.8	0.1	6.75	11.2	4.1	
3	—	—	—	—	—	—	缺测数据
4	0.50	1.4	0.1	6.01	10.3	3.8	
5	0.66	2.7	0.2	6.49	9.4	4.0	记录 2 次有效波高≥ 2 m 过程
6	—	—	—	—	—	—	缺测数据
7	0.54	1.3	0.2	6.02	8.0	4.1	
8	0.77	3.2	0.1	6.41	11.5	4.0	记录 2 次台风，记录 3 次有效波高≥ 2 m 过程
9	0.70	1.6	0.2	6.92	10.7	4.0	缺测 13 天数据
10	0.77	2.8	0.2	6.83	11.4	4.0	记录 1 次有效波高≥ 2 m 过程
11	—	—	—	—	—	—	缺测数据
12	—	—	—	—	—	—	缺测数据

12 号浮标 2020 年有效波高、有效波周期观测数据曲线
SignWH and SignWP of 12 buoy in 2020

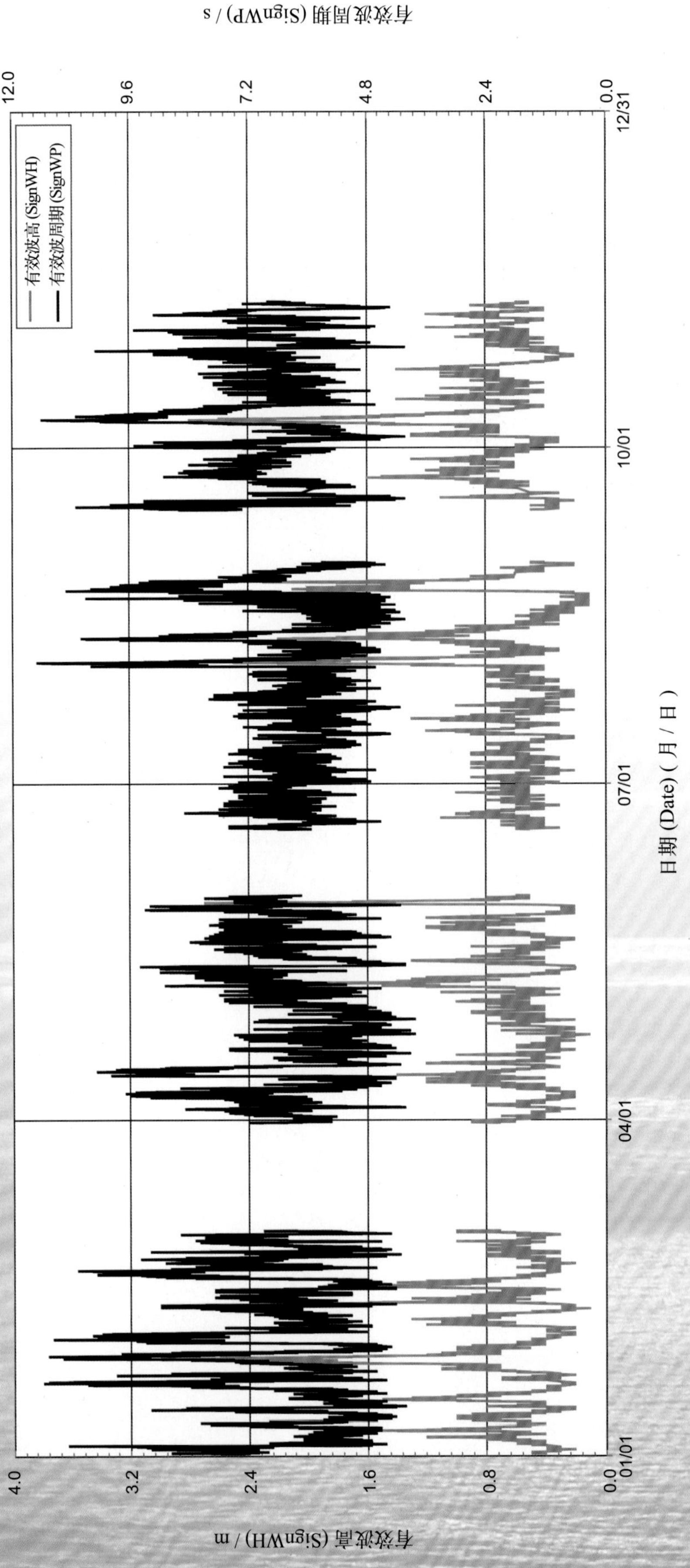

12 号浮标 2020 年 01 月有效波高、有效波周期观测数据曲线
SignWH and SignWP of 12 buoy in Jan. 2020

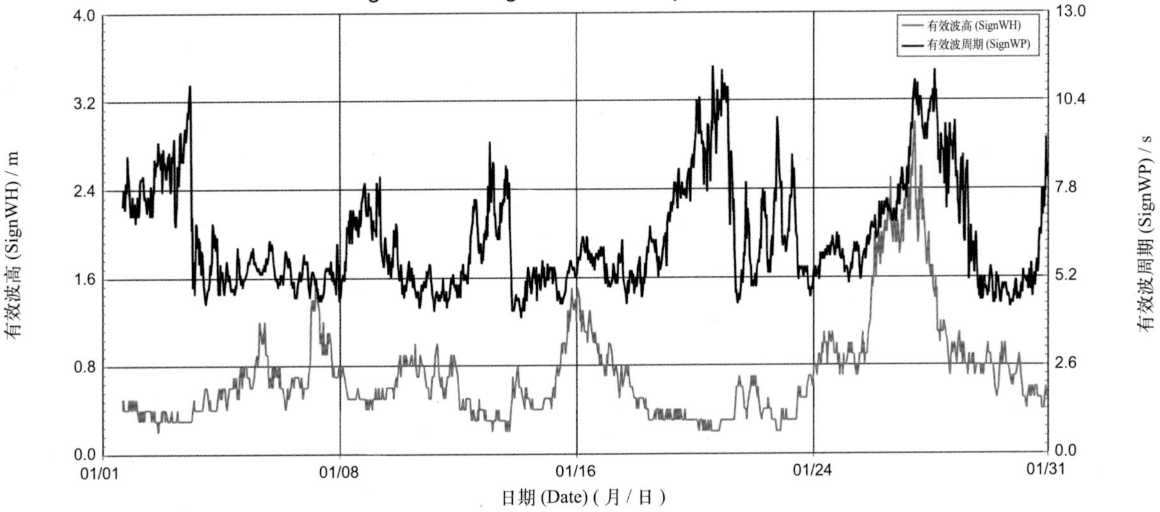

12 号浮标 2020 年 02 月有效波高、有效波周期观测数据曲线
SignWH and SignWP of 12 buoy in Feb. 2020

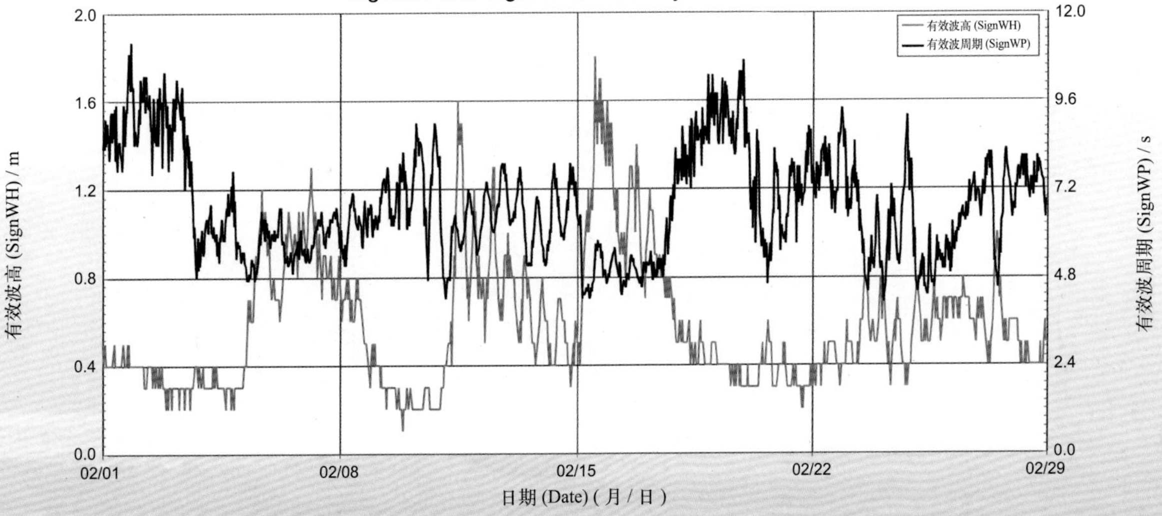

12 号浮标 2020 年 04 月有效波高、有效波周期观测数据曲线
SignWH and SignWP of 12 buoy in Apr. 2020

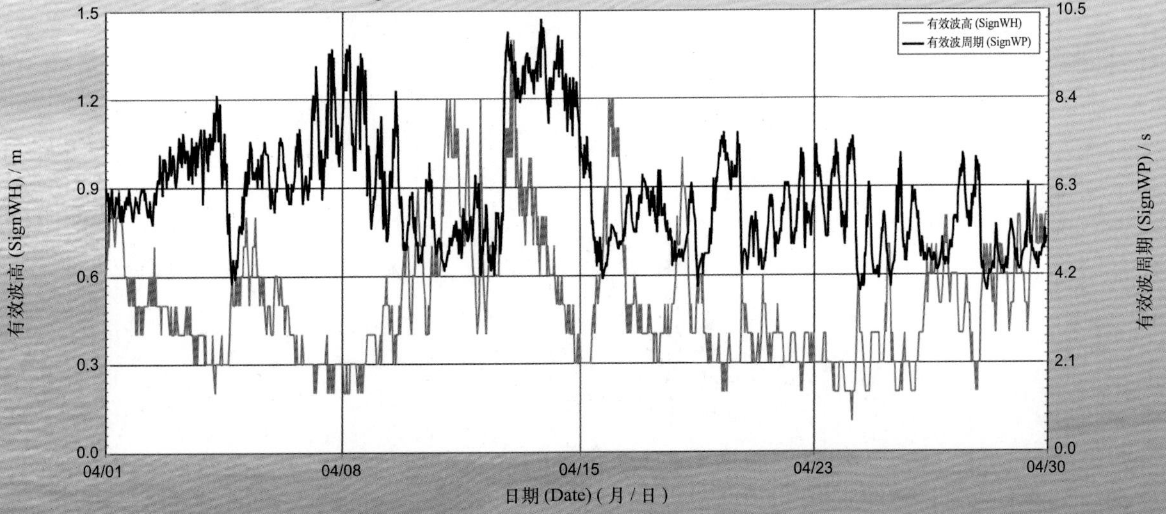

12 号浮标 2020 年 05 月有效波高、有效波周期观测数据曲线
SignWH and SignWP of 12 buoy in May 2020

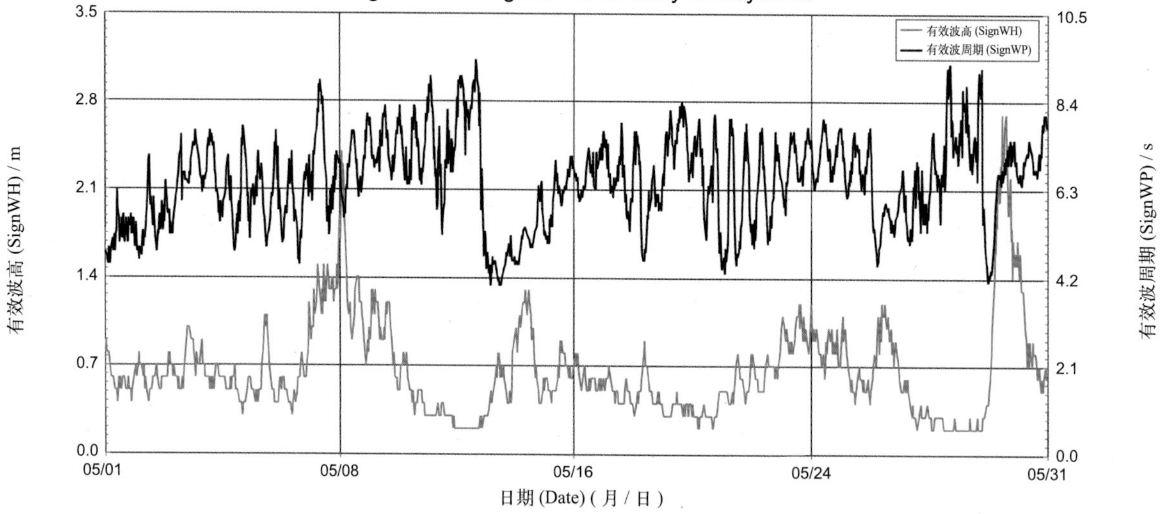

12 号浮标 2020 年 07 月有效波高、有效波周期观测数据曲线
SignWH and SignWP of 12 buoy in Jul. 2020

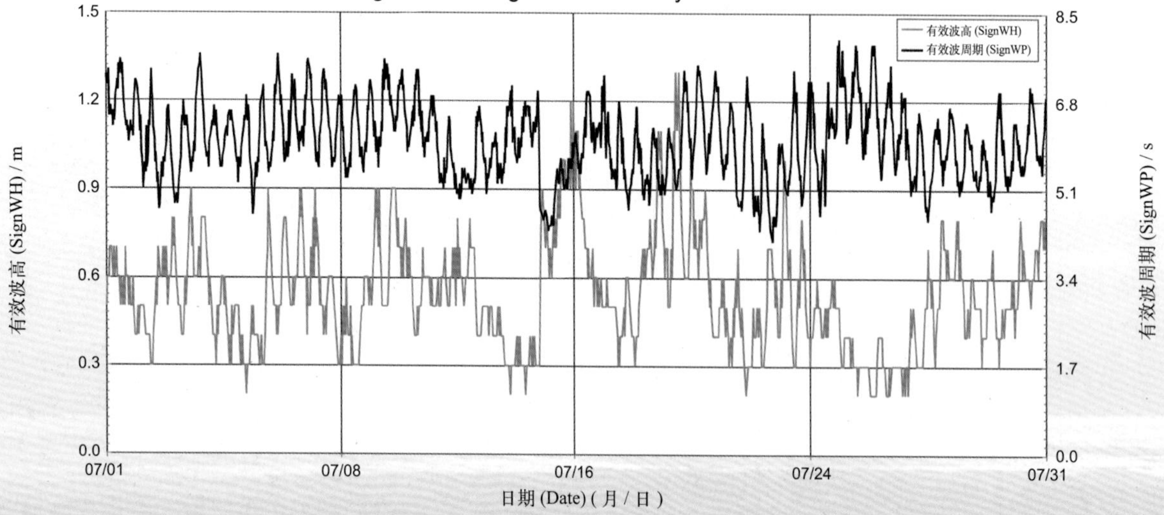

12 号浮标 2020 年 08 月有效波高、有效波周期观测数据曲线
SignWH and SignWP of 12 buoy in Aug. 2020

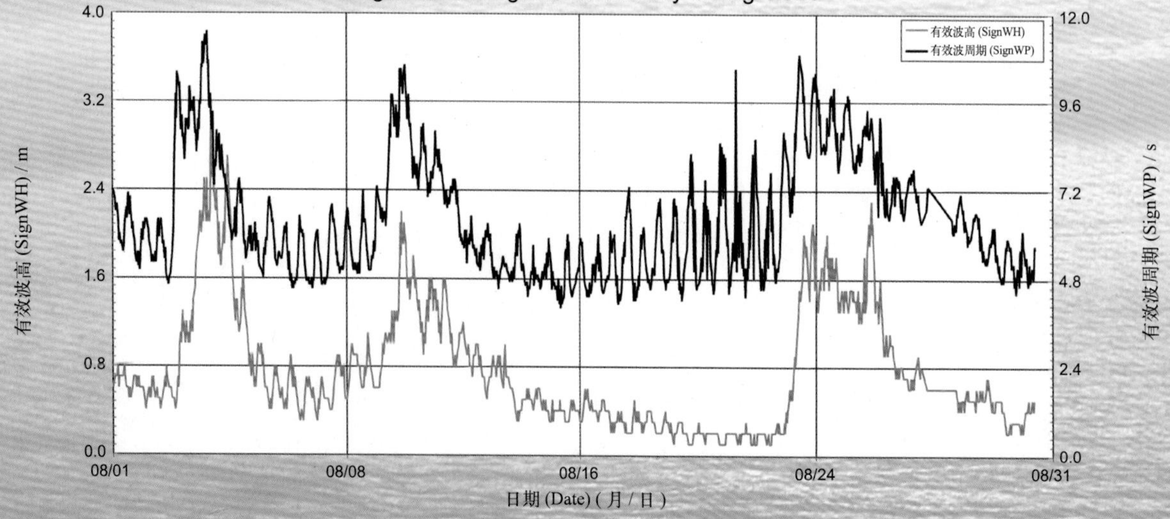

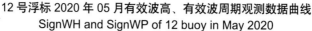

12 号浮标 2020 年 09 月有效波高、有效波周期观测数据曲线
SignWH and SignWP of 12 buoy in Sep. 2020

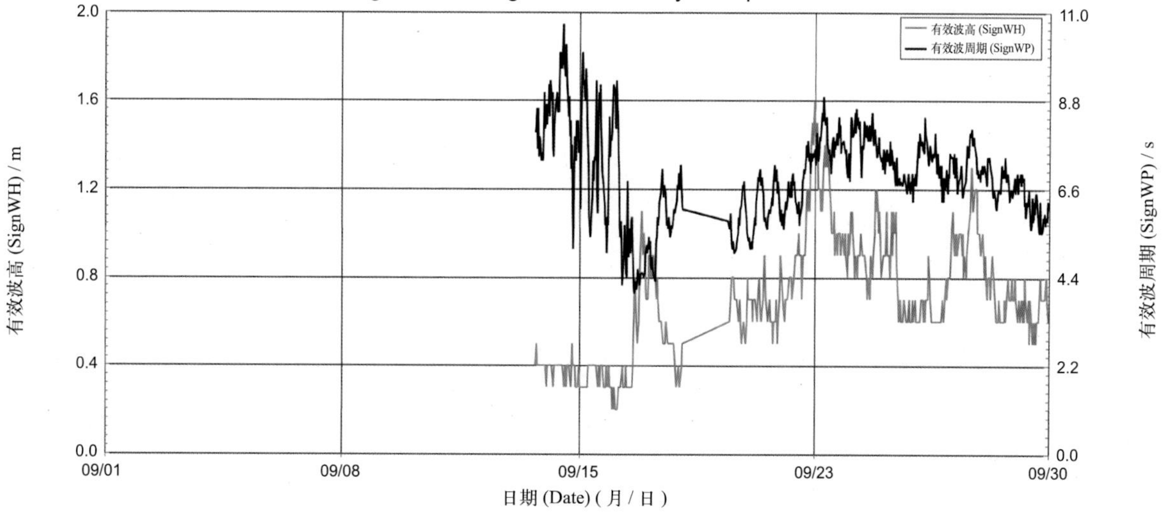

12 号浮标 2020 年 10 月有效波高、有效波周期观测数据曲线
SignWH and SignWP of 12 buoy in Oct. 2020

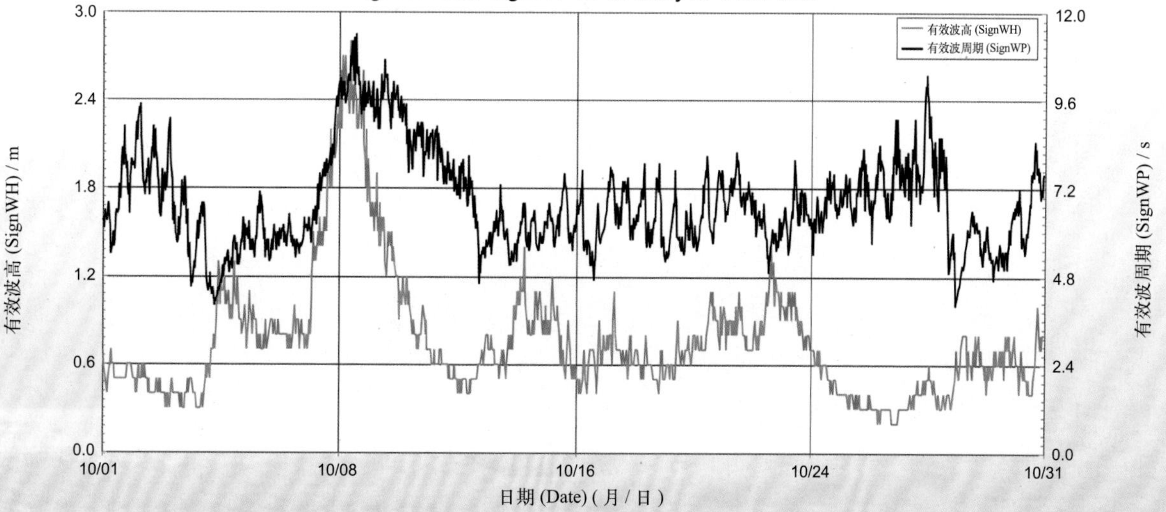

2020年度19号浮标观测数据概述及曲线
（有效波高和有效波周期）

2020年，19号浮标共获取330天的有效波高和有效波周期长序列观测数据。获取数据的主要区间为1月1日00:00至11月25日13:30。通过对获取数据质量控制和分析，19号浮标观测海域2020年度有效波高、有效波周期数据和季节数据特征如下。

年度有效波高平均值为0.41 m，年度有效波周期平均值为4.65 s；测得的年度最大有效波高为2.5 m（7月11日和22日），对应的有效波周期为6.5 s和6.0 s；测得的年度最长有效波周期为14.2 s（9月3日）。以2月为冬季代表月，观测海域冬季的平均有效波高是0.38 m，平均有效波周期是4.52 s；以5月为春季代表月，观测海域春季的平均有效波高是0.48 m，平均有效波周期是4.71 s；以8月为夏季代表月，观测海域夏季的平均有效波高是0.44 m，平均有效波周期是4.94 s；以11月为秋季代表月，观测海域秋季的平均有效波高是0.38 m，平均有效波周期是4.48 s。

2020年，19号浮标观测海域有效波高、有效波周期的月平均值、最大值和最小值数据参见表22。

2020年，19号浮标获取到有效波高≥ 2 m的海浪过程共有4次，记录到4次台风过程。第一次台风过程，8月3—6日，受第4号台风“黑格比”的影响，19号浮标获取到的最大有效波高为1.0 m（8月5日17:00），对应有效波周期为7.2 s。第二次台风过程，8月26—27日，受第8号强台风“巴威”的影响，19号浮标获取到的最大有效波高为1.4 m（8月27日10:00），对应有效波周期为9.2 s。第三次台风过程，9月2—4日，受第9号超强台风“美莎克”的影响，19号浮标获取到的最大有效波高为0.9 m（9月4日20:30），对应有效波周期为4.0 s。第四次台风过程，9月6—7日，受第10号超强台风“海神”的影响，19号浮标获取到的最大有效波高为0.7 m（9月7日19:30），对应有效波周期为5.7 s。

表 22　19 号浮标各月份有效波高、有效波周期观测数据

月份	有效波高 / m			有效波周期 / s			备注
	平均	最大	最小	平均	最大	最小	
1	0.39	1.6	0.1	4.85	10.2	2.4	
2	0.38	1.4	0.1	4.52	9.8	2.3	
3	0.44	1.5	0.1	4.39	7.4	2.5	
4	0.35	1.4	0.1	4.06	8.6	2.4	
5	0.48	2.0	0.1	4.71	8.1	2.6	记录 1 次有效波高≥ 2 m 过程
6	0.46	1.7	0.1	4.67	7.9	2.7	
7	0.47	2.5	0.1	4.86	9.3	2.4	记录 3 次有效波高≥ 2 m 过程
8	0.44	1.4	0.1	4.94	10.8	2.7	记录 2 次台风
9	0.37	0.9	0.1	5.08	14.2	2.4	记录 2 次台风
10	0.32	1.0	0.1	4.55	9.3	2.5	
11	0.38	1.4	0.1	4.48	7.5	2.4	
12	—	—	—	—	—	—	缺测数据

19 号浮标 2020 年有效波高、有效波周期观测数据曲线
SignWH and SignWP of 19 buoy in 2020

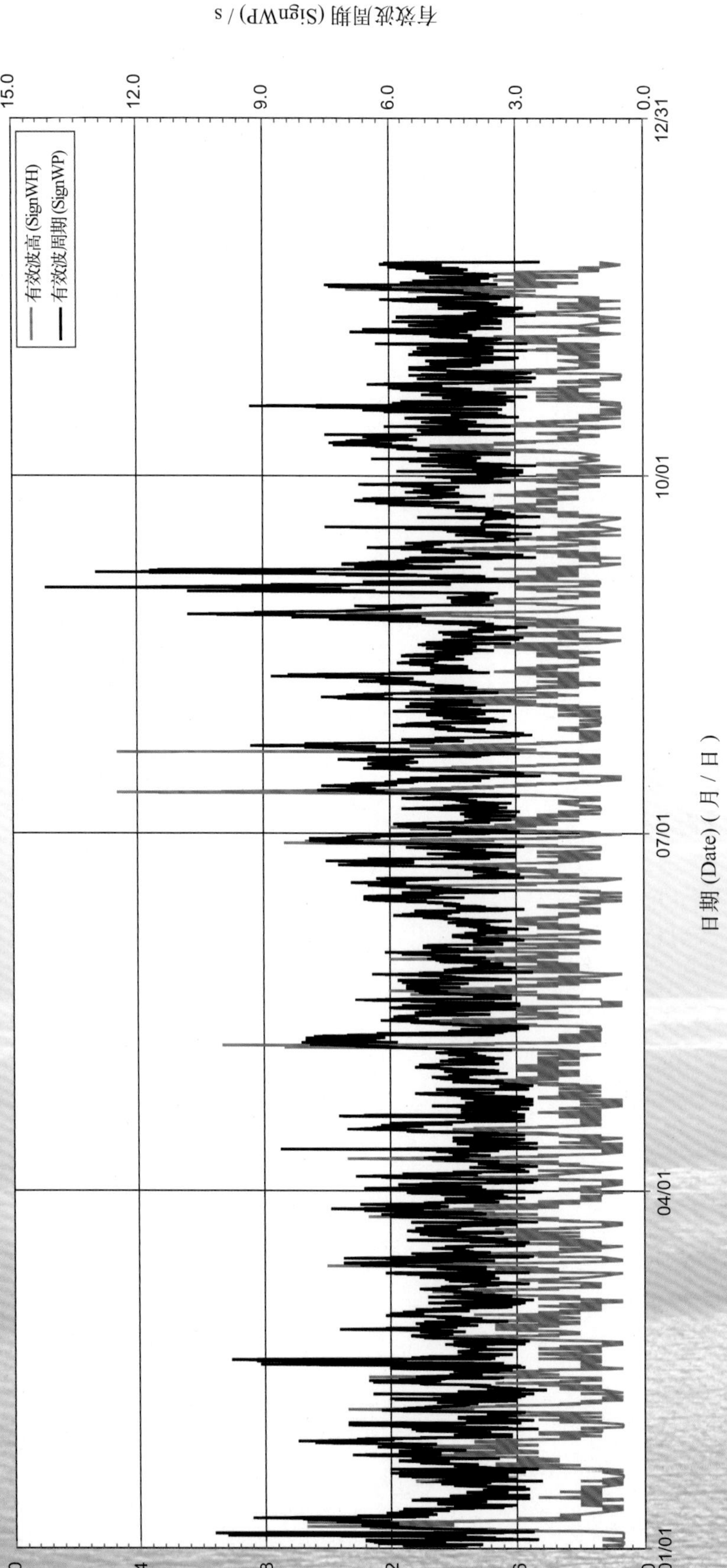

19 号浮标 2020 年 01 月有效波高、有效波周期观测数据曲线
SignWH and SignWP of 19 buoy in Jan. 2020

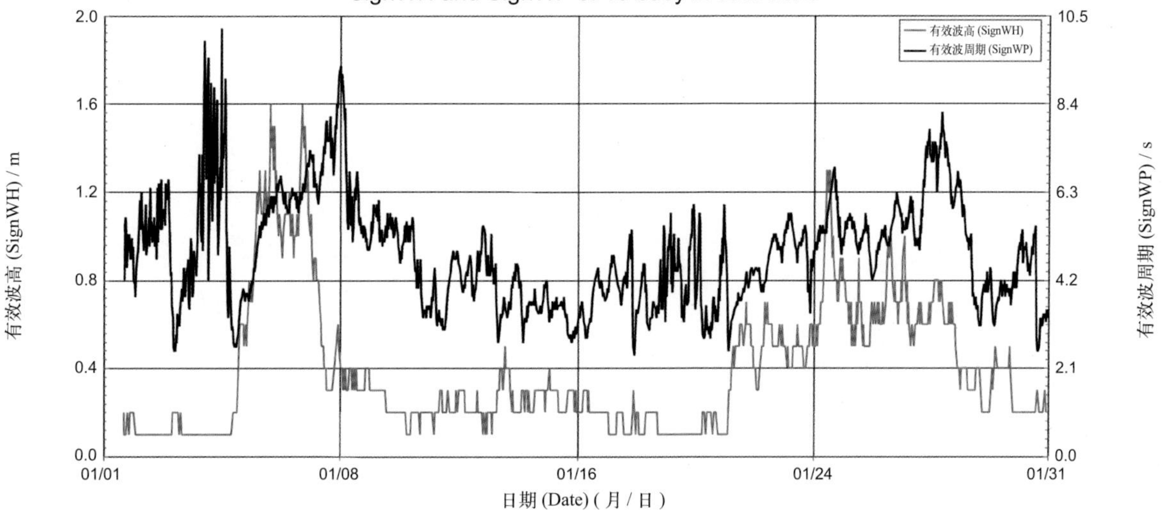

19 号浮标 2020 年 02 月有效波高、有效波周期观测数据曲线
SignWH and SignWP of 19 buoy in Feb. 2020

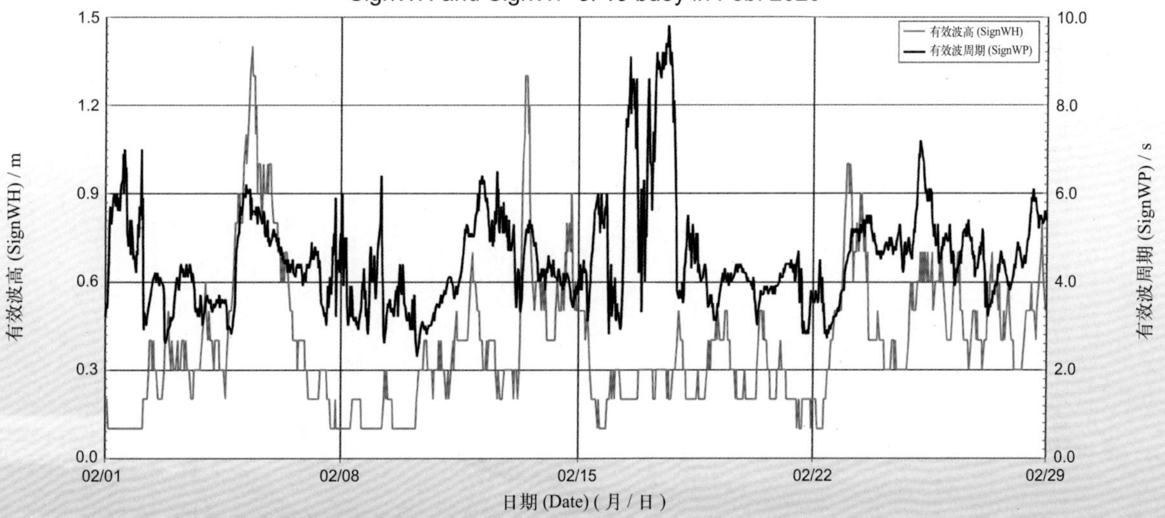

19 号浮标 2020 年 03 月有效波高、有效波周期观测数据曲线
SignWH and SignWP of 19 buoy in Mar. 2020

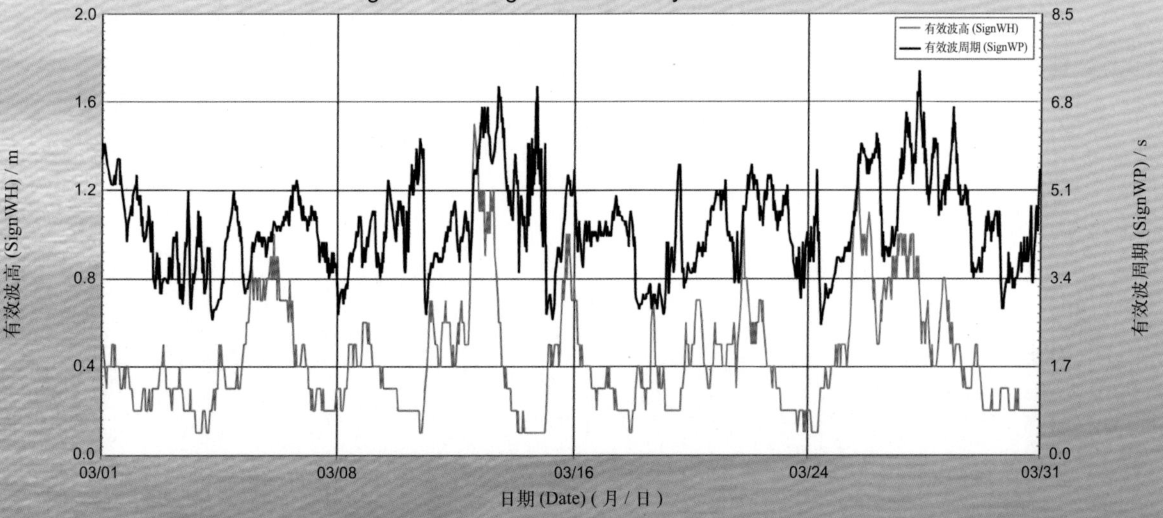

19 号浮标 2020 年 04 月有效波高、有效波周期观测数据曲线
SignWH and SignWP of 19 buoy in Apr. 2020

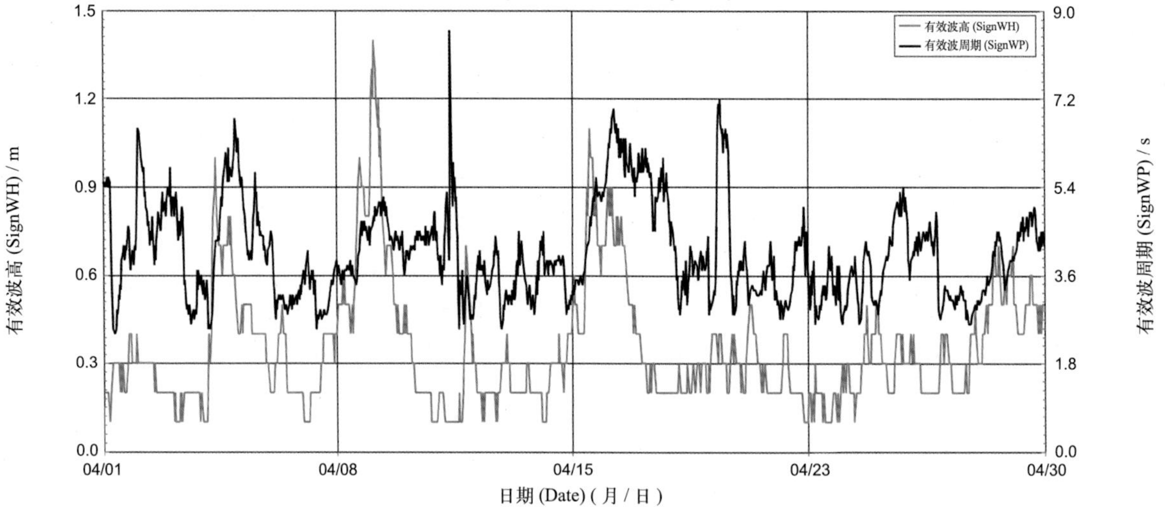

19 号浮标 2020 年 05 月有效波高、有效波周期观测数据曲线
SignWH and SignWP of 19 buoy in May 2020

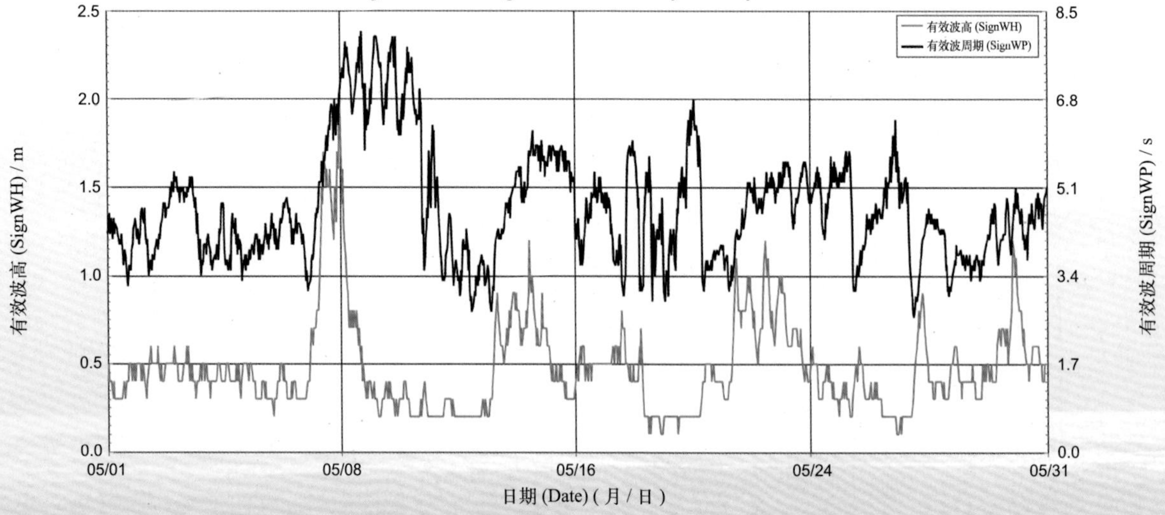

19 号浮标 2020 年 06 月有效波高、有效波周期观测数据曲线
SignWH and SignWP of 19 buoy in Jun. 2020

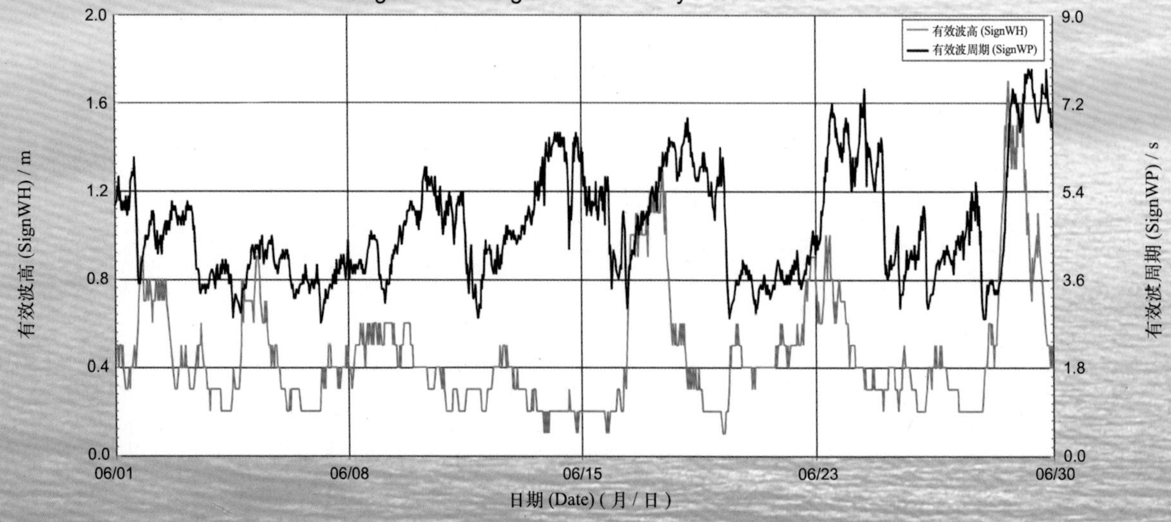

19 号浮标 2020 年 07 月有效波高、有效波周期观测数据曲线
SignWH and SignWP of 19 buoy in Jul. 2020

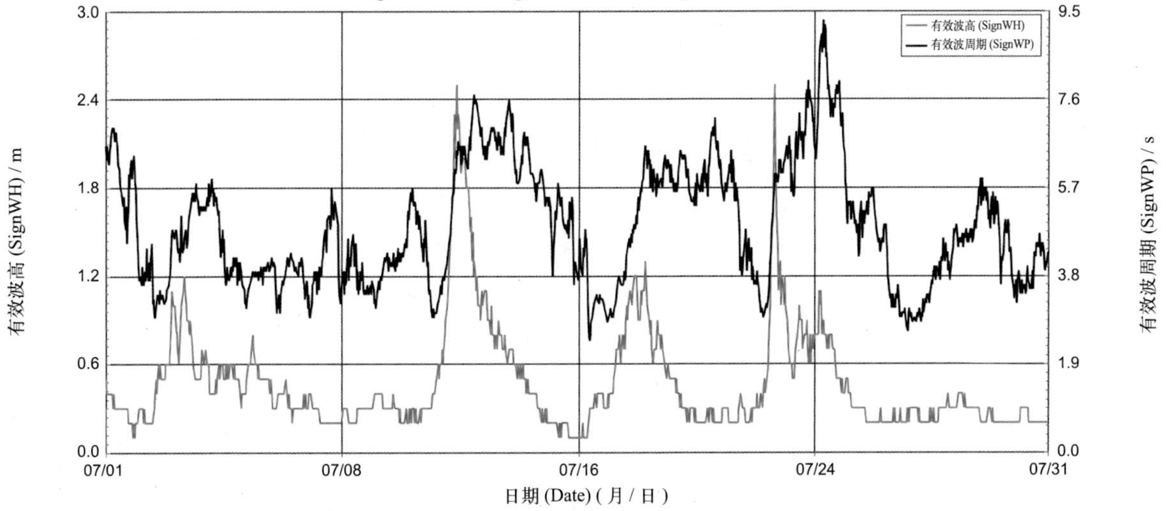

19 号浮标 2020 年 08 月有效波高、有效波周期观测数据曲线
SignWH and SignWP of 19 buoy in Aug. 2020

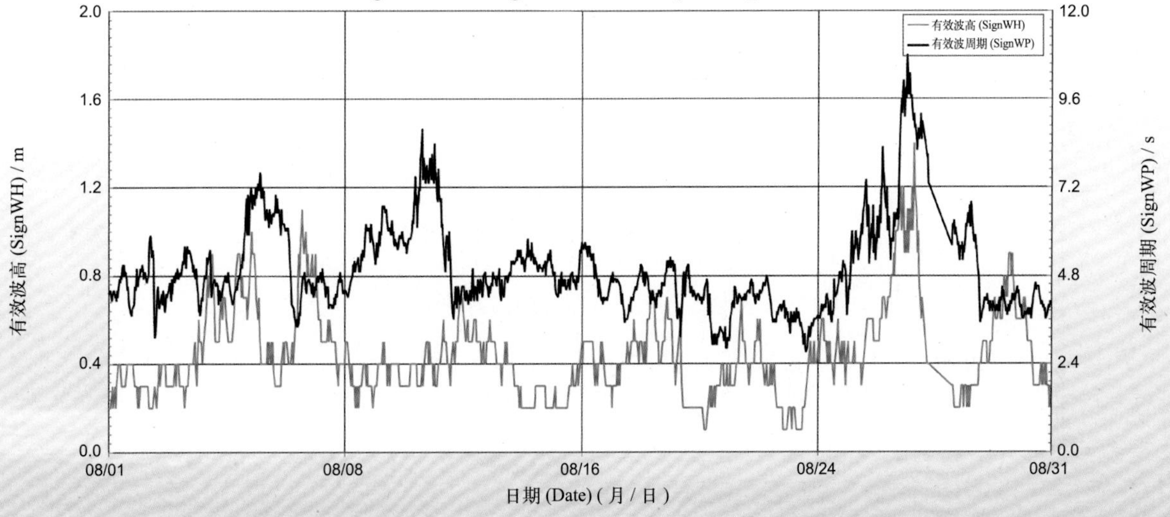

19 号浮标 2020 年 09 月有效波高、有效波周期观测数据曲线
SignWH and SignWP of 19 buoy in Sep. 2020

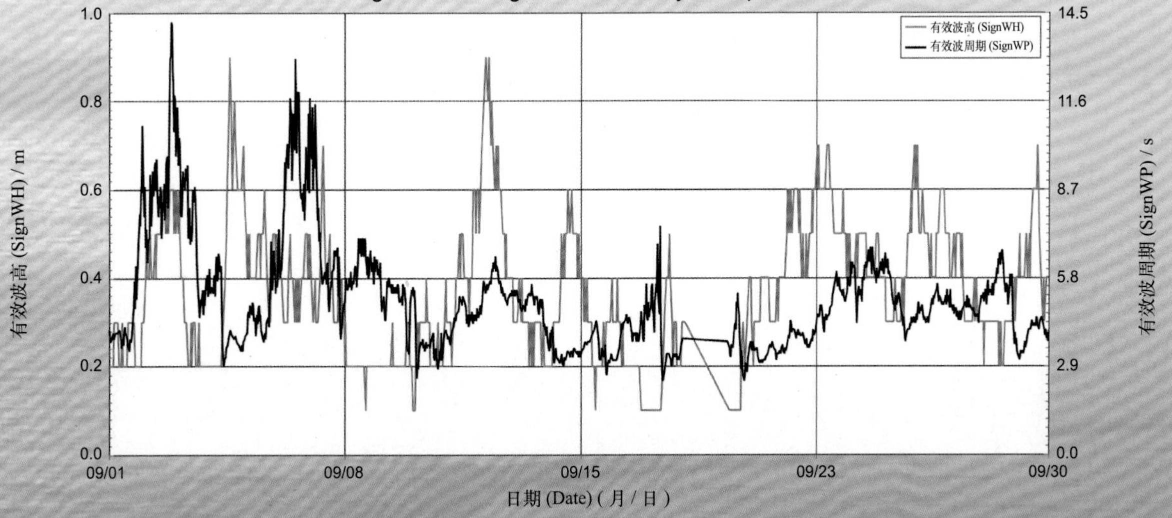

19 号浮标 2020 年 10 月有效波高、有效波周期观测数据曲线
SignWH and SignWP of 19 buoy in Oct. 2020

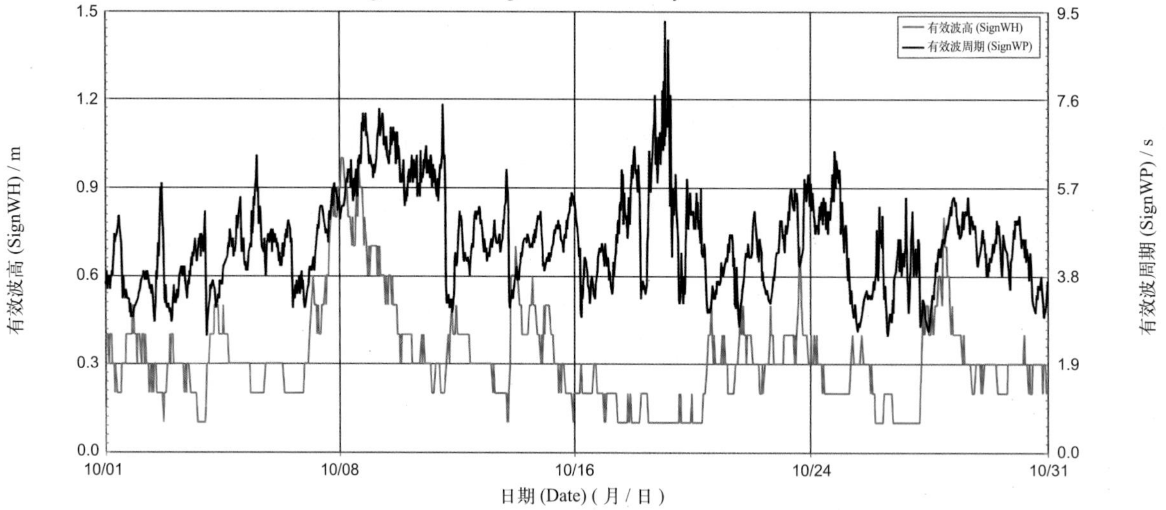

19 号浮标 2020 年 11 月有效波高、有效波周期观测数据曲线
SignWH and SignWP of 19 buoy in Nov. 2020

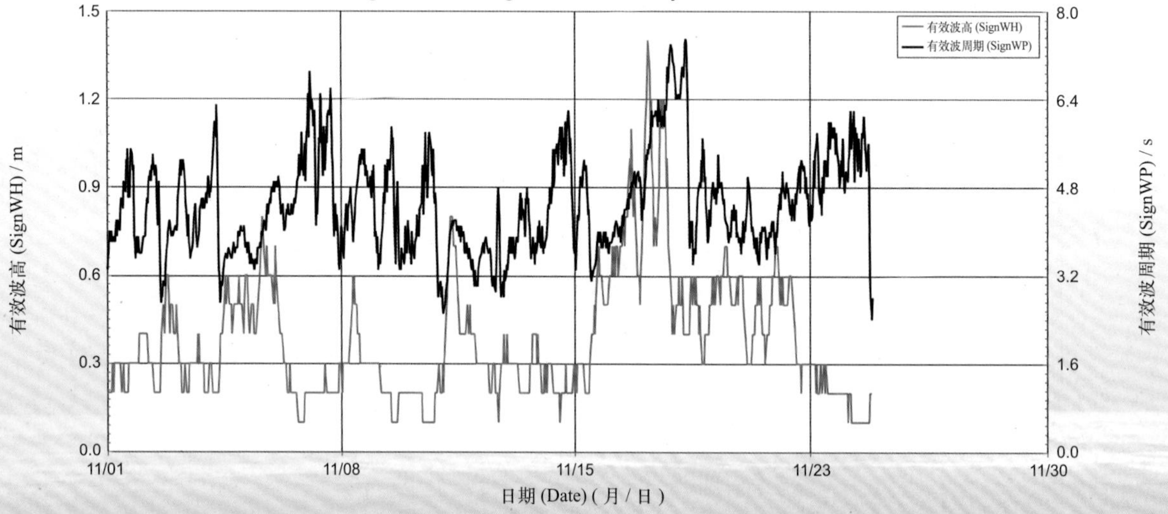

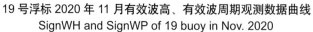

2020 年度 20 号浮标观测数据概述及曲线
（有效波高和有效波周期）

2020 年，20 号浮标共获取 366 天的有效波高和有效波周期长序列观测数据。获取数据的主要区间为 1 月 1 日 16:40 至 12 月 31 日 23:50。通过对获取数据质量控制和分析，20 号浮标观测海域 2020 年度有效波高、有效波周期数据和季节数据特征如下。

年度有效波高平均值为 1.18 m，年度有效波周期平均值为 6.29 s；测得的年度最大有效波高为 5.1 m（9 月 1 日），对应的有效波周期为 10.9 s，当时有效波高≥ 4 m 以上的海浪持续了 9.7 h；测得的年度最长有效波周期为 12.5 s（9 月 5 日）。以 2 月为冬季代表月，观测海域冬季的平均有效波高是 1.05 m，平均有效波周期是 6.49 s；以 5 月为春季代表月，观测海域春季的平均有效波高是 0.97 m，平均有效波周期是 6.38 s；以 8 月为夏季代表月，观测海域夏季的平均有效波高是 1.21 m，平均有效波周期是 6.14 s；以 11 月为秋季代表月，观测海域秋季的平均有效波高是 1.33 m，平均有效波周期是 6.39 s。

2020 年，20 号浮标观测海域有效波高、有效波周期的月平均值、最大值和最小值数据参见表 23。

2020 年，20 号浮标获取到有效波高≥ 4 m 的灾害性海浪过程共有 5 次，记录到 1 次寒潮过程和 4 次台风过程。寒潮的具体过程中，12 月 29—31 日，获取到的最大有效波高为 4.3 m（12 月 29 日 23:30），对应有效波周期为 7.5 s。第一次台风过程，8 月 3—6 日，受第 4 号台风“黑格比”的影响，20 号浮标获取到的最大有效波高为 4.6m（8 月 4 日 02:30 和 08:00），对应有效波周期为 10.3 s 和 9.2 s。第二次台风过程，8 月 24—27 日，受第 8 号强台风“巴威”的影响，20 号浮标获取到的最大有效波高为 3.4 m（8 月 24 日 06:00），对应有效波周期为 10.4 s。第三次台风过程，8 月 31 日至 9 月 3 日，受第 9 号超强台风“美莎克”的影响，20 号浮标获取到的最大有效波高为 5.1 m（9 月 1 日 22:30），对应有效波周期为 10.9 s。第四次台风过程，9 月 6—7 日，受第 17 号台风“塔巴”的影响，20 号浮标获取到的最大有效波高为 3.6 m（9 月 6 日 22:00），对应有效波周期为 9.5 s。

表 23　20 号浮标各月份有效波高、有效波周期观测数据

月份	有效波高 / m			有效波周期 / s			备注
	平均	最大	最小	平均	最大	最小	
1	1.30	4.4	0.5	6.21	11.5	4.1	记录 1 次有效波高≥ 4 m 过程
2	1.05	2.9	0.4	6.49	10.8	3.9	
3	1.05	2.7	0.3	6.22	9.1	3.7	
4	0.88	2.5	0.4	5.92	10.2	3.7	
5	0.97	3.0	0.3	6.38	8.9	3.8	
6	1.08	1.9	0.4	5.99	8.1	4.1	
7	1.06	2.3	0.4	5.90	7.9	4.2	
8	1.21	4.6	0.3	6.14	10.4	4.1	记录 2 次台风，记录 1 次有效波高≥ 4 m 过程
9	1.35	5.1	0.4	7.14	12.5	4.0	记录 2 次台风，记录 1 次有效波高≥ 4 m 过程
10	1.39	4.2	0.4	6.64	10.9	3.8	记录 1 次有效波高≥ 4 m 过程
11	1.33	2.6	0.7	6.39	8.8	4.3	
12	1.46	4.3	0.6	6.13	8.2	4.3	记录 1 次寒潮，记录 1 次有效波高≥ 4 m 过程

20 号浮标 2020 年有效波高、有效波周期观测数据曲线
SignWH and SignWP of 20 buoy in 2020

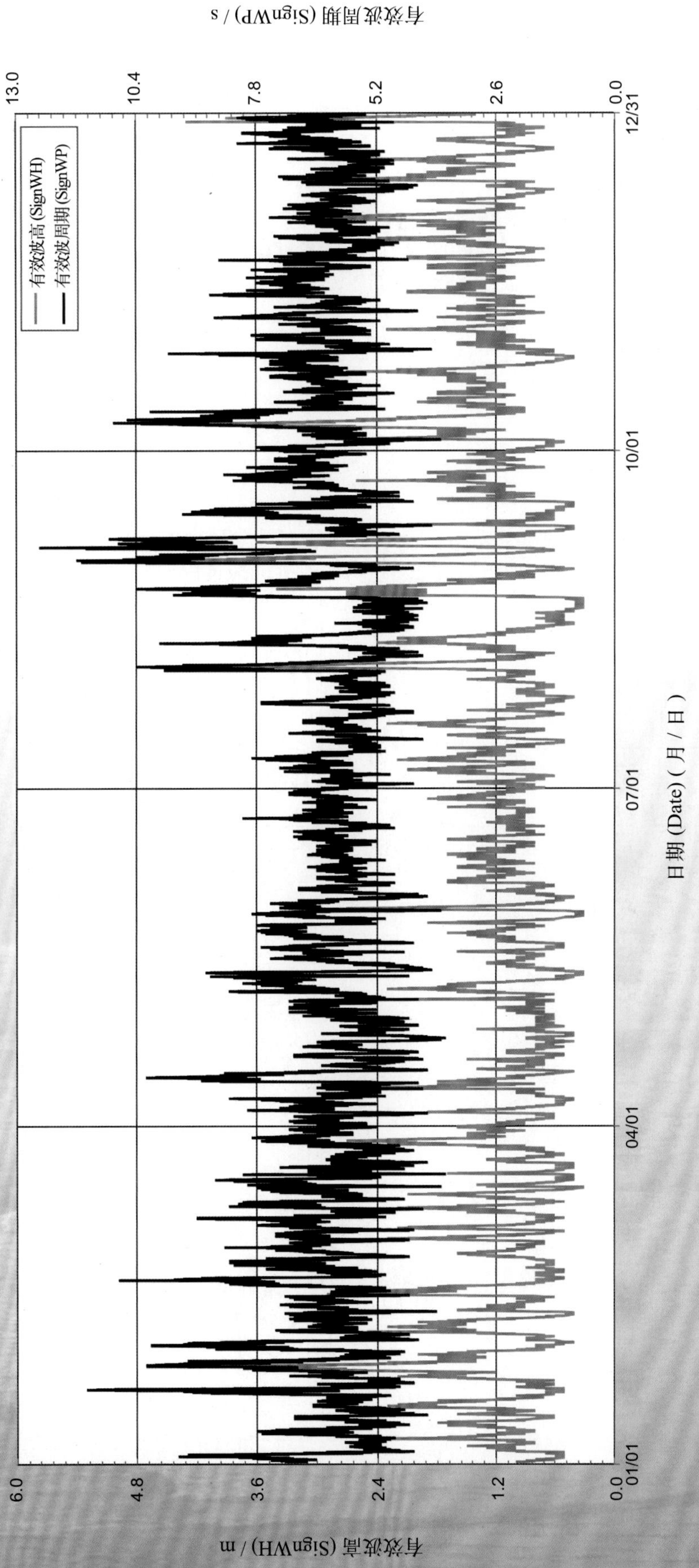

20 号浮标 2020 年 01 月有效波高、有效波周期观测数据曲线
SignWH and SignWP of 20 buoy in Jan. 2020

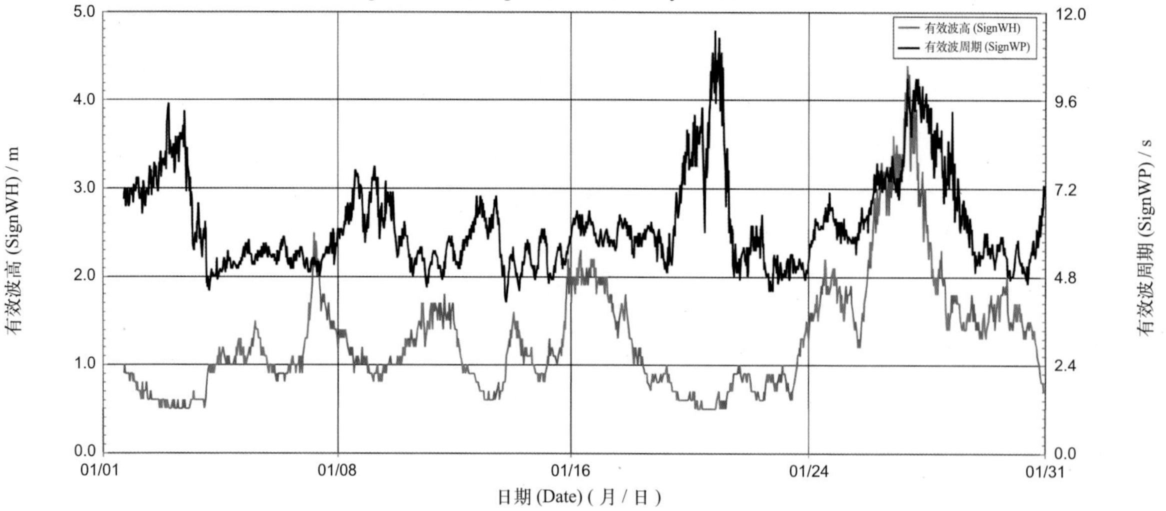

20 号浮标 2020 年 02 月有效波高、有效波周期观测数据曲线
SignWH and SignWP of 20 buoy in Feb. 2020

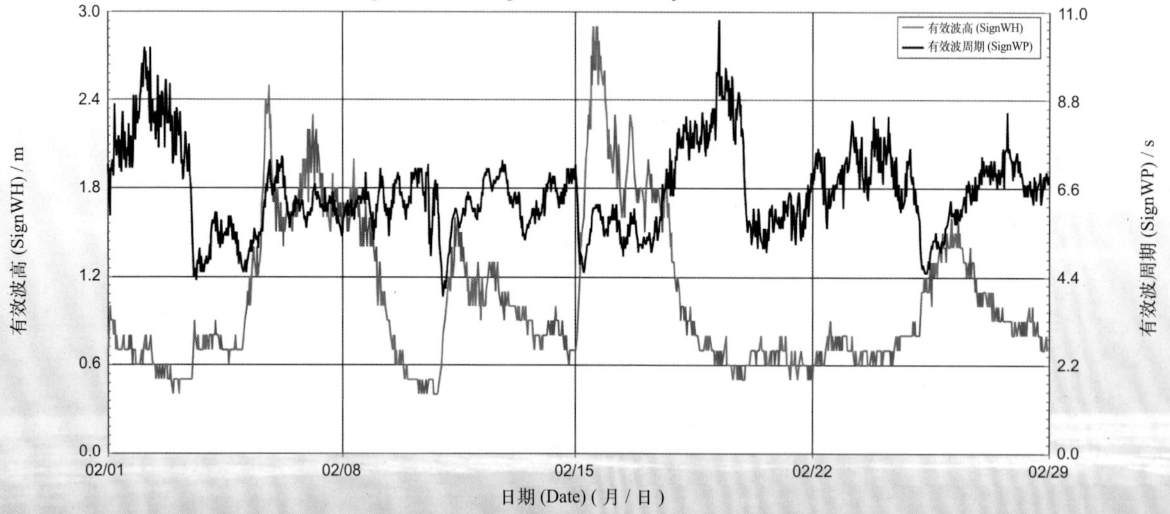

20 号浮标 2020 年 03 月有效波高、有效波周期观测数据曲线
SignWH and SignWP of 20 buoy in Mar. 2020

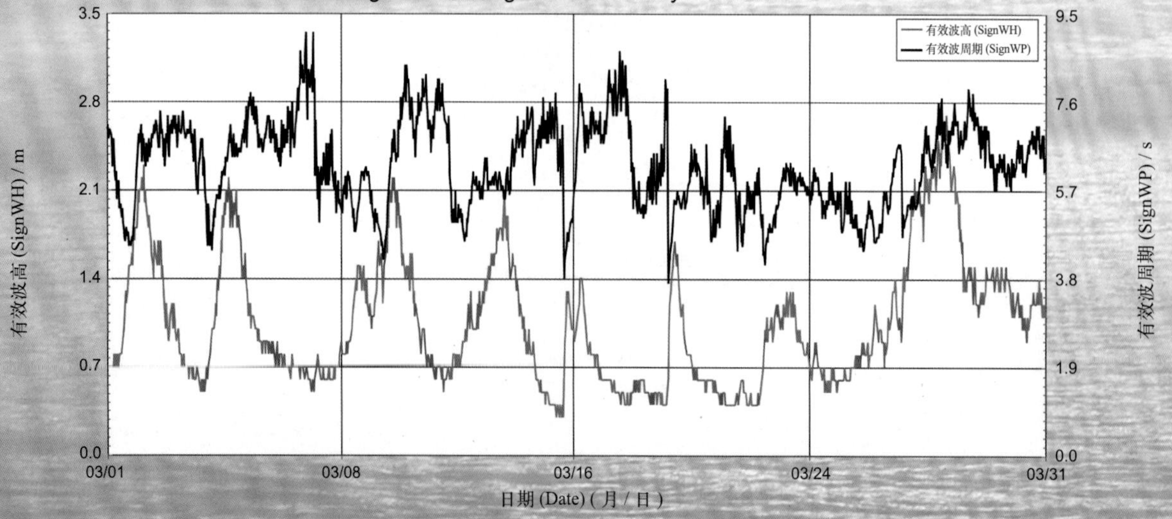

20 号浮标 2020 年 04 月有效波高、有效波周期观测数据曲线
SignWH and SignWP of 20 buoy in Apr. 2020

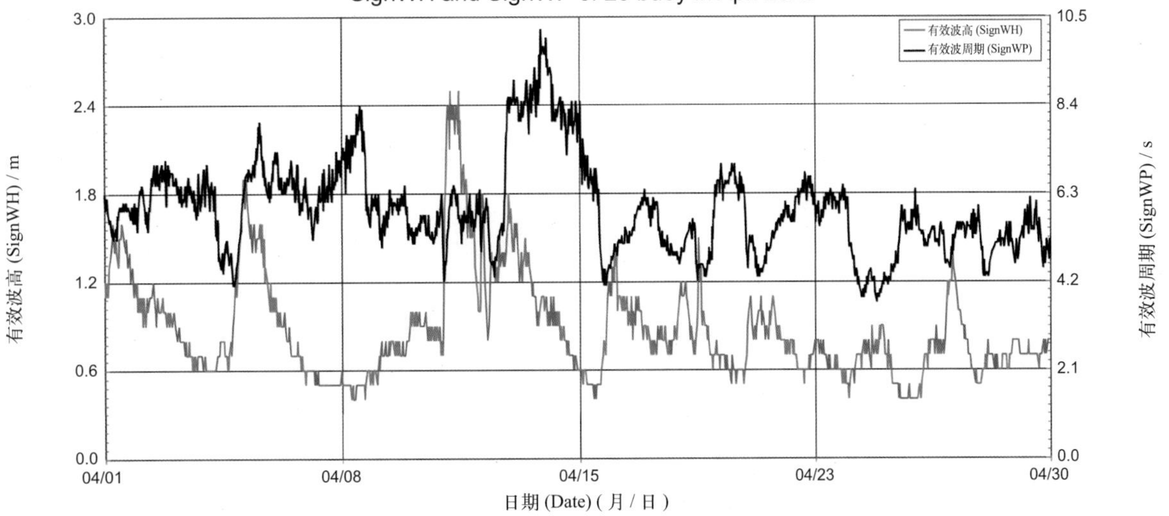

20 号浮标 2020 年 05 月有效波高、有效波周期观测数据曲线
SignWH and SignWP of 20 buoy in May 2020

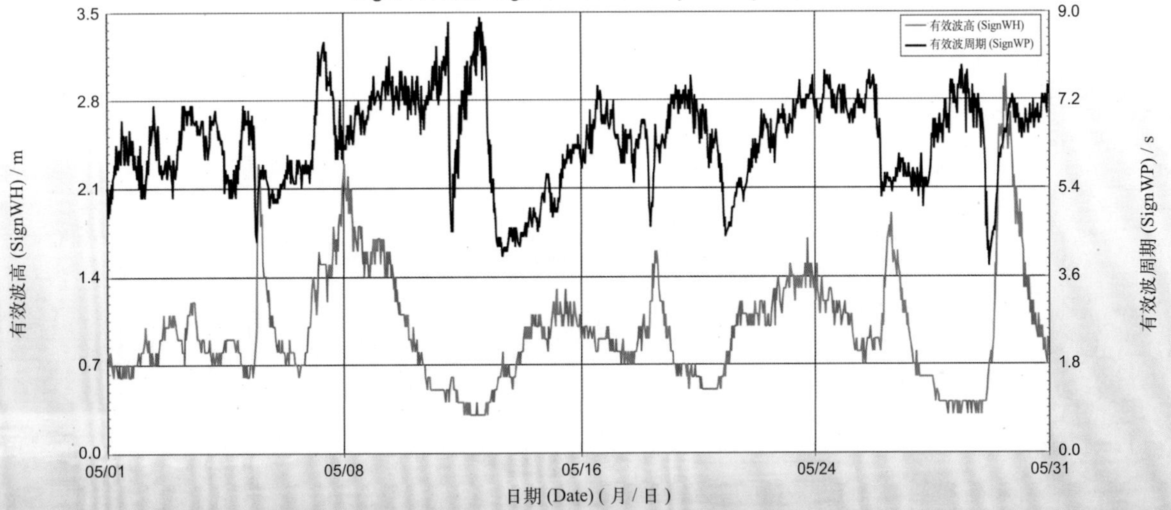

20 号浮标 2020 年 06 月有效波高、有效波周期观测数据曲线
SignWH and SignWP of 20 buoy in Jun. 2020

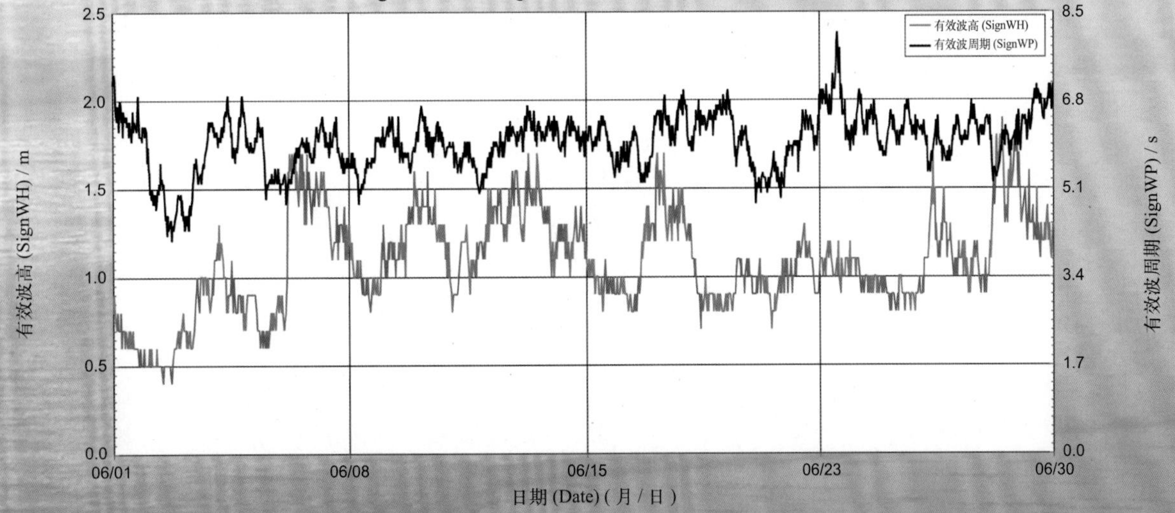

20 号浮标 2020 年 07 月有效波高、有效波周期观测数据曲线
SignWH and SignWP of 20 buoy in Jul. 2020

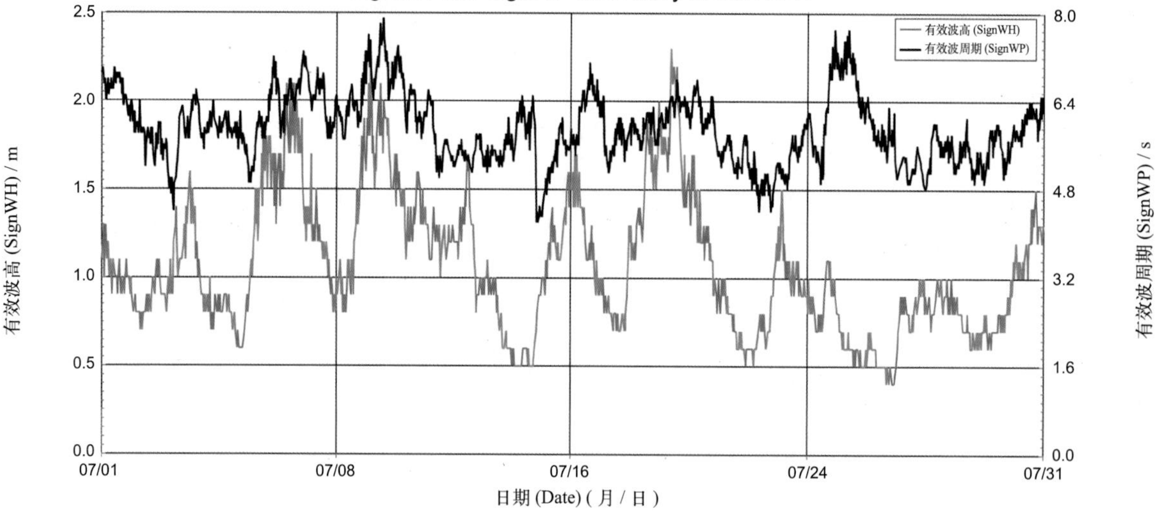

20 号浮标 2020 年 08 月有效波高、有效波周期观测数据曲线
SignWH and SignWP of 20 buoy in Aug. 2020

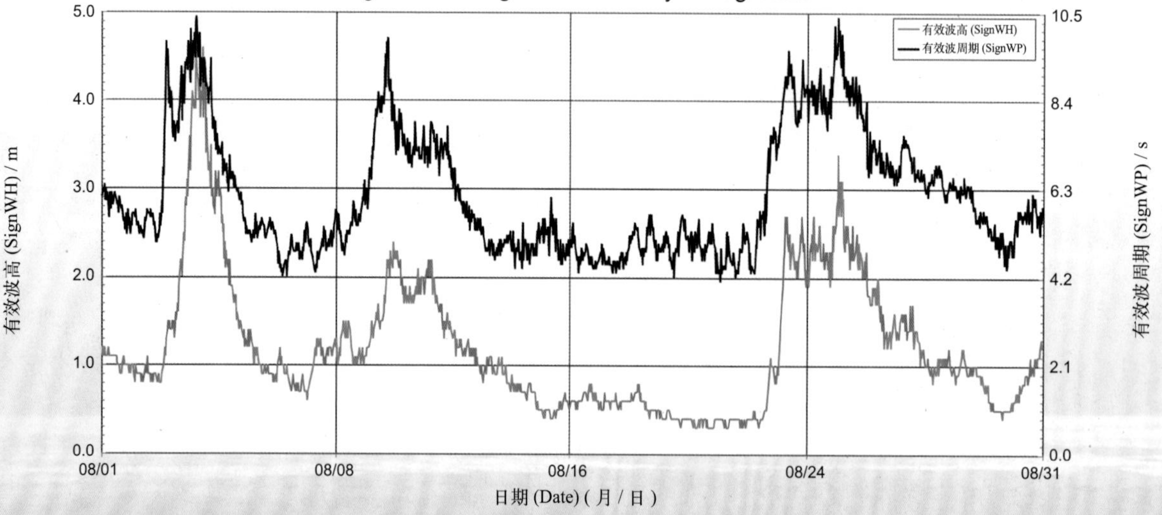

20 号浮标 2020 年 09 月有效波高、有效波周期观测数据曲线
SignWH and SignWP of 20 buoy in Sep. 2020

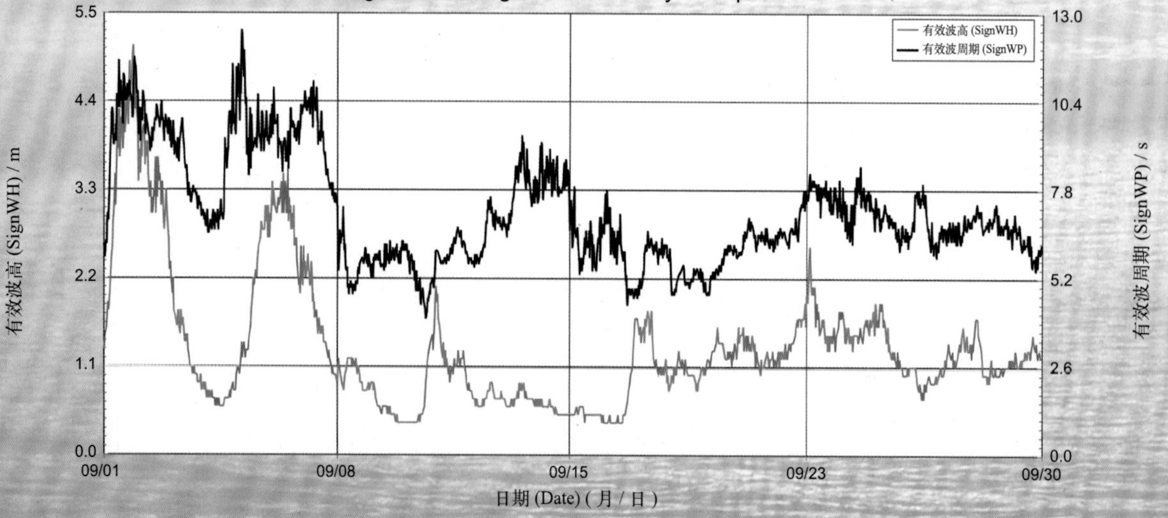

20 号浮标 2020 年 10 月有效波高、有效波周期观测数据曲线

SignWH and SignWP of 20 buoy in Oct. 2020

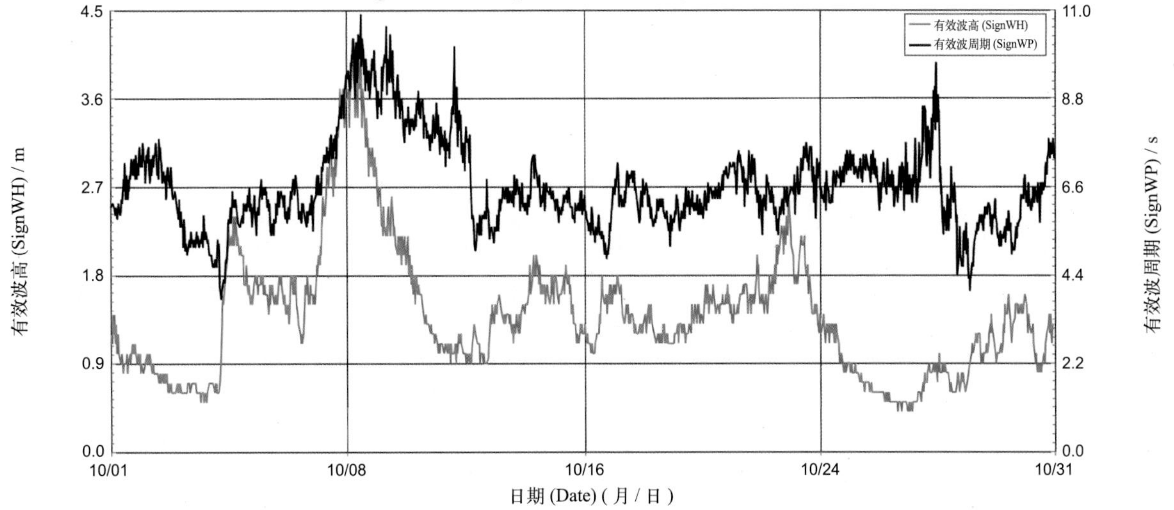

20 号浮标 2020 年 11 月有效波高、有效波周期观测数据曲线

SignWH and SignWP of 20 buoy in Nov. 2020

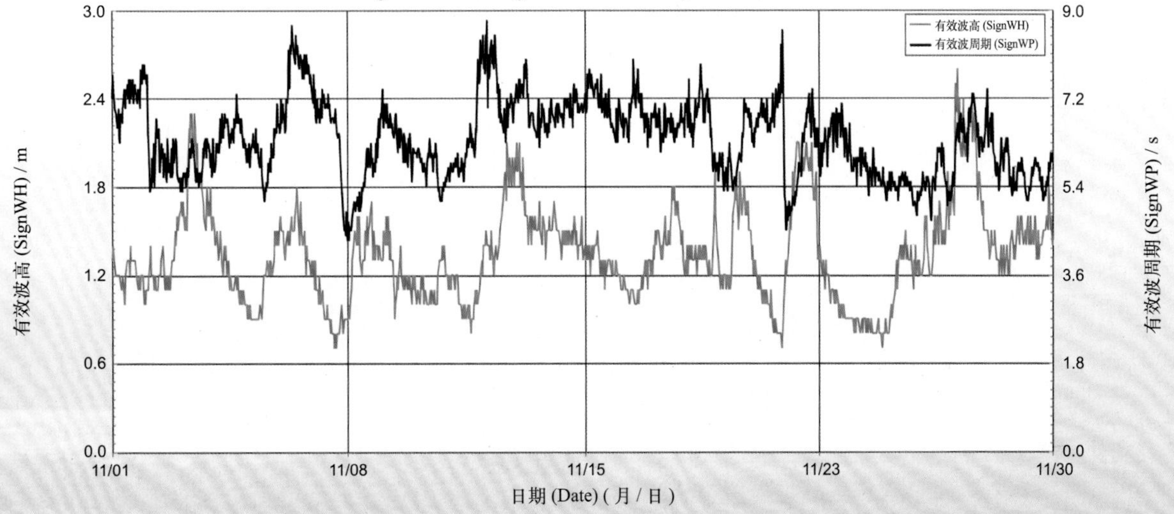

20 号浮标 2020 年 12 月有效波高、有效波周期观测数据曲线

SignWH and SignWP of 20 buoy in Dec. 2020

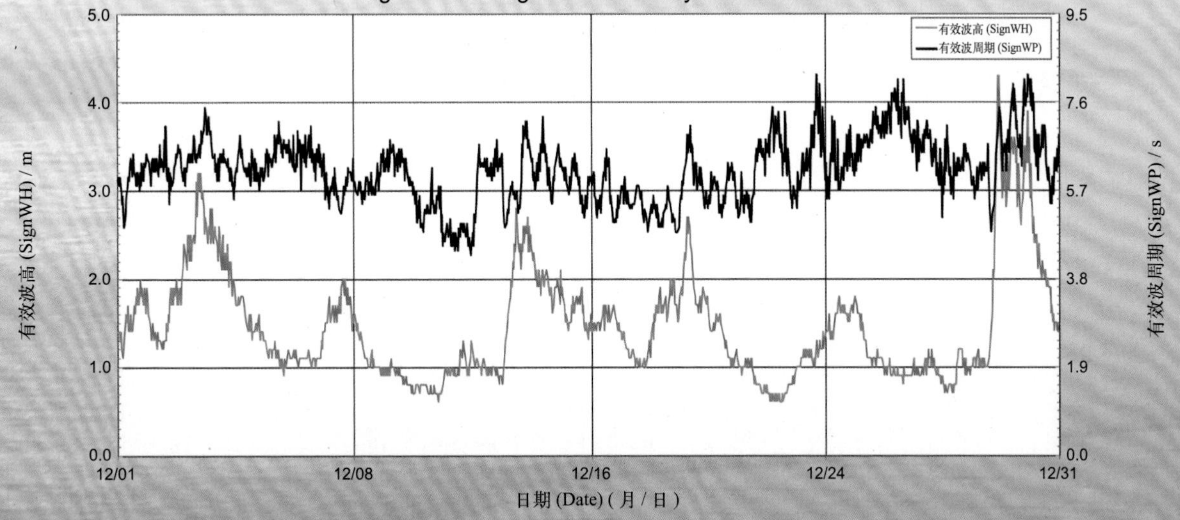